S M W Prasanna Ariyarathna
Madurika Nanayakkara
S.C. Thushara

Eine Bewertung der Bereitschaft der Landwirte für den Übergang zu ökologischen Praktiken:

S M W Prasanna Ariyarathna
Madurika Nanayakkara
S.C. Thushara

Eine Bewertung der Bereitschaft der Landwirte für den Übergang zu ökologischen Praktiken:

beweise aus dem Mahaweli-System h in Sri Lanka

ScienciaScripts

Imprint

Cover image: www.ingimage.com

This book is a translation from the original published under ISBN 978-620-7-46573-6.

Publisher:
Sciencia Scripts
is a trademark of
Dodo Books Indian Ocean Ltd. and OmniScriptum S.R.L publishing group

120 High Road, East Finchley, London, N2 9ED, United Kingdom
Str. Armeneasca 28/1, office 1, Chisinau MD-2012, Republic of Moldova, Europe
Printed at: see last page
ISBN: 978-620-7-27072-9

EINE BEWERTUNG DER BEREITSCHAFT DER LANDWIRTE ZUR UMSTELLUNG AUF ÖKOLOGISCHE PRAKTIKEN: BEISPIELE AUS DEM MAHAWELI SYSTEM H IN SRI LANKA

von

S M W Prasanna Ariyarathna

Danksagung

In erster Linie möchte ich meinen Betreuern, Dr. Madururika Nanayakkara und Dr. S. C. Thushara, für ihre unschätzbare Anleitung und Unterstützung während dieser anspruchsvollen akademischen Reise von Herzen danken. Ihr Fachwissen und ihre Mentorenschaft waren für die Gestaltung dieses Forschungsvorhabens von entscheidender Bedeutung.

Mein aufrichtiger Dank gilt dem Kurskoordinator, Professor C. Pathirawasam, und Professor Wasanthi Madurapperuma für ihre großzügige Unterstützung und aufschlussreichen Ratschläge, die den Weg dieser Studie von Anfang an erhellten.

Mein besonderer Dank gilt meinen lieben Kollegen, Herrn J. A. C. Kolitha Jayasingha, Herrn Wikumsiri Abhayawardana und Frau Nimali Chandima Senarathna. Ihre Mitarbeit war entscheidend für die erfolgreiche Durchführung der Umfrage für diese Studie.

Das Engagement und die unerschütterliche Unterstützung meiner geliebten Ehefrau, Frau Chandarani Kumari Jayasingha, waren die treibende Kraft, die meine Motivation während dieser Reise aufrecht erhalten hat.

Ich danke den akademischen und nicht-akademischen DBA-Teams für ihre Professionalität und ihre freundlichen Beiträge zu diesem akademischen Vorhaben, einschließlich der Mitarbeiter der Fakultät für Graduiertenstudien der Universität.

Widmung

Ich widme meine gesamte Dissertationsarbeit meiner geliebten Ehefrau, Frau Chandrani Kumari Jayasingha, als Zeichen meiner tiefen Wertschätzung für ihre unermüdliche Unterstützung und Ermutigung. Ihr beispielloser Enthusiasmus und ihr Segen für meine Leistung waren sowohl beispiellos als auch bedingungslos und waren die einzige treibende Kraft hinter dem Erfolg dieser Arbeit.

Abstrakt

Ziel dieser Studie war es, das Potenzial der Landwirte für eine nachhaltige Landwirtschaft (SA) und deren Zusammenhang mit ihrer Bereitschaft für ökologische Praktiken zu bewerten. Die Relevanz des Forschungsthemas wird durch die Notwendigkeit unterstrichen, eine von der Regierung im Jahr 2021 getroffene politische Entscheidung zu überprüfen, die den Reisanbausektor des Landes erheblich beeinflusst hat. Das in dieser Studie verwendete Modell wurde auf der Grundlage der Prinzipien der Theorie der Ökosystemresilienz konzipiert. Es handelt sich um eine quantitative Studie, und die Konstrukte und Indikatoren wurden aus einer umfangreichen Literaturrecherche abgeleitet. Für die Datenerhebung unter zufällig ausgewählten Landwirten in 8 Abteilungen des Mahaweli-Systems H in Sri Lanka wurde ein strukturierter Fragebogen mit 119 Fragen verwendet. Die erforderliche Stichprobengröße für die Studie betrug 380, und die Datenanalyse wurde mit 386 Stichproben durchgeführt. Die Methode der Partial Least Squares Structural Equation Modelling (PLS-SEM) erwies sich für die Bewertung dieses Modells als am besten geeignet. Die Studie zeigt, dass das Potenzial der Landwirte für SA in dieser Reisanbauregion mäßig stark ist, was sich positiv auf ihre Bereitschaft zur Anwendung ökologischer Praktiken auswirkt. Während einige Landwirte die staatliche Unterstützung als wirksam empfinden, hat die Umsetzung dieser Unterstützung in ökologische Praktiken noch nicht stattgefunden. Faktoren wie die Ausbildung der Landwirte, ihr Geschlecht, die Größe der Aussaat, die Anbaumethoden und die von ihnen verwendeten landwirtschaftlichen Betriebsmittel haben einen moderierenden Einfluss auf ihre Bereitschaft. Auf der Grundlage der Ergebnisse werden wichtige Empfehlungen zur Verbesserung der Bodenfruchtbarkeit, des Bewässerungsmanagements und der Bodenbearbeitungsmethoden diskutiert. Die Studie schlägt vor, einheimisches Wissen mit modernen Techniken zu kombinieren, die Produktion und den Einsatz von Gründünger zu intensivieren, die Wertschöpfungskette zu erweitern und die Verantwortung und Rolle der Medien bei der Förderung von SA zu betonen. Die Studie untersucht Faktoren, die mit den Eigenschaften und dem Besitz der Landwirte sowie mit ökologischen und soziokulturellen Aspekten im Zusammenhang mit den Höfen, dem Lebensunterhalt und den Institutionen zusammenhängen. Der Forscher unterstreicht jedoch die Notwendigkeit eingehender wissenschaftlicher Untersuchungen der biophysikalischen Bereitschaft der Ökosysteme für den Übergang zu einer nachhaltigen Landwirtschaft, wie z. B. die Bedingungen der Bodenfruchtbarkeit und der Bodenstrukturen. Die Studie kommt zu dem Schluss, dass die Landwirte nicht resistent gegen ökologische Praktiken sind, sondern Unterstützung benötigen, um die richtige Kombination aus Chemikalien und anderen ökologischen Praktiken zu finden. Die Bereitstellung pragmatischer politischer Rahmenbedingungen zur Steigerung der Produktivität und Rentabilität einer solchen Kombination wird sie motivieren.

Schlüsselwörter: Adaptive Resilienz, Kapitalvermögen, Institutionelle Unterstützung, Organischer Dünger, Nachhaltige Landwirtschaft.

Inhalt

Liste der Abkürzungen

CB	Covariance-based
CF	Chemical fertilizer
CFA	Confirmatory Factor Analysis
DFID	UK Department for International Development
EFA	Exploratory Factor Analysis
FAO	Food and Agriculture Organization of the United Nations
FO	Farmer Organizations
GLS	Generalized Least Square
HCT	Human Capital Theory
IPMA	Importance and Performance Matrix Analysis
IRRI	International Rice Research Institute
IFAD	International Fund for Agricultural Development
MGA	Multi Group Analysis
ML	Maximum Likelihood
OF	Organic Fertilizer
PCA	Principal Component Analysis
PLS	Partial Leased square
PRISMA	Preferred Reporting Items for Systematic Reviews
QR code	Quick Response code
Rio+20	United Nations Conference on Sustainable Development (Jun 20-22, 2012)
RAC	Resilience Adaptive Cycle
RT	Resilience Theory

SCA	Community Supported Agriculture
SEM	Structural Equation Modelling
SGD2	Sustainable Development Goal (Goal 2: Zero Hunger)
SIT	Social Innovation Theory
SLR	Systematic Literature Review
SWOT	Strengths, Weaknesses, Opportunities, and Threats
UN	United Nations
UNODC	United Nations Office on Drugs and Crime
USA	United States of America
VC	Value Chain

1 Kapitel 01- Einleitung und Hintergrund der Studie

1.1 Einführung in die Studie

Der Reisanbau spielt eine herausragende Rolle für den Lebensunterhalt in den ländlichen Gebieten Sri Lankas und dient derzeit als wichtige Quelle für die Deckung des Getreidebedarfs des Landes. Der historische Kontext des Reisanbaus auf der Insel geht über seine wirtschaftliche Bedeutung hinaus und prägt die Kultur und die Werte des Landes. Die traditionelle Landwirtschaft, die von den Kenntnissen, Werten und Erfahrungen der Bauern geprägt ist, hat in der Vergangenheit die gesamte Bevölkerung erfolgreich ernährt (Mahawansa, 1912).

Obwohl der Reisanbau während der Kolonialherrschaft vernachlässigt wurde, hielt er sich über Jahrhunderte hinweg und gewann in der Zeit nach der Unabhängigkeit wieder an Bedeutung. Jahrhundert kam es jedoch zu einem bedeutenden Wandel, als sich der Anbau von der Subsistenzwirtschaft auf einen stärker kommerziell ausgerichteten Weg verlagerte, der durch verschiedene staatliche Eingriffe gekennzeichnet war (Department of Census and Statistics of Sri Lanka, 1962). Ein entscheidender Moment in diesem Übergang war die Einführung von chemischen Düngemitteln, ein entscheidender Faktor, der die Entwicklung des Reisanbaus beeinflusste.

Historische Belege zeigen, dass sich die Landwirte anfangs gegen den Einsatz von chemischen Düngemitteln auf ihren Reisfeldern wehrten. Im Laufe der Zeit haben die Landwirte jedoch nach und nach den Einsatz von Chemikalien angenommen, und heute ist es selten, dass ein Landwirt auf seinen Reisfeldern keine chemischen Düngemittel einsetzt (Department of Census and Statistics, 2021). Dieser Wandel unterstreicht den dynamischen Charakter der Landwirtschaft und die sich entwickelnden Praktiken, die die heutige Landschaft des Reisanbaus in Sri Lanka geprägt haben. Heute ist es eine Seltenheit, einen Landwirt zu finden, der keine chemischen Düngemittel auf seinen Reisfeldern einsetzt, was einen deutlichen Kontrast zu den historischen Praktiken darstellt.

Der unkontrollierte Einsatz von chemischen Düngemitteln (CF) hat dazu geführt, dass im Reisanbau in großem Umfang chemische Unkrautvernichtungsmittel, Pestizide und Fungizide eingesetzt werden. Wachsende Bedenken über den übermäßigen Einsatz (Nagenthirarajah und Thiruchelvam, 2008; Watawala et al., 2010) und ein Mangel an Wissen über die schädlichen Auswirkungen des übermäßigen Einsatzes von Pestiziden wurden in der Literatur hervorgehoben (Jayasinghe und Munaweera, 2017; Jayasinghe, 2017; Nishantha, 2015). Frühere Forschungsstudien haben auch die Unzufriedenheit der Landwirte und ihre Sorge um ihr Wohlergehen in den letzten drei Jahrzehnten dokumentiert (Wijesooriya et al., 2020; Jayatissa et al., 2019; Dissanayake et al., 2019).

Die Statistiken und die Literatur deuten insgesamt darauf hin, dass die Reisbauern eher auf die Erzielung von Überschüssen und Gewinn ausgerichtet sind und sich stark auf den extensiven Einsatz von chemischen Düngemitteln konzentrieren, während sie dem sozialen und ökologischen Schutz vergleichsweise wenig Aufmerksamkeit schenken. Der zunehmende Einsatz von importierten Chemikalien, die Vernachlässigung des Umweltschutzes, die steigenden Kosten für landwirtschaftliche Betriebsmittel, die Abkehr von der traditionellen guten landwirtschaftlichen Praxis und das nachlassende Interesse und die abnehmende Motivation der Jugend, sich an der Landwirtschaft zu beteiligen, geben Anlass zur Sorge über die Nachhaltigkeit des Anbausektors.

Darüber hinaus unterstreichen die während der COVID-19-Pandemie eingetretenen Veränderungen in den Lebensgewohnheiten und die potenziellen Auswirkungen unvorhergesehener Katastrophen die Notwendigkeit, auf gesamtstaatlicher Ebene eine selbsttragende Ernährungssicherheit zu gewährleisten. Diese Bedenken in Verbindung mit den anhaltenden wirtschaftlichen Rezessionen im Land machen deutlich, dass der Reisanbau widerstandsfähiger und nachhaltiger werden muss.

In Anbetracht dieser Herausforderungen ist der Forscher der Ansicht, dass der Reisanbausektor rechtzeitig auf eine nachhaltigere Landwirtschaft umgestellt werden muss, die sich von ihrer derzeitigen starken Abhängigkeit von der Kommerzialisierung und importierten Chemikalien löst.

Die nachhaltigen Aspekte der Landwirtschaft haben in globalen Foren große Aufmerksamkeit erlangt, wobei Organisationen wie die Abteilung für wirtschaftliche und soziale Angelegenheiten der Vereinten Nationen für nachhaltige Entwicklung die Bedeutung ökologischer und sozialer Faktoren, einschließlich der Notwendigkeit der Ernährungssicherheit, anerkennen (Vereinte Nationen, 2012). Eine nachhaltige und produktive Landwirtschaft ist von entscheidender Bedeutung für das Wohlergehen der Menschen und des Planeten, insbesondere angesichts von Herausforderungen wie einer wachsenden Weltbevölkerung, begrenzten natürlichen Ressourcen und einem erheblichen Klimawandel.

Das Ziel, Fortschritte auf dem Weg zu einer nachhaltigen Landwirtschaft zu erzielen, ist in der Agenda 2030 für nachhaltige Entwicklung (SDG) verankert, insbesondere in SDG 2, Zielvorgabe 2.4. Dieses Ziel unterstreicht die Notwendigkeit, nachhaltige Lebensmittelproduktionssysteme zu gewährleisten, widerstandsfähige landwirtschaftliche Praktiken einzuführen, um die Produktivität zu steigern, Ökosysteme zu erhalten und Kapazitäten zur Anpassung an den Klimawandel und andere Katastrophen aufzubauen. Zu diesen Praktiken gehören auch Anstrengungen zur schrittweisen Verbesserung der Bodenqualität (Ernährungs- und Landwirtschaftsorganisation, 2020).

Die Entscheidung der srilankischen Regierung, die Einfuhr und Verwendung von chemischen Düngemitteln ab dem 06. Mai 2021 zu regeln, spiegelt eine deutliche Veränderung der landwirtschaftlichen Praktiken wider. Die Verordnung im Rahmen der Verordnung Nr. 07 von 2021 über die Kontrolle von Einfuhren und Ausfuhren beinhaltet ein Verbot der Einfuhr von chemischen Düngemitteln, Pestiziden und Herbiziden. Diese Änderung der Politik zielte darauf ab, die finanzielle und ökologische Nachhaltigkeit der landwirtschaftlichen Systeme des Landes zu fördern (Finanzministerium von Sri Lanka, 2019 und 2020). Die plötzliche Entscheidung der srilankischen Regierung, zu 100 % auf ökologischen Landbau umzustellen, hat in der Tat zu erheblichen Störungen und Herausforderungen im Ökosystem des Reisanbaus geführt. Obwohl die Entscheidung auf ökologische Nachhaltigkeit abzielt, scheint sie ohne ausreichende Berücksichtigung globaler und nationaler Erkenntnisse und ohne eine umfassende Strategie für den Übergang umgesetzt worden zu sein.

In den letzten sechs Jahrzehnten hat sich das landwirtschaftliche Ökosystem in Sri Lanka auf den umfassenden Einsatz chemischer Substanzen eingestellt. Die National Science Foundation of Sri Lanka (2021) prognostizierte aufgrund dieser Umstellung einen erheblichen Rückgang der jährlichen Erträge bei der Paddy-Produktion um 30-35 %. Diese Prognose gab Anlass zur Sorge über die Zukunft des Anbaus in Sri Lanka und stellte eine potenzielle Krise für die Ernährungssicherheit dar. Angesichts des anhaltenden Drucks der Landwirte, die einen Rückgang ihrer Produktion beklagten, beschloss die Regierung im November 2021, das Verbot durch eine Bekanntmachung aufzuheben. Diese Maßnahme ermöglichte es dem privaten Sektor, die Einfuhr von chemischen Düngemitteln, Unkrautvernichtungsmitteln und Pestiziden wieder aufzunehmen. Leider hat die anhaltende Wirtschaftskrise, die durch einen Mangel an Devisenreserven im Land gekennzeichnet ist, die Einfuhr ausreichender Mengen an chemischen Düngemitteln behindert. Außerdem sind die vorhandenen Bestände für viele Landwirte unerschwinglich geworden. Es ist unwahrscheinlich, dass die Landwirte in absehbarer Zeit den Luxus haben werden, über große Mengen an chemischen Düngemitteln zu verfügen, die sie uneingeschränkt nutzen können, wie es jahrzehntelang der Fall gewesen ist.

Am 29. September 2022 gab der Minister des Landwirtschaftsministeriums bekannt, dass die Regierung die Förderung des ökologischen Landbaus nicht vollständig eingestellt hat. Wenn sich ein Landwirt für den ökologischen Landbau entscheidet, wird die Regierung diesen Landwirten Unterstützung zukommen lassen. Das Ministerium schlug jedoch eine Mischung aus organischen und chemischen Düngemitteln vor, wobei ein Verhältnis von 70 % chemischen und 30 % organischen Düngemitteln vorgeschlagen wurde. Die wissenschaftliche Grundlage für die Entscheidung der Regierung, ein Verhältnis von 70 % chemischem Dünger zu 30 % organischem Dünger vorzuschlagen, wurde jedoch weder ausdrücklich genannt noch durch eindeutige Beweise belegt. Neben den zu erwartenden erheblichen Ertragseinbußen ist in diesem Ökosystem eine Reihe von Problemen entstanden, die auf unzureichend informierte Entscheidungen und anschließende abrupte Änderungen zurückzuführen sind. Diese Maßnahmen haben zu erheblichen Unsicherheiten innerhalb des Ökosystems geführt. Die Märkte für organische Düngemittel sind unzureichend entwickelt, und ökologische Produkte haben Schwierigkeiten, sich auf dem Markt durchzusetzen.

Infolgedessen hat die Landwirtschaft bereits erhebliche Rentabilitätseinbußen hinnehmen müssen. Dieser abrupte Politikwechsel hat den Landwirten erhebliche Anpassungskosten auferlegt und zu einem drastischen Rückgang der landwirtschaftlichen Produktion und der landwirtschaftlichen Einkommen geführt. Diese Folgen haben erhebliche negative Auswirkungen auf die ländliche Wirtschaft.

Die Beschränkung der Einfuhren von chemischen Düngemitteln kann zwar die Devisenbelastung verringern, dürfte aber zu Ertragseinbußen bei wichtigen Kulturen, erhöhter Armut auf dem Land, verstärkter Land-Stadt-Wanderung, einem Rückgang der Agrarexporteinnahmen und einem Anstieg der Lebensmittelimporte führen. Darüber hinaus kann das Verbot negative Auswirkungen haben, wie z. B. Rent-Seeking-Verhalten, die Schaffung von Monopolmacht, die Einführung von minderwertigen organischen Düngemitteln durch Importe und den illegalen Handel mit Waren, die knapp sind (Weerahewa, 2021). Das Ökosystem des Reisanbaus steht vor großen Herausforderungen, und es herrscht Unsicherheit über das Potenzial der Reisbauern für den ökologischen Landbau und ihre Bereitschaft, die unmittelbare Herausforderung der Einbeziehung ökologischer Stoffe in künftige landwirtschaftliche Verfahren anzunehmen. Dieser Mangel an Bewusstsein erstreckt sich auf verschiedene Interessengruppen, einschließlich wichtiger Entscheidungsträger, die an der Formulierung von Strategien und künftigen Wegen beteiligt sind.

1.2 Hintergrund der Studie

Der artenreiche Landwirtschaftssektor des Landes umfasst eine Reihe von Nahrungsmittelpflanzen, darunter Reis, Obst, Gemüse, Feldfrüchte, Gewürze sowie Plantagenkulturen wie Tee, Kautschuk, Kokosnuss, Zucker, Ölpalmen, Blumenzucht, Zierpflanzen, Viehzucht, Fischerei und Forstwirtschaft. Der Reisanbau trägt zu 9 % des Gesamteinkommens im Agrarsektor bei und dient 0,9 Millionen Bauernfamilien auf der ganzen Insel als Lebensgrundlage. Landwirte, die weniger als 2 Hektar Land besitzen, tragen zu 70 % der Reisproduktion des Landes bei, während diejenigen, die 2-5 Hektar besitzen, 25 % zur nationalen Produktion beitragen. Etwa 40 % der Ackerfläche des Landes wird für den Reisanbau genutzt, was 41,8 % der Gesamtfläche von 65 610 km2 entspricht. Der Anbau wird durch eine Wasserfläche von 4881 km2 unterstützt, zu der 103 Flüsse, 165 Dämme, 3910 Kanäle, 163 größere Stauseen und 2376 kleinere Tanks gehören. Die meisten dieser Wasserressourcen werden für den Reisanbau genutzt (Department of Agriculture, 2019; Central Bank, 2020a).

1.2.1 Von der Subsistenz zur Kommerzialisierung des Reisanbaus

Historisch gesehen war der Reisanbau in Sri Lanka eine sozioökonomische Subsistenzwirtschaft, die tief in den ländlichen Lebensunterhalt eingebettet war. Wie aus der 1962 veröffentlichten Landwirtschaftszählung hervorgeht, kam es jedoch in den späten 1950er und frühen 1960er Jahren zu einer bemerkenswerten Verlagerung des Reisanbaus von der Subsistenzwirtschaft zur Kommerzialisierung. Die Einführung chemischer Düngemittel war der Hauptgrund für die beispiellosen Anstrengungen der Regierung zur Steigerung der Produktivität. Aus dem Zählungsbericht geht hervor, dass anfangs 65 % der Landwirte die angebotenen Anreize, wie z. B. großzügige Kreditmöglichkeiten und das Subventionsprogramm, nicht beachteten und nicht versuchten, die ihnen zur Verfügung gestellten chemischen Düngemittel zu nutzen. Im Laufe der Zeit nahmen diese Landwirte den Einsatz von chemischen Düngemitteln an, nachdem sie auf Widerstand gestoßen waren, beeinflusst durch Gleichaltrige, die bereits chemische Anbaupraktiken eingeführt hatten. Die empfohlenen Ausbringungsphasen wurden jedoch kaum beachtet, was die Dosierung der chemischen Düngemittel und die Einhaltung des in den offiziellen Spezifikationen vorgeschriebenen Zeitplans anbelangt. Stattdessen folgten die Praktiken oft individuellen Vorlieben, was zu einem spürbaren Ungleichgewicht in der Versorgung mit Stickstoff-, Phosphor- und Kaliumnährstoffen führte. Die Ausbringung von Düngemitteln auf Reisfeldern, die nicht ordnungsgemäß gejätet wurden, zeigte wenig Nutzen für die Reisernte, so dass der Einsatz chemischer Unkrautvernichtungsmittel als Alternative zur Bekämpfung von Unkrautwucherungen, die durch den Überschuss an chemischen Düngemitteln entstanden waren, erforderlich wurde.

Der Zählung zufolge hat der unsachgemäße Einsatz von chemischen Düngemitteln die Anfälligkeit der Reisernte für Schädlinge und Insektenbefall erhöht. In den Fällen, in denen sich traditionelle Methoden als unwirksam gegen unerträgliche Schädlinge und Insektenbefall erwiesen, bestand die Tendenz, auf zusätzliche chemische Anwendungen zur Bekämpfung zurückzugreifen. Leider hatte dieser Missbrauch von Chemikalien nachteilige Auswirkungen auf die Ernte.

Darüber hinaus wurde die Ausbringung von Gründüngung, Hofdünger und anderen sperrigen organischen Düngemitteln in dieser Zeit nicht mehr praktiziert und ging verloren (Department of Census and Statistics of Sri Lanka, 1962). Diese Informationen spiegeln wider, dass die Institutionen weniger über das Potenzial der Landwirte wussten und dass während des Übergangs in den 1950er/1960er Jahren weniger Dialoge stattfanden, um ihre Meinung in den Entscheidungsprozess einzubeziehen. Heute ist der Reisanbau stärker kommerzialisiert und in hohem Maße von chemischen Mitteln abhängig.

1.2.2 Historische Veränderungen in der Düngemittelpolitik Sri Lankas

Wie bereits erwähnt, unternahm die Regierung in den 1950er und 1960er Jahren Anstrengungen zur Steigerung der landwirtschaftlichen Produktivität durch die Einführung verschiedener Nahrungsmittel- und Plantagenkulturen, die besser auf chemische Düngemittel und Agrochemikalien ansprechen. Die Einrichtung von Institutionen erleichterte die Einfuhr und Verteilung von chemischen Düngemitteln an die Landwirte. Seit 1962 haben die aufeinanderfolgenden Regierungen durchgängig Düngemittelsubventionen bereitgestellt, wobei der Schwerpunkt auf der Versorgung mit Stickstoff, Phosphor und Kalium für Reis, andere Felder und Plantagenkulturen lag, mit Ausnahme des Zeitraums zwischen 1990 und 1994. 2016 hat die Regierung versucht, die Ausgaben für die Subventionen zu senken, und sie in ein System gleichwertiger Bargeldzuschüsse umgewandelt, das jedoch nur zwei Jahre lang aufrechterhalten wurde. Im Jahr 2019 erhielten die Reisbauern den größten Teil der Düngemittelsubventionen, nämlich 86 % der insgesamt für alle Kulturen bereitgestellten Mittel. Eine bemerkenswerte Entwicklung trat Mitte 2020 ein, als zum ersten Mal in der Geschichte Düngemittel für den Reisanbau bis zu einer Fläche von 5 Hektar kostenlos angeboten wurden. Am 06. Mai 2021 wurde der Imports and Exports (Control) Regulation Act No. 07 of 2021 erlassen, der die Einfuhr von chemischen Düngemitteln, Pestiziden und Herbiziden verbietet (Finanzministerium von Sri Lanka, 2019 und 2020). In der Folge wurde das Einfuhrverbot am 31. Juli 2021 durch eine Einfuhrlizenzpflicht für chemische Düngemittel ersetzt (Weerahewa, 2021). Am 30. November 2021 hob die Regierung das Einfuhrverbot für chemische Düngemittel durch eine spezielle Bekanntmachung im Amtsblatt auf.

Weitere Entwicklungen fanden am 7. Juni 2022 statt, als das Kabinett die Einfuhr von 150.000 Tonnen Harnstoff, 45.000 Tonnen Kaliumhydroxid (MOP) und 36.000 Tonnen Triple-Super-Phosphat (TSP) für den Reisanbau in der "Maha"-Saison 2022/23 genehmigte.

Das als unverantwortlich und inkonsequent empfundene Vorgehen der Regierung bei der Subventionierung von Düngemitteln scheint in erster Linie durch politische Erwägungen motiviert zu sein und nicht durch eine umfassende Vision zur Verbesserung der nationalen Landwirtschaft, die auf soliden wissenschaftlichen Erkenntnissen beruht. Eine offensichtliche Herausforderung, die sich aus dem abrupten Verbot chemischer Düngemittel ergibt, ist die begrenzte Verfügbarkeit organischer Düngemittel für die derzeitigen landwirtschaftlichen Praktiken.

Als Reaktion darauf hat die Kommission für Land und Reformen ein Projekt mit einer Investition von siebenhundert Millionen Rupien initiiert, das der Herstellung von organischem Dünger gewidmet ist. Diese Düngemittel werden an das Landwirtschaftsministerium verkauft, und die daraus resultierenden Gewinne werden in die Produktion organischer Düngemittel reinvestiert. Das Landwirtschaftsministerium hat mit der Registrierung von Erzeugern und Stadtverwaltungen begonnen und rechnet mit einer Jahresproduktion von 0,22 Millionen Tonnen Kompost. Im Rahmen des Programms wurde geschätzt, dass allein für den ökologischen Reisanbau fast vier Millionen Tonnen Kompost benötigt werden, für die Teeplantagen weitere drei Tonnen (Lanka, 2022).

1.2.3 Derzeitige Merkmale des Reisanbaus

Die Wirtschaft Sri Lankas schrumpfte aufgrund der Covid-19-Pandemie um 3,6 %, und der Agrarsektor verzeichnete im letzten Quartal 2020 einen Rückgang um 2,3 %. Trotz dieser Herausforderungen zeigte die Reisanbau- und

Verarbeitungsindustrie eine bemerkenswerte Widerstandsfähigkeit gegenüber der Pandemie und verzeichnete ein Wachstum von 5,7 %, was sich positiv auf die Gesamtwirtschaft ausgewirkt hat (Department of Census and Statistics, 2021).

Tabelle 1-1 veranschaulicht die lobenswerten Bemühungen der Landwirte, die in den letzten zehn Jahren stets den gesamten nationalen Reisbedarf gedeckt haben. Im Jahresbericht 2022 der Zentralbank von Sri Lanka wird ein Beitrag des Agrarsektors von 6,9 % zur nationalen Produktion im Jahr 2021 hervorgehoben, was auf eine Erholung des Agrarsektors nach der Pandemie hindeutet. Es ist jedoch zu beachten, dass die derzeitige Situation aufgrund der anhaltenden Wirtschaftskrise variieren kann.

Tabelle 1-1 Wirtschaftliche Indikatoren des gegenwärtigen Reisanbaus

Indikator	2012	2013	2014	2015	2016	2017	2018	2019	2020	2021
Produktionsindex (Basiszeitraum: (2007 - 2010 = 100)	103	124	90	129	118	64	105	123	137	138
Beitrag zum nationalen Verbrauch (%)	99.1	99.5	85.0	94.4	99.3	76.1	94.4	99.5	99.6	96
Einfuhrkosten (cif), Rs. Mn '000	3.1	2	37	18	2	46	17	2.3	2	15
Ausfuhrerlöse Rs Mn '000	1	1	1	1	1	1	1	2	-	-
Prozentsatz des BIP	1.4	1.6	1.2	0.9	0.6	0.5	0.7	0.7	0.8	0.7

(Quelle: Amt für Volkszählung und Statistik, 2021; Wirtschafts- und Sozialstatistik, 2022)

Trotz des Anstiegs der Produktionsmengen verlassen sich die Landwirte jedoch zunehmend auf anorganische Düngemittel, während der Einsatz organischer Düngemittel deutlich zurückgeht. Etwa 70 % der Landwirte verwenden ausschließlich anorganische Düngemittel, während die übrigen Landwirte nach wie vor eine Mischung aus anorganischen und organischen Düngemitteln in ihre Praxis einbeziehen. Auch der Einsatz von Chemikalien für andere Zwecke hat in den letzten sechs Jahren zugenommen. Diese Trends deuten auf eine erhebliche Abhängigkeit von chemischen Betriebsmitteln hin, die möglicherweise den Grundsätzen der nachhaltigen Landwirtschaft zuwiderläuft, die in den folgenden Abschnitten dieses Kapitels noch näher erläutert werden.

Tabelle 1-2 Einsatz von Betriebsmitteln im derzeitigen Reisanbau

Anwendungen	**14/15**	**15/16**	**16/17**	**17/18**	**18/ 19**	**19/ 20**	**20/21**
Einsatz von chemischen Düngemitteln	64%	68%	57%	62.50%	66.80%	69.70%	67.2 %
Einsatz von chemischen und organischen Düngemitteln	35%	31%	42%	35.80%	32.90%	30%	31.5 %
Verwendung von organischen Düngemitteln	-	-	-	0.50%	0.20%	0.10%	0.9%
Direktes Ausbringen von Stroh auf das Reisfeld	86%	90%	89%	90.9	87%	86%	92%
Einsatz von chemischen Insektiziden	72%	70%	58%	74%	74%	71%	63%
Einsatz von chemischen Unkrautvernichtungsmitteln	84%	80%	78%	81%	84%	83%	83%

(Quelle: Amt für Volkszählung und Statistik, 2021/2022)

Im Jahr 2020 stellte die Regierung 48.227 Millionen Rupien (das entspricht 1,5 % der Bruttoeinfuhren) für die Einfuhr von chemischen Düngemitteln bereit. Darüber hinaus wurden den Reisbauern in der Saison 2019/2020 Maha[1] Subventionen in Höhe von rund 193.322 Tonnen gewährt, die 500 Rupien pro 50 kg betrugen, was 33 % des Marktpreises entsprach (Zentralbank, 2020a). Die Ausgaben der Regierung für Düngemittelsubventionen für Nahrungsmittelkulturen beliefen sich im Jahr 2020 auf 188,51 US-Dollar, was 53,6 % der gesamten Agrarausgaben in diesem Sektor ausmacht (Department of Census and Statistics, 2021).

Die Reisbauern sind jedoch unzufrieden mit der Rentabilität und der Gerechtigkeit ihres Einkommens (Wijesooriya et al., 2020), und ihre Gewinnmargen sind im

[1] Die Hauptanbausaison für Reis in Sri Lanka ist von September bis März

Verhältnis zu den Bankzinsen vergleichsweise bescheiden (Senanayake und Premaratne, 2016). Diese Ergebnisse geben Anlass zur Sorge über die Produktivität von chemischen Düngemitteln (CF) und die Wirksamkeit der Subventionen für CF im modernen Reisanbau.

Der verstärkte Einsatz von chemischen Unkrautbekämpfungsmitteln, Pestiziden und Fungiziden kann als alternative Lösung angesehen werden, um die Nebenwirkungen des unkontrollierten Einsatzes von CF abzumildern. Der übermäßige Einsatz von Pestiziden in der srilankischen Landwirtschaft gibt zunehmend Anlass zur Sorge (Nagenthirarajah und Thiruchelvam, 2008; Watawala et al., 2010). Unzureichende Kenntnisse und Informationen über die schädlichen Auswirkungen des übermäßigen Einsatzes von Pestiziden und anderen Chemikalien sind ein kritisches Thema in diesem Sektor (Watawala et al., 2003; Nagenthirarajah und Thiruchelvam, 2008; Jayasinghe und Munaweera, 2017; Jayasinghe, 2017; Nishantha, 2015).

Es wird allgemein behauptet, dass die Qualität chemischer Düngemittel nicht garantiert werden kann, da einige Produkte aufgrund potenzieller Unstimmigkeiten oder Gefahren in ihrer chemischen und Nährstoffzusammensetzung nicht den Mindeststandards entsprechen. Diese Bedenken werden durch den falschen oder übermäßigen Gebrauch durch die Landwirte noch verstärkt, entweder aufgrund mangelnden Bewusstseins oder absichtlicher, wahlloser Anwendung, was zu verschiedenen Problemen führt, wie z. B. erhöhter Säuregehalt des Bodens, verminderte Bodenfruchtbarkeit und Biodiversität sowie negative Auswirkungen auf Ertrag und Produktqualität (Lanka, 2022). Kendaragama (2006) wies auf den unangemessenen Einsatz von chemischen Düngemitteln hin, wobei die Werte zwischen 71 und 161 bei Reis-zu-Reis-Systemen und zwischen 6 und 297 bei Rotationssystemen mit Reis und anderen Kulturen liegen; ein Wert von über 100 deutet auf eine übermäßige Verwendung hin.

Diese Ergebnisse belegen, dass der Einsatz von chemischen Düngemitteln und anderen intensiven chemischen Praktiken in der lokalen Landwirtschaft weit verbreitet ist. Trotz der Bemühungen sowohl der Regierung als auch von Nichtregierungsorganisationen, einen vernünftigeren Einsatz von Chemikalien in der Landwirtschaft zu fördern, haben diese Maßnahmen nicht zu den erwarteten Ergebnissen geführt. Die landwirtschaftlichen Systeme in Sri Lanka scheinen ökologisch nicht nachhaltig zu sein und gefährden die Lebensmittelsicherheit (Weerahewa, 2021). Die derzeitige Situation entspricht nicht den Grundsätzen und Standards der nachhaltigen Landwirtschaft, die heute in vielen Teilen der Welt angestrebt werden.

1.3 Nachhaltige Landwirtschaft

Die Grundsätze der nachhaltigen Landwirtschaft und ihre Bedeutung wurden in den letzten Jahrzehnten in wirtschaftlichen, politischen und akademischen Kreisen weltweit zunehmend diskutiert. Die Welt steht heute vor der großen Herausforderung, die Ernährungssicherheit für die ständig wachsende Bevölkerung zu gewährleisten, ohne die Fähigkeit künftiger Generationen zu gefährden, ihren eigenen Bedarf zu decken (Lichtfouse et al., 2009). Wissenschaftler definieren nachhaltige Landwirtschaft häufig als ein dynamisches und komplexes Ökosystem, das in der Lage ist, den Nahrungsmittelbedarf im Rahmen akzeptabler sozialer, wirtschaftlicher und ökologischer Kosten zu decken und gleichzeitig widerstandsfähig gegenüber ökologischen und wirtschaftlichen Veränderungen zu sein (Conway und Barbier, 1990; Ackerman et al., 2014; Scherer et al., 2018).

Die Generalversammlung der Vereinten Nationen (2012) erkannte die Vielfalt der landwirtschaftlichen Systeme und Prozesse als Reaktion auf die wachsende Nachfrage nach Nahrungsmitteln aufgrund der steigenden Weltbevölkerung an.

Um den aufkommenden Bedenken Rechnung zu tragen, verabschiedeten die Vereinten Nationen eine Resolution zur weltweiten Förderung einer nachhaltigen landwirtschaftlichen Produktion und Produktivität mit besonderem Schwerpunkt auf den Entwicklungsländern. Diese Schwerpunkte wurden auf der Rio+20-Konferenz im Rahmen des nachhaltigen Entwicklungsziels "Den Hunger beenden, um Ernährungssicherheit und eine bessere Ernährung zu erreichen und eine nachhaltige Landwirtschaft zu fördern" bekräftigt. Das Ziel für nachhaltige Entwicklung 2 (SDG2) gibt genauere Hinweise auf die Zusammenhänge zwischen den Erfordernissen der Ernährungssicherheit und der Förderung einer nachhaltigen Landwirtschaft. Zu den Zielen gehören die Stärkung von Kleinbauern, die Förderung der Gleichstellung der Geschlechter, die Beendigung der ländlichen Armut, die Gewährleistung eines gesunden Lebensstils, die Bekämpfung des Klimawandels und andere Themen, die in die Entwicklungsziele der SDG-Entwicklungsagenda aufgenommen wurden (UNODC, 2015).

Regierungen, der Privatsektor und die Zivilgesellschaft konzentrieren sich zunehmend darauf, wirtschaftliches, biologisches, kulturelles und ästhetisches Kapital für künftige Generationen zu erhalten, und suchen gleichzeitig aktiv nach Strategien, um die negativen Auswirkungen intensiver, produktionsorientierter moderner landwirtschaftlicher Praktiken abzumildern (Bisht, 2013; Bowers, 1995). Als Reaktion auf diese Herausforderungen erforschen Regierungen neue Ansätze wie die Subventionierung des ökologischen Landbaus (Opoku et al., 2020), die Bereitstellung von Agrarsubventionen für ökologische Landbewirtschaftungsprogramme (Cusworth, 2021), die Entwicklung von Strategien für nachhaltigen Agrotourismus (Knowd, 2006) und die Integration landwirtschaftlicher Entwicklungen in ländliche Entwicklungspläne bei gleichzeitiger Nutzung von gemeinschaftsgestützten Landwirtschaftsprogrammen (Marsden, 2002; Mert-Cakal, 2021).

1.4 Grundsätze der nachhaltigen Landwirtschaft

Die FAO (Zoveda et al., 2014) definiert fünf Grundprinzipien nachhaltiger Ernährung und Landwirtschaft, die die sozialen, wirtschaftlichen und ökologischen Dimensionen der Nachhaltigkeit in Einklang bringen: 1) Verbesserung der Effizienz der Ressourcennutzung; 2) Erhaltung, Schutz und Verbesserung natürlicher Ökosysteme; 3) Schutz und Verbesserung der ländlichen Lebensgrundlagen und des sozialen Wohlergehens; 4) Verbesserung der Widerstandsfähigkeit von Menschen, Gemeinschaften und Ökosystemen; und 5) Förderung einer guten Verwaltung sowohl natürlicher als auch menschlicher Systeme. Diese fünf Prinzipien bieten eine aufschlussreiche Orientierung für diese Forschung, um die Grenzen der Studie abzustecken.

1.4.1 Verbesserung der Effizienz bei der Nutzung von Ressourcen

Die FAO (2014) erklärt die landwirtschaftliche Produktion als Umwandlung natürlicher Ressourcen in Produkte zum Nutzen der Menschen. Dieser Prozess erfordert Management, Wissen, Technologien und externe Inputs. Die Höhe und der Mix der landwirtschaftlichen Inputs sowie die Art der verwendeten Technologien und Bewirtschaftungssysteme haben erhebliche Auswirkungen auf das Produktivitätsniveau und die Auswirkungen der Produktion auf natürliche Ressourcen und die Umwelt. Die FAO betont außerdem, wie wichtig es ist, den "richtigen Mix" zu finden, der den Wert der natürlichen Ressourcen und die tatsächlichen Kosten der Umweltauswirkungen und externen Inputs widerspiegelt, die für die Nachhaltigkeit der Landwirtschaft unerlässlich sind. Die FAO empfiehlt: 1) ein genetisch vielfältiges Sortenportfolio, 2) konservierende Landwirtschaft, 3) umsichtiger Einsatz von organischen und anorganischen Düngemitteln, verbessertes Bodenfeuchtigkeitsmanagement, 4) verbesserte Wasserproduktivität und Präzisionsbewässerung und 5) integrierter Pflanzenschutz.

1.4.2 Erhaltung, Schutz und Verbesserung der natürlichen Ökosysteme

Die Vereinten Nationen (2013) äußerten ihre Besorgnis über die Verschlechterung der Agrarökosysteme, die sich direkt auf die Nahrungsmittelversorgung und das Einkommen der Armen auswirkt, ihre Anfälligkeit erhöht und einen Teufelskreis aus Armut, weiterer Verschlechterung des Wohlstands und der Gefahr des Hungers in Gang setzt. Die FAO nennt folgende Maßnahmen und Praktiken, die für den Schutz der natürlichen Ressourcen im Hinblick auf eine nachhaltige Entwicklung in der Landwirtschaft von entscheidender Bedeutung sind: 1) Anwendung besserer Praktiken für die biologische Vielfalt, Erhaltung pflanzengenetischer Ressourcen; 2) Anwendung besserer Praktiken für den Boden: Bodensanierung, geeignete Anbausysteme; 3) Anwendung besserer Praktiken für die Wasserbewirtschaftung: Defizitbewässerung, Vermeidung von Wasserverschmutzung; 4) Festlegung von Zahlungen für die Nutzung und Bereitstellung von Umweltleistungen wie Bestäuber, Kohlenstoffbindung; 5) Festlegung von Politiken, Gesetzen, Anreizen und Durchsetzung zur Förderung der oben genannten Maßnahmen.

1.4.3 Schutz und Verbesserung der Lebensgrundlagen und des sozialen Wohlergehens im ländlichen Raum

Die Weltbank (2007) weist darauf hin, dass 75 % der Armen der Welt in ländlichen Gebieten leben und dass eine breit angelegte ländliche Entwicklung und die breite Verteilung ihrer Vorteile das wirksamste Mittel zur Verringerung von Armut und Ernährungsunsicherheit sind. Die FAO behauptet, dass eine Landwirtschaft, der es nicht gelingt, die ländlichen Lebensgrundlagen, die Gerechtigkeit und das soziale Wohlergehen zu schützen und zu verbessern, nicht nachhaltig ist. Die folgenden grundlegenden Prinzipien und Praktiken werden als Weg zu einer nachhaltigen

Entwicklung der Landwirtschaft vorgeschlagen: 1) Verbesserung/Schutz des Zugangs der Landwirte zu den Ressourcen, z. B. durch gerechte Land- und Wasserbesitzverhältnisse; 2) Verbesserung des Zugangs der Landwirte zu den Märkten durch den Aufbau von Kapazitäten, Krediten und Infrastruktur; 3) Verbesserung der Beschäftigungsmöglichkeiten auf dem Land, z. B. in kleinen und mittleren Unternehmen, Nachhaltigkeit und damit verbundene Aktivitäten; 4) Verbesserung der Ernährung auf dem Land: Produktion von mehr und erschwinglichen nahrhaften und vielfältigen Lebensmitteln, einschließlich Obst und Gemüse.

1.4.4 Stärkung der Resilienz von Menschen, Gemeinschaften und Ökosystemen

Die FAO (2014) stellt fest, dass eine verbesserte Widerstandsfähigkeit von Menschen, Gemeinschaften und Ökosystemen entscheidend für eine nachhaltige Landwirtschaft ist. Resilienz ist definiert als die Fähigkeit eines Systems und seiner Teile, die Auswirkungen eines gefährlichen Ereignisses rechtzeitig und effizient zu antizipieren, zu absorbieren, zu akkommodieren oder sich davon zu erholen, indem es die Erhaltung, Wiederherstellung oder Verbesserung seiner wesentlichen Grundstrukturen und Funktionen sicherstellt. In der nachhaltigen Ernährung und Landwirtschaft ist Resilienz die Fähigkeit von Agrarökosystemen, landwirtschaftlichen Gemeinschaften, Haushalten oder Einzelpersonen, die Produktivität des Systems zu erhalten oder zu steigern, indem sie Risiken vorbeugen, abmildern oder bewältigen, sich an Veränderungen anpassen und sich von Schocks erholen (IPCC, 2012). Die FAO empfiehlt die folgenden Strategien und Praktiken für eine nachhaltige Entwicklung in der Landwirtschaft: 1) Verallgemeinerung der Risikobewertung/des Risikomanagements und der Kommunikation, 2) Vorbereitung auf den Klimawandel und Anpassung an ihn, 3)

Reaktion auf Marktschwankungen, z. B. Förderung der Flexibilität von Produktionssystemen und Einsparungen, 4) Notfallplanung für Dürren, Überschwemmungen und Schädlingsbefall; Entwicklung sozialer Sicherheitsnetze.

1.4.5 Fördert eine gute Verwaltung der natürlichen und menschlichen Systeme

Die FAO (2014) stellt fest, dass nachhaltige Ernährung und Landwirtschaft verantwortungsvolle und wirksame Governance-Mechanismen erfordern. Gute Governance ist notwendig, um soziale Gerechtigkeit, Gleichheit und eine langfristige Perspektive für den Schutz der natürlichen Ressourcen zu gewährleisten. Wenn abstrakte Umweltbelange die Nachhaltigkeitsprozesse dominieren, ist es unwahrscheinlich, dass sie ohne angemessene Berücksichtigung der sozialen und wirtschaftlichen Dimensionen umgesetzt werden. Ein Übergang zu einer nachhaltigen Landwirtschaft, die den fünf Prinzipien folgt, erfordert ein förderliches politisches, rechtliches und institutionelles Umfeld, das ein ausgewogenes Verhältnis zwischen Initiativen des privaten und des öffentlichen Sektors herstellt und Rechenschaftspflicht, Gerechtigkeit, Transparenz und Rechtsstaatlichkeit gewährleistet (IFAD, 1999).

Die folgenden grundlegenden Prinzipien und Praktiken werden als Good Governance für eine nachhaltige Entwicklung in der Landwirtschaft vorgestellt: 1) Erhöhung der effektiven Beteiligung, 2) Förderung der Bildung von Vereinigungen, 3) Erhöhung der Häufigkeit und des Inhalts der Konsultationen zwischen den Interessengruppen, 4) Entwicklung dezentraler Kapazitäten.

1.5 Produktivität des srilankischen Reisanbaus

In der Saison 2021-22 (April-März) verzeichnete Sri Lanka einen bemerkenswerten Rückgang der Reiserzeugung um 13,9 % im Vergleich zur vorherigen Saison. Außerdem sank der durchschnittliche Hektarertrag um 14,4 %. Gleichzeitig erreichten die Einfuhren ein Fünfjahreshoch. Dieser Rückgang wird auf die Entscheidung der Regierung zurückgeführt, die Einfuhr von anorganischen Düngemitteln und Agrochemikalien am 6. Mai 2021 zu verbieten, eine Politik, die sechs Monate später, am 24. November 2021, wieder aufgehoben wurde (Tabelle 1-3).

Tabelle 1-3 Indikatoren für Anbaufläche, Ertrag, Produktion und Importe in Sri Lanka

Jahr	Fläche (in Millionen Hektar)	Ausbeute (Töne/Hektar)	Produktion (Tone's Millions)	Einfuhren (Tone's Millions)
2014-15	0.9	4.32	2.74	0.286
2015-16	1.23	3.95	3.29	0.030
2016-17	0.69	4.36	2.03	0.748
2017-18	0.77	4.30	2.25	0.249
2018-19	0.97	4.73	3.13	0.024
2019-20	0.97	4.85	3.21	0.016
2020-21	1.09	4.75	3.39	0.147
2021-22	1.10	3.91	2.92	0.650

Quelle: Amt für Volkszählung und Statistik (2022)

Diese Statistiken spiegeln jedoch möglicherweise nicht die tatsächliche Situation wider. Der Reisanbau in Sri Lanka ist auf zwei Hauptanbausaisonen ausgerichtet: Yala[2] (Mai-Juni) und Maha" (November-Dezember). 60 % der jährlichen Reiserzeugung Sri Lankas entfallen auf die Maha"-Pflanzung, wie aus den Statistiken hervorgeht. Das Verbot der Einfuhr von Kunstdünger trat in Kraft, als die Anpflanzung von "Yala"-Reis gerade begonnen hatte. Ein Großteil der Einfuhren von chemischen Düngemitteln in dieser Saison wäre zu diesem Zeitpunkt bereits erfolgt. "Die Richtlinie vom 6. Mai 2021 hätte sich nicht auf die Yala-Reisproduktion ausgewirkt. Der Mangel an chemischen Betriebsmitteln hat vor allem die Maha-Saison betroffen, die einen Rückgang von 40-45 % verzeichnete.

[2] Die Reisanbausaison in Sri Lanka von April bis August

Die Aufhebung des Verbots erfolgte gegen Ende November, was für die Maha-Anpflanzungen zu spät war. Die Krise geht über die reine Biopolitik hinaus und erreicht eine andere Ebene, da sich die makroökonomische Situation Sri Lankas verschlechtert.

Die Regierung behauptete, das Verbot von chemischen Düngemitteln stehe im Einklang mit ihrer Agenda zur Umstellung der landwirtschaftlichen Felder von chemieintensiven Praktiken auf eine stärker ökologisch ausgerichtete Landwirtschaft. Es gibt jedoch weitergehende Spekulationen, die darauf hindeuten, dass die Entscheidung, die Einfuhr von chemischen Betriebsmitteln für die Landwirtschaft zu verbieten, als Reaktion auf die Sorge um die Erschöpfung der Devisenreserven getroffen wurde. Die Düngemittelimporte beliefen sich im Jahr 2020 auf 258,94 Mio. USD, und angesichts des Aufwärtstrends der internationalen Preise könnten die Importkosten im Jahr 2021 und darüber hinaus auf insgesamt 300-400 Mio. USD angestiegen sein.

Das Internationale Reisforschungsinstitut (IRRI) berichtete 2019, dass Sri Lanka zwar jährlich 4,6 Millionen Tonnen Reis mit einem Durchschnittsertrag von 4,3 Tonnen pro Hektar produziert, die derzeitige Reisproduktivität des Landes aber weniger als die Hälfte seines Potenzials beträgt. Am 18. Januar 2019 unterzeichneten das IRRI und die Regierung von Sri Lanka einen umfassenden Arbeitsplan, der darauf abzielt, die Ziele der Selbstversorgung Sri Lankas mit Reis durch gemeinsame Forschungs- und Entwicklungsprojekte in den nächsten fünf Jahren voranzutreiben. Der neue Arbeitsplan legt den Schwerpunkt auf die Entwicklung ertragreicher und klimaresistenter Reissorten mit Mehrfachtoleranz gegenüber biotischen und abiotischen Stressfaktoren, genombasierte Züchtungstechnologien, nährstoffreichen und wertschöpfenden Reis,

Kapazitätsaufbau und Mechanisierung. Die Projektverantwortlichen beabsichtigen auch, robustere Saatgutsysteme und nachhaltige landwirtschaftliche Bewirtschaftungsmethoden zu fördern.

Das IRRI (2019) betonte die Notwendigkeit, die Widerstandsfähigkeit und Nachhaltigkeit der nationalen Reiswirtschaft Sri Lankas durch ökologisch nachhaltige Ansätze zu verbessern und die komplexen Herausforderungen des Bevölkerungswachstums, der landwirtschaftlichen Produktion und des Klimawandels zu bewältigen. Es gibt jedoch keine aktuellen Informationen über den Fortschritt dieser Projekte nach Juni 2018.

1.6 Motivation für die Forschung

Die Entscheidung der Regierung, die Einfuhr von chemischen Düngemitteln einzustellen, ist ein wichtiger Schritt auf dem Weg, den Reisanbau in Sri Lanka auf einen nachhaltigeren Weg zu bringen. Das Verbot chemischer Düngemittel steht im Einklang mit der Verpflichtung der srilankischen Regierung, die ökologische Landwirtschaft zu fördern und zu verbreiten. Diese Politik wurde möglicherweise aufgrund der Bedenken über die negativen Auswirkungen des Einsatzes von chemischen Düngemitteln formuliert. Die hohen Importkosten für Agrochemikalien, aufwändige Subventionsregelungen und Bedenken hinsichtlich der Rentabilität des Einsatzes chemischer Düngemittel sind einige der Faktoren, die diese politische Entscheidung beeinflusst haben. Darüber hinaus wird möglicherweise ein Zusammenhang zwischen dem Einsatz von chemischen Düngemitteln und dem vermehrten Auftreten von Krebs und chronischen Nierenkrankheiten bei Landwirten in der Trockenzone gesehen. Der direkte Zusammenhang zwischen chemischen Düngemitteln und diesen Gesundheitsproblemen muss jedoch noch weiter untersucht werden (Lanka, 2022).

Dennoch wurde die politische Entscheidung in weniger als einem Jahr wieder rückgängig gemacht.

Die Regierung erkannte die Notwendigkeit und formulierte Visionen und Richtungen für die Umstellung des Agrarsektors auf eine nachhaltige Landwirtschaft (SA), die mit der Politik und den Mandaten übereinstimmen. Sie erkannte an, dass der extensive Einsatz von chemischen Düngemitteln zur Unterstützung intensiver Produktionspraktiken zu einer erheblichen Boden- und Wasserverschmutzung und -verschlechterung geführt hat (Übergreifende Agrarpolitik 2020-2025, 2019). Die Epidemie chronischer Nierenerkrankungen in der nördlichen Zentralprovinz gilt als ein wichtiges Symptom der Wasser- und Bodenverschmutzung infolge des übermäßigen Einsatzes von chemischen Düngemitteln (Sustainable Sri Lanka 2030 Vision and Strategic Path, 2019).

Die Notwendigkeit eines revolutionären Wandels bei der Verwendung von Düngemitteln wurde im Wahlprogramm 2019, "Vistas of Prosperity and Splendour", zum Ausdruck gebracht, in dem vorgeschlagen wurde, das bestehende System der Düngemittelsubventionierung durch ein alternatives System zu ersetzen. Die Regierung beabsichtigte, den Landwirten im Rahmen dieses neuen Systems sowohl anorganische als auch organische Düngemittel kostenlos zur Verfügung zu stellen. Das langfristige Ziel, das im Manifest hervorgehoben wird, ist die schrittweise Umstellung auf eine nachhaltige Landwirtschaft, in der ausschließlich organische Düngemittel eingesetzt werden. Während einige argumentieren, dass dieser politische Schritt im Großen und Ganzen mit den Wahlversprechen der Regierungspartei übereinstimmt, behaupten andere, dass anekdotische Beweise darauf hindeuten, dass die Maßnahme darauf abzielt, die

Devisenlast zu verringern, und nicht allein von der Vision des Übergangs zu einer nachhaltigen Landwirtschaft angetrieben wird (Weerahewa, 2021).

Die abrupten und strengen Beschränkungen für den Einsatz chemischer Düngemittel, die im Gegensatz zu dem im Regierungsplan vorgesehenen schrittweisen Übergang stehen, lassen Zweifel an der Bereitschaft der Landwirte aufkommen, sich an einen so schnellen Wandel anzupassen. Der Forscher betont, wie wichtig eine Harmonisierung und eine gemeinsame Vision von Institutionen und Landwirten für den Erfolg der Entscheidung ist, in einem so großen Umfang von chemischen Düngemitteln auf organische Düngemittel umzustellen. Daher unterstreicht der Forscher die Bedeutung eines beratenden Dialogs mit den Landwirten und die Bewertung ihres Potenzials und ihrer Bereitschaft für diese Aufgabe. Dieser Ansatz wird als entscheidend für eine wirksame Entscheidungsfindung angesehen und ist von größter Bedeutung für die erfolgreiche Umsetzung der Umstellung.

Der Übergang von chemischen Düngemitteln (CF) zu organischen Düngemitteln (OF), insbesondere wenn OF kostenlos oder zu geringeren Kosten zur Verfügung gestellt werden, stellt eine wesentliche Veränderung hin zu einem nachhaltigeren Aspekt des landwirtschaftlichen Ökosystems dar. Während die Bereitschaft der Landwirte zur Anpassung an eine nachhaltige Landwirtschaft (SA) in verschiedenen Themenbereichen wie SA-Praktiken, Standards, Nachhaltigkeit des traditionellen Reisanbaus, Einstellungen zu öffentlichen SA-Fördermaßnahmen, Auswirkungen von landwirtschaftlichen Presseveröffentlichungen, Wirksamkeit von SA-Förderprogrammen, Bewertung von Wissen, Werten und Meinungen zum ökologischen Landbau und Erkundung von Wissen und Lernpraktiken der Landwirte umfassend erforscht wurde, lag der Schwerpunkt relativ weniger auf der

Untersuchung der Widerstandsfähigkeit der Landwirte gegenüber plötzlichen Störungen im System, wie z.B. der abrupten Einstellung des Einsatzes von chemischen Düngemitteln.

Es ist bemerkenswert, dass es an neueren Forschungsergebnissen zur Bewertung der Widerstandsfähigkeit der Reisbauern fehlt, um die Herausforderung der Abkehr von chemischen Düngemitteln in Sri Lanka zu bewältigen. Daher betont der Forscher, wie wichtig es ist, wissenschaftliche Methoden zu entwickeln, um die authentischen Potenziale der Landwirte, ihre Bereitschaft, die Herausforderung anzunehmen, und die institutionelle Unterstützung, die sie in dieser entscheidenden Phase benötigen, zu bewerten und zu verstehen. Ein solches Unterfangen wird als zeitgemäß und in vielerlei Hinsicht lohnenswert erachtet, da es wertvolle Einblicke in die laufende Umstellung der Landwirtschaft liefern und eine effektive Entscheidungsfindung unterstützen kann.

1.7 Problemstellung

Die Entscheidung, den Einsatz von chemischen Düngemitteln (CF) zu verbieten, hat im Reisanbau zu erheblichen Unruhen geführt. Als Reaktion auf diese Entscheidung sind die Landwirte in großen Demonstrationen auf die Straße gegangen, um ihrer Unruhe und Unzufriedenheit Ausdruck zu verleihen. Das Ausmaß ihrer Frustration gibt Anlass zur Sorge über die Kontinuität des Anbaus und die Fähigkeit, den Bedarf des Landes an Ernährungssicherheit in den kommenden Saisons zu decken. In den vergangenen sechs Jahrzehnten wurden den Landwirten durch eine Reihe von Subventionen Anreize für den Einsatz von CF geboten, wobei die Düngemittel direkt an ihre Haustür geliefert wurden (Zentralbank, 2020b). Sogar während der anfänglichen Einführung von CF wurde die Praxis manchmal durch individuelle Präferenzen beeinflusst (Department of

Census and Statistics of Sri Lanka, 1962). Diese Tradition hat sich bis heute gehalten, wobei die Landwirte die von ihren Vorlieben bestimmten Mengen auf den Feldern ausbringen, möglicherweise ohne die tatsächlichen Kosten und sonstigen Folgen zu kennen. Trotz der Ergebnisse halten sie an der Verwendung von CF im modernen Reisanbau fest.

Am 30. Juni 2019 beliefen sich die Devisenreserven des Landes auf 8.864,98 Mio. USD, und am 28. Februar 2020, vor Ausbruch der Covid-19-Pandemie, lagen sie bei 7.941,52 Mio. USD. Ein Rückgang der Einnahmen aus dem Tourismus und der Überweisungen ausländischer Arbeitnehmer von 3.606,9 Mio. $ bzw. 6.717,2 Mio. $ im Jahr 2019 auf 506,9 Mio. $ bzw. 5.491,5 Mio. $ im Jahr 2021 führte jedoch zu einer Erschöpfung der Reserven. Bis Ende März 2021 waren die Reserven auf 4.055,16 Mio. $ gesunken und sanken weiter auf 2.704,19 Mio. $ Ende September und 1.588,37 Mio. $ Ende November 2021. Ende Februar 2022 meldete die Zentralbank von Sri Lanka offizielle Devisenreserven in Höhe von insgesamt 2.311,25 Mio. $, was für den Einfuhrbedarf von etwas mehr als 1,3 Monaten ausreichte (Zentralbank, 2022). Dieser drastische Rückgang der Devisenreserven deutet auf eine mögliche Verknappung von chemischen Düngemitteln auf dem Markt hin.

Angesichts der nationalen Inflation, die über 60 % betrug und weiter anstieg (Zentralbank, 2022), gab es zudem Bedenken, ob sich die Landwirte die neuen Marktpreise für importierte chemische Düngemittel leisten konnten. In diesem schwierigen wirtschaftlichen Kontext sahen sich die Landwirte gezwungen, nach Möglichkeiten zu suchen, den Einsatz von Chemikalien zu minimieren und mehr organische Substanzen und Alternativen zu verwenden, um ihre landwirtschaftlichen Praktiken aufrechtzuerhalten.

Auf der anderen Seite wurden die organische Subsistenz und Biomasse jahrzehntelang vernachlässigt und nicht genutzt, und es gab nur wenige Verbindungen zu organischen Düngemitteln (OF) (Department of Census and Statistics, 2021). In diesem Szenario sahen sich die Landwirte mit der gewaltigen Herausforderung konfrontiert, ihre Verbindungen zu chemischen Düngemitteln (CF) zu kappen und gleichzeitig Beziehungen zu organischen Alternativen aufzubauen und zu stärken. Der Forscher stellt sich die Frage, ob die Landwirte bereit sind, ihre Beziehungen zu chemischen Düngemitteln abrupt zu beenden und sich schnell auf biologische Alternativen umzustellen. Es gibt keine Anzeichen für einen ausreichenden Dialog zwischen den Institutionen und den Landwirten, um ihr Potenzial einzuschätzen und ihre Meinung über ihre Bereitschaft zu einer solch monumentalen Aufgabe einzuholen.

Diese Situation erinnert an einen historischen Fehler, den die Regierung in den 1960er Jahren beging, als sie eine wichtige Entscheidung traf, ohne einen angemessenen Dialog mit den Landwirten zu führen und ohne ihre Ansichten und Beiträge in die Entscheidungsfindung einzubeziehen. Darüber hinaus bleibt ungewiss, inwieweit die Landwirte die von der Regierung organisierte institutionelle Unterstützung für diesen Übergang angenommen haben und sich mit ihr identifizieren.

Der Einsatz umweltfreundlicher organischer Substanzen in der Landwirtschaft spielt eine entscheidende Rolle bei der Umstellung des Anbaus auf eine nachhaltige Landwirtschaft (SA). Die jüngste Literatur deutet darauf hin, dass die Bereitschaft der Landwirte zur Übernahme von SA-Aktivitäten, einschließlich der Verwendung organischer Stoffe, von wirtschaftlichen Gewinnen sowie von sozialen, kulturellen und ökologischen Faktoren abhängt (Petway et al., 2019; Waseem et al., 2020;

Dharmawan et al., 2021). Landwirtschaftliche Praktiken, die auf die Sicherstellung von NHB abzielen, werden durch das Vermögen, die Fähigkeiten, das Wissen und die externe institutionelle Unterstützung der Landwirte beeinflusst, die von der Forschung relativ wenig untersucht werden (Gebska et al., 2020; Lichtfouse et al., 2009; Curry et al., 2012).

Im Zusammenhang mit solchen Übergängen ist der Forscher der Ansicht, dass die Angleichung der Ziele von Institutionen und Landwirten für den Erfolg entscheidend ist. Daher dürfte die wahrgenommene Wirksamkeit institutioneller Anreize bei diesem entscheidenden Übergang eine wichtige Rolle spielen, wie eine Studie von Cusworth und Dodsworth (2021) zeigt, die die Einstellung zur Bereitstellung öffentlicher Güter untersucht hat. Daher betont der Forscher die Notwendigkeit, die Bereitschaft der Landwirte zur Umstellung von chemischen Düngemitteln auf organische Alternativen im breiteren Kontext ihres SA-Potenzials zu bewerten. Diese Bewertung sollte ein Konstrukt zur Messung der Wirksamkeit der institutionellen Anreize umfassen, die sie für die Einführung von SA-Praktiken erhalten.

Es mangelt jedoch an neueren Forschungsergebnissen, die die SA-Aspekte in diesem spezifischen Kontext erklären, Einblicke geben und die Bereitschaft der Landwirte für einen solchen Übergang verstehen. Darüber hinaus bieten frühere Bewertungen keinen konzeptionellen Rahmen, um die Bereitschaft der Landwirte zur Bewältigung plötzlicher Veränderungen zu messen, wie sie im Ökosystem des Reisanbaus in Sri Lanka eingetreten sind.

Der Forscher stellt daher fest, dass Entscheidungsträgern und Wissenschaftlern das Wissen über das Potenzial der Landwirte für eine nachhaltige Landwirtschaft (SA), den Einsatz organischer Düngemittel zu übernehmen, ihre Bereitschaft, den Einsatz chemischer Düngemittel einzustellen, sowie die Wirksamkeit institutioneller Anreize und ihre Verbindung zu diesen Anreizen fehlt. Derzeit gibt es keinen etablierten theoretischen Rahmen, um diese Unbekannten systematisch zu messen.

Die Schaffung eines solchen Rahmens erfordert eine solide philosophische Grundlage, die klärt, wie sich Konstrukte im Zusammenhang mit dem Potenzial der Landwirte und institutionellen Anreizen auf ihre Bereitschaft auswirken könnten, chemische Düngemittel zu minimieren und organische Düngemittel einzusetzen, um das Ökosystem des Reisanbaus zu erhalten. In der Forschung haben Forscher versucht, diese Konstrukte innerhalb eines Rahmens für nachhaltige Landwirtschaft (SA) zu bewerten, der die sozioökonomischen und natürlichen Merkmale der Akteure und Ressourcen in einem solchen Ökosystem einbezieht. Während verschiedene vorherrschende Theorien von Forschern im Bereich der SA-Anpassung verwendet wurden, wie z. B. die Theorie des geplanten Verhaltens (Waseem et al., 2020), die Theorie der Diffusion von Innovationen (Rust et al., 2021) und die Gesellschaftstheorie von Bourdieu (Cusworth und Dodsworth, 2021), erweist sich die Resilienztheorie (RT) als ein passenderer theoretischer Vorschlag für die Bewertung der Anpassungsfähigkeit der Landwirte an plötzliche Veränderungen. Allerdings wurde die RT in der vorhandenen Literatur von Forschern nicht für die Bewertung der Resilienz von Landwirten innerhalb eines SA-Rahmens konzeptualisiert. Die Entwicklung eines Rahmens zur Bewertung der Resilienz von Landwirten bei der Anpassung von SA-Praktiken unter Verwendung der Resilienz-Theorie erfordert zusätzliche Literaturunterstützung, um den SA-Aspekt in die Eigenschaften der Resilienz-Theorie zu integrieren.

1.8 Forschungsfrage

Die Forschungsfrage dieser Studie lautet, wie die Beziehungen zwischen dem Potenzial der Landwirte für eine nachhaltige Landwirtschaft, ihrer Bereitschaft, auf den Einsatz von chemischen Düngemitteln zu verzichten und stattdessen organische Düngemittel zu verwenden, und der von ihnen wahrgenommenen Wirksamkeit der institutionellen Anreize während der laufenden Umstellung des Reisanbaus in Sri Lanka auf eine stärker ökologisch ausgerichtete Landwirtschaft bewertet werden können.

Detaillierte Forschungsfragen

1. Welcher Zusammenhang besteht zwischen dem **SA-Potenzial der** Landwirte und ihrer **Bereitschaft,** *chemische Düngemittel* **abzugeben**?
2. Welcher Zusammenhang besteht zwischen dem **SA-Potenzial der** Landwirte und ihrer **Bereitschaft,** *organischen Dünger* **einzusetzen**?
3. Welcher Zusammenhang besteht zwischen dem **SA-Potenzial** der Landwirte und der **von** ihnen **wahrgenommenen Wirksamkeit** *staatlicher Anreize*?
4. Welchen Einfluss hat die **Bereitschaft der** Landwirte, *chemische Düngemittel* **freizugeben,** auf die Beziehung zwischen ihrem **SA-Potenzial** und ihrer **Bereitschaft,** *organische Düngemittel* **einzusetzen**?
5. Welchen Einfluss hat die **von den** Landwirten **wahrgenommene Wirksamkeit** *staatlicher Anreize* auf die Beziehung zwischen ihrem **SA-Potenzial** und ihrer **Bereitschaft,** *organischen Dünger* **einzusetzen**?

6. Welche demografischen Faktoren moderieren die Beziehung zwischen dem **SA-Potenzial der** Landwirte und der **Bereitschaft,** organischen Dünger **einzusetzen**?

1.9 Forschungsziel

Das Ziel dieser Studie ist es, die Beziehungen zwischen dem Potenzial der Landwirte für eine nachhaltige Landwirtschaft wissenschaftlich zu bewerten, zwischen ihrer Bereitschaft, auf den Einsatz von chemischen Düngemitteln zu verzichten, ihrer Bereitschaft, stattdessen organische Düngemittel zu verwenden, und der wahrgenommenen Wirksamkeit der staatlichen Anreize während der laufenden Umstellung des Reisanbaus in Sri Lanka auf eine stärker ökologisch ausgerichtete Landwirtschaft.

Detaillierte Forschungsziele

1. die Beziehung zwischen dem **SA-Potenzial der** Landwirte und ihrer **Bereitschaft,** *chemische Düngemittel* **freizugeben, zu** bewerten.
2. die Beziehung zwischen dem **SA-Potenzial** der Landwirte und ihrer **Bereitschaft,** *organischen Dünger* **einzusetzen,** zu bewerten.
3. Bewertung des Verhältnisses zwischen dem **SA-Potenzial** der Landwirte und der **von** ihnen **wahrgenommenen Wirksamkeit** der *staatlichen Anreize.*
4. Bewertung des Einflusses der **Bereitschaft der** Landwirte, *chemische Düngemittel* **freizugeben,** auf die Beziehung zwischen ihrem **SA-Potenzial** und ihrer **Bereitschaft,** *organische Düngemittel* **einzusetzen**.

5. Bewertung des Einflusses der **von den** Landwirten **wahrgenommenen Wirksamkeit** *staatlicher Anreize* auf die Beziehung zwischen ihrem **SA-Potenzial** und ihrer **Bereitschaft zur Einführung** organischer Düngemittel.
6. Bestimmung der demographischen Faktoren, die die Beziehung zwischen dem **SA-Potenzial** der Landwirte und der **Bereitschaft zur Einführung von** organischem Dünger beeinflussen.

1.10 Bedeutung der Studie

Die Turbulenzen im Reisanbau halten weiter an. Am 15. Oktober 2021 veröffentlichte die Regierung eine außerordentliche Bekanntmachung zur Einrichtung einer Task Force, die Anreize für Forschung und Innovation zur Herstellung umweltfreundlicher organischer Düngemittel schaffen soll, die auf die lokalen Umweltbedingungen zugeschnitten sind. Ziel dieser Task Force ist es, eine umweltfreundliche, nachhaltige Landwirtschaft zu fördern, die den Einsatz von chemischen Abfallstoffen in Boden und Wasser minimiert. Die laufenden Debatten und Diskussionen auf parlamentarischer und staatlicher Ebene zeigen, dass die Institutionen den Beschluss zum Verbot von chemischen Düngemitteln aktiv überprüfen, verfeinern und festigen. Trotz der Aufhebung des Verbots der Einfuhr von chemischen Düngemitteln ab dem 30. November 2021 durch eine spezielle Bekanntmachung im Amtsblatt hat die Aufhebung des Verbots die Düngemittelknappheit angesichts der Wirtschaftskrise und der schwindenden Devisenreserven, die die Einfuhr einer ausreichenden Menge an chemischen Düngemitteln erschweren, nicht vollständig beseitigt. Die Preise für die noch auf dem Markt befindlichen Bestände sind auf ein Niveau gestiegen, das für den durchschnittlichen Landwirt unerschwinglich ist. Am 7. Juni 2022 genehmigte das

Kabinett die Einfuhr von 150.000 Tonnen Harnstoff, 45.000 Tonnen Kaliumhydroxid (MOP) und 36.000 Tonnen Triple-Super-Phosphat (TSP) für den Reisanbau in der Maha-Saison 2022/23, die die Landwirte zum Zeitpunkt der Erstellung dieser Arbeit bereits erreicht haben.

In dieser Phase der Wiederbelebung werden die Ergebnisse dieser Studie den Entscheidungsträgern unschätzbare Einblicke bieten und sie auffordern, die echten Potenziale und Meinungen der Landwirte bei den laufenden Überarbeitungen zu berücksichtigen, die bisher übersehen wurden. Darüber hinaus dient diese Studie als wichtige Plattform für Landwirte, um ihre authentischen Perspektiven zu artikulieren, ihr Potenzial in der nachhaltigen Landwirtschaft (SA) aufzuzeigen und ihre Erfahrungen bei der Bewältigung der durch die Krise verursachten Herausforderungen zu teilen. Auf diese Weise trägt die Studie dazu bei, bestehende Informationslücken in den Institutionen in Bezug auf die Potenziale und Meinungen der Landwirte zu schließen, Aspekte, die bisher möglicherweise nicht als wichtig erkannt wurden. Im Wesentlichen zielt die Studie darauf ab, die Unbekannten zu entschlüsseln und zu verstehen, die das Potenzial der Landwirte auf andere wirtschaftliche Wege lenken könnten, was eine Bedrohung für die Zukunft des Reisanbaus darstellen und die Ernährungssicherheit des Landes gefährden würde.

Wie im nächsten Kapitel erläutert wird, kann der vorgeschlagene konzeptionelle Rahmen zur Bewertung von Landwirten von Forschern zur Beurteilung ähnlicher Situationen in vergleichbaren Ökosystemen angewandt werden und ermöglicht die Untersuchung des Verhaltens jedes Segments innerhalb der zugehörigen Wertschöpfungskette beim Einsetzen abrupter Veränderungen. Die Resilienztheorie, die dieser Studie zugrunde liegt, gibt Aufschluss über die Bedeutung der stabilisierenden und destabilisierenden Kräfte, die auf ein

Ökosystem einwirken. Destabilisierende Kräfte schaffen Möglichkeiten für Vielfalt, Flexibilität und Innovation, während stabilisierende Kräfte eine entscheidende Rolle bei der Stärkung von Produktivität, Anlagekapital und sozialem Gedächtnis spielen. Die in dieser Studie untersuchten Konzepte und Methoden bieten wertvolle Einblicke für künftige Forscher, die die destabilisierenden und stabilisierenden Merkmale bewerten sollen, die sich auf die einflussreichen Kräfte innerhalb eines Ökosystems auswirken, das zeitliche Übergänge durchläuft.

2 Kapitel 02- Literaturübersicht

2.1 Einführung in die Literaturübersicht

Die skizzierten Forschungsziele erfordern die Entwicklung eines konzeptionellen Rahmens, der die verschiedenen Konstrukte und ihre Zusammenhänge im Kontext der nachhaltigen Landwirtschaft verdeutlicht. Eine theoretische Grundlage ist unerlässlich, um die Bereitschaft der Landwirte zu bewerten und zu verstehen, im Rahmen der Grundsätze der nachhaltigen Landwirtschaft von der konventionellen zur ökologischen Landwirtschaft überzugehen. Die Durchführung einer umfassenden Literaturrecherche hilft den Forschern, einen geeigneten theoretischen Rahmen für die Konzeptualisierung ihrer Forschung zu finden. Wissenschaftler wie Petticrew (2001) und Healy und Healy (2010) sind der Meinung, dass eine "systematische Literaturübersicht" im Vergleich zum herkömmlichen "narrativen" Ansatz mehr Erkenntnisse liefert. Dieser Empfehlung folgend wurden in der Studie 179 Artikel aus den Datenbanken Google Scholar und Web of Science in eine lange Liste aufgenommen. Von den 179 ursprünglich ausgewählten Artikeln erwiesen sich 80 Zeitschriftenartikel als direkt relevant für diese Studie. Die Einzelheiten des Verfahrens, das bei der Auswahl der Artikel angewandt wurde, sind in Anhang 01 aufgeführt. Für diese Literaturübersicht wurde eine systematische "qualitative" Synthese durchgeführt, die der "narrativen" Methode vorgezogen wurde, da genügend Artikel vorhanden waren, um eine Artikeldatenbank zu erstellen (Pickering und Byrne, 2014).

2.2 Quantitative Synthese und Auswahl von Referenzartikeln

Im Laufe der Jahre ist ein zunehmender Forschungstrend im Bereich der Veröffentlichungen zur nachhaltigen Landwirtschaft zu beobachten: 28 Artikel wurden aus den 80 Veröffentlichungen im Jahr 2018 ausgewählt, 9 im Jahr 2019 und 6 in den ersten vier Monaten des Jahres 2021. Eine größere Anzahl von Artikeln konzentriert sich auf die Untersuchung der Anpassung der Landwirte an nachhaltige Landwirtschaftspraktiken (41 Artikel), gefolgt von Untersuchungen zum Wissen der Landwirte über nachhaltige Landwirtschaft (24 Artikel) und der Untersuchung der staatlichen Unterstützung für nachhaltige Landwirtschaft (15 Artikel). Die Sammlung der Artikel zeigt eine deutliche geografische Streuung mit Beiträgen aus verschiedenen Regionen, darunter die USA (9), Europa (6), Indien (6), England (5), Nigeria (4), Sri Lanka (4), Tansania (3) und Südafrika (3). Die Liste umfasst Veröffentlichungen aus 39 Ländern der Welt. Von den insgesamt 80 Artikeln stammen 35 aus Zeitschriften mit ABDC-Ranking oder mit einem Impact-Faktor von über 3. An diesen 80 Artikeln sind 269 Autoren beteiligt, was auf die Vielfalt der Forschungsinteressen und die Beliebtheit des Themas bei den Wissenschaftlern in diesem Forschungsbereich hinweist. Bei den ausgewählten Artikeln handelt es sich um 26 quantitative Studien, 23 qualitative Studien, zwei Studien mit gemischten Methoden, 16 Übersichtsarbeiten, 10 Fallstudien und drei Literaturübersichten. Die Analyse der Schlüsselwörter aus diesen 80 Artikeln ergab 310 Schlüsselwörter, was darauf hindeutet, dass die Bewertungen der Landwirte im Zusammenhang mit den Grundsätzen der nachhaltigen Landwirtschaft einen wesentlichen Schwerpunkt bilden. Die akademischen Zugehörigkeiten der Autoren dieser Artikel haben einen starken wissenschaftlichen Hintergrund, und die Zitierhäufigkeit der Artikel zeugt von der Glaubwürdigkeit der ausgewählten Veröffentlichungen. Die Forschungsstudien lassen sich in drei Hauptgruppen einteilen: Anpassung der Landwirte an die NHB (39), Wissen der Landwirte über die NHB (26) und staatliche Eingriffe in die NHB (15), wobei die verschiedenen Forschungsinteressen innerhalb jedes Clusters deutlich werden. Die Einzelheiten der quantitativen Synthese sind in Anhang-01 in tabellarischer und grafischer Form dargestellt. Die obige Synthese liefert Hinweise auf die Eignung der ausgewählten Artikel für eine weitere qualitative Überprüfung, die dazu beitragen wird, Erkenntnisse aus der Literatur zu gewinnen, um das Design dieser Forschung zu informieren.

2.3 Qualitative Analyse der Artikelverweise

Die für eine detaillierte Analyse ausgewählten Artikel stützen sich auf solide theoretische und konzeptionelle Grundlagen, die mit präzisen Forschungsmethoden vollständig operationalisiert wurden. Das ursprüngliche Ziel bestand darin, die philosophische Grundlage für die Studie zu ermitteln. In Tabelle 2-1 sind die Ergebnisse der eingehenden Prüfung der ausgewählten Artikel mit einer Zusammenfassung ihrer Erkenntnisse dargestellt. Die qualitative Bewertung umfasste eine Synthese der Ergebnisse und Empfehlungen aus den 14 relevantesten Forschungsartikeln. Die Ergebnisse wurden auf der Grundlage der in diesem Prozess identifizierten Hauptthemen oder -cluster konsolidiert und strukturiert. Die verbleibenden Artikel wurden ebenfalls untersucht, und es wurde eine Literatursättigung festgestellt, bei der sich konzeptionelle Vorschläge, empirische Erkenntnisse und Ergebnisempfehlungen wiederholten, die den Ergebnissen der 14 ausgewählten Artikel sehr ähnlich waren.

Tabelle 2-1 Ergebnisse aktueller Studien zur Bewertung von Landwirten für eine nachhaltige Landwirtschaft

Autor und Jahr	Land und Gebiet der Studie	Techniken zur Datenerfassung und -analyse	Theoretisch/Konzeptionell/ Analytischer Rahmen	Zentrale Erkenntnisse und Empfehlungen
Anpassung der Landwirte an eine nachhaltige Landwirtschaft				
(1) Waseem et al. (2020)	(Pakistan)- Bewertung der Einführung nachhaltiger landwirtschaftlicher Praktiken im	Quantitative Studie: 300 Stichproben, zweistufiges Stichprobenverfahren, logistische Regression und SEM-Analyse	Theorie des geplanten Verhaltens	Sozioökonomische und psychosoziale Faktoren stehen in signifikantem Zusammenhang mit der Adoption; untersuchte

Autor und Jahr	Land und Gebiet der Studie	Techniken zur Datenerfassung und -analyse	Theoretisch/Konzeptionell/ Analytischer Rahmen	Zentrale Erkenntnisse und Empfehlungen
	Bananenanbau			Beratungsmethoden werden als Fördermaßnahmen vorgeschlagen
(2) Dharmawan et al. (2021)	(Indonesien) - Bereitschaft der Kleinbauern für Nachhaltigkeitsstandards (SS) im Palmölanbau	Qualitative (Fall-)Studie: Daten mit gemischten Methoden, 35 ausführliche Interviews und quantitative Daten	Gap-Analyse-Methode unter Verwendung der Importance Performance Analysis (IPA)	Sozialstrukturelle und soziokulturelle Faktoren, Subsistenzethik und Pragmatismus, Produktion und Vermarktung sind wichtige Faktoren für die Anpassung an die SS; die Landwirte sind für die wirtschaftlichen, aber weniger für die sozialen und ökologischen Kriterien verantwortlich
(3) Krishnankutty et al. (2021)	(Kerala, Indien) - Nachhaltigkeit des traditionellen Reisanbaus (sozioökonomische Analyse)	Quantitative Studie: 300 Stichproben Deskriptive, multivariate Analyse, multinomiales Logit-Modell, Odds Ratio, Sättigungsindex, Garrett's Ranking/Prozentsätze	Wirtschaftliche, soziodemografische und institutionelle Faktoren, die im indischen Kostenkonzept für die Betriebsführung erfasst sind	Sozioökonomische Faktoren, Betriebsgröße, Bildung, Ertrag und Ertragsmaximierung, Stabilität des Inputs, Toleranz gegenüber Umweltstress und Marktfähigkeit werden hervorgehoben. Der traditionelle Reisanbau ist weniger kostspielig, und eine Ausweitung wird für Entwicklungsländer empfohlen
(4) Cusworth und Dodsworth (2021)	(England) - Untersuchung der Einstellung der Landwirtschaft zur Bereitstellung öffentlicher Güter. Umwelt-Landmanagement-Politik (ELM) - Regelung	Qualitative (Fall-)Studie: 65 Tiefeninterviews mit 40 verschiedenen Gesprächspartnern, einschließlich Wiederholungsinterviews im Abstand von einem Jahr (Sommer 2007 und 2008)	Die Sozialtheorie von Bourdieu und das Konzept des guten Bauern Symbolische Kapitalien: (wirtschaftlich, sozial, kulturell)	ELM vermittelt die Autonomie der Landwirte bei der Erfüllung der doppelten Anforderungen an eine nachhaltige und produktive Landwirtschaft in ihren Betrieben. Die Neigung der Landwirte, nach Maximierung, Effizienz und Optimierung zu streben, kann dazu beitragen, das meiste aus den landwirtschaftlich

Autor und Jahr	Land und Gebiet der Studie	Techniken zur Datenerfassung und -analyse	Theoretisch/Konzeptionell/ Analytischer Rahmen	Zentrale Erkenntnisse und Empfehlungen
				en Flächen des Landes herauszuholen, was die produzierten Lebensmittel und die bereitgestellten öffentlichen Güter angeht.
(5) Mert-Cakal, und Mara (2021)	(Wales)- Untersuchung von Bottom-up-Ansätzen zur Bewältigung des sozialen Wandels durch Einbeziehung und Befähigung von Programmen der gemeinschaftsgestützten Landwirtschaft (CSA)	Qualitative Fallstudien 3-5 Tage Freiwilligenarbeit vor Ort bei der täglichen Arbeit, Beobachtungen und halbstrukturierten Interviews in 4 CSAs	Anwendung der Theorie der sozialen Innovation auf CSA-Festnahmen, Produktbefähigung und Prozesse in Alternative Lebensmittelnetze	Erzeugergeleitete CSA ist autarker als das gemeinschaftsgeleitete Modell; CSA hat sich in Krisenzeiten als widerstandsfähig erwiesen (Covid-19), indem sie die Beziehungen zwischen den Gemeinschaften stärkt und sich um gefährdete Menschen kümmert. CSA unterstützt wirtschaftliche Nachhaltigkeit und Resilienz
(6) Rust et al. (2021)	(England) - Frameeingabe nachhaltiger landwirtschaftlicher Praktiken durch die Presse farming press and its effect on the adoption of sustainable practices	Qualitative (Fall-)Studie: Medieninhaltsanalyse in Kombination mit 60 qualitativen Interviews mit Hilfe von Schneeballsystemen und einer Online-Landwirtschaftsdatenbank	Die Theorie der Diffusion von Innovationen (DOI) wurde in Kombination mit der Framing-Theorie (FT) eingesetzt.	Die Mehrheit der Landwirte wird nicht allein durch die Lektüre der Landwirtschaftspresse motiviert, nachhaltigere Praktiken auszuprobieren. Stattdessen verlassen sich die Landwirte stärker auf andere Quellen, wie vertrauenswürdige und einfühlsame Landwirte; eine stärkere Sensibilisierung für SA wird empfohlen.
(7) Mulimbi et al. (2019)	(Kongo) - Bewertung der Wirkung des Förderprogramms für konservierende Landwirtschaft (CA)	Quantitative Studie: 225 zufällige, geschichtete Stichproben, Verwendung eines Logit-Modells (CA-Anpassung) und eines geordneten Logit-Modells	Theoretische Triebkräfte der Innovationsübernahme (IA) in Verbindung mit empirischen Studien über CA	Die Verlässlichkeit des Einkommens und die Ernährungssicherheit werden als Schlüsselfaktoren für die Umstellung auf CA angesehen; der Schwerpunkt liegt auf den

Autor und Jahr	Land und Gebiet der Studie	Techniken zur Datenerfassung und -analyse	Theoretisch/Konzeptionell/ Analytischer Rahmen	Zentrale Erkenntnisse und Empfehlungen
		(wahrgenommener Nutzen von CSA)		Unterschieden zwischen den einzelnen Kulturen, den Landbesitzverhältnissen (Eigentum vs. kollektiv/stammweise) und der allgemeinen Bodenfruchtbarkeit.
	Kenntnisse der Landwirte über nachhaltige Landwirtschaft			
(8) **Petway et al.** **(2019)**	(Taiwan) - Bewertung von Wissen, Werten und Meinungen von Landwirten zum ökologischen Landbau	Qualitative Studie: 113 Stichproben wurden in einem Gruppensetting erhoben, Hauptkomponentenanalyse (PCA), in zwei- und vierstufigen Ebenen	"Satoyama" (japanisches Konzept, das die von der Bewirtschaftung von Ökosystemen abhängige ländliche Lebensgrundlage als Ökosystemdienstleistungen umfasst)	Ökologische Praktiken werden mehr durch Lebenserfahrungen als durch schulisch vermittelte Konzepte beeinflusst. Der Besitz von Ackerland, eine stabile Bewässerungsquelle, die Gesundheit der Verbraucher und die Lebensmittelsicherheit sowie die gesellschaftliche Akzeptanz sind wichtige Einflussfaktoren für den ökologischen Landbau
(9) **Wang (2018)**	(China)- Integration von indigenem und wissenschaftlichem Wissen für die Entwicklung einer nachhaltigen Landwirtschaft	Qualitative Studie unter Verwendung von 165 Stichproben, Interviews durch Spaziergänge im Dorf, um eine gleichberechtigte Beteiligung der Geschlechter zu gewährleisten	Wissensentwicklungsrahmen für nachhaltige Landwirtschaft (Bottom-up-Ansatz)	Die Integration von indigenem und wissenschaftlichem Wissen wird als der richtige Weg angesehen, um die wirtschaftlichen und ökologischen Dimensionen einer nachhaltigen landwirtschaftlichen Entwicklung in Einklang zu bringen.
(10) **Zahra (2018)**	(Bangladesch) - Bewertung der Auswirkungen nicht-formaler Bildung in einem integrierten landwirtscha	Quantitative Studie: 623 Proben, 15 Behandlungs- und sechs Kontrollgruppen, mehrstufige, multivariate Analyse und Strukturgleichungsmodellierung	Es wurde eine Kombination aus der Humankapitaltheorie (HCT) und dem Rahmen der Geschlechtergerechtigkeit (FGE) eingesetzt. (unterstützt durch die Theorie der Erwachsenenbildung)	Das Wissen der Landwirte ist für den Erfolg von IAPP von großer Bedeutung. SA-Technologiekenntnisse, Produktivität, Zugang zu Alphabetisierung, landwirtschaftlich

Autor und Jahr	Land und Gebiet der Studie	Techniken zur Datenerfassung und -analyse	Theoretisch/Konzeptionell/ Analytischer Rahmen	Zentrale Erkenntnisse und Empfehlungen
	ftlichen Produktivitätsprojekt (IAPP)			en Ressourcen und Informationen werden als kritische Faktoren für den Erfolg der Landwirte in Landwirtschaftsschulen angesehen, und die Bedeutung des Lernens für erwachsene Landwirte wird hervorgehoben (ressourcenarme Gemeinden).
(11) Šūmane et al. (2018)	(Europa) - Erkundung der Bedeutung von informellem Wissen und Lernpraktiken der Landwirte für die Stärkung der Widerstandsfähigkeit der Landwirtschaft	Qualitative (Fall-)Studie) auf der Grundlage von 11 Fallstudien, die im Rahmen des Forschungsprogramms RETHINK durchgeführt wurden	Konstruktivistische Konzeptualisierung von Wissen, das von den Akteuren in ihren spezifischen Kontexten entwickelt wird	Persönliche Neugier, Lernbereitschaft, soziale Netzwerke, bäuerliche Organisationen, unterstützendes formales Wissen und Governance-Strukturen sind zentrale Elemente für einen erfolgreichen Wissensaustausch im Bereich der Lernintegration, um Nachhaltigkeit und Widerstandsfähigkeit zu verbessern.
		Institutionelle Faktoren in der nachhaltigen Landwirtschaft		
(12) Demont und Rutsaert (2017)	(Vietnam) - Erkundung von Möglichkeiten für eine nachhaltige Verbesserung der Wertschöpfungskette für die Erzeugung von Qualitätsreis, Übergang von einem auf Quantität ausgerichteten Erzeuger zu einem glaubwürdigen Anbieter von Qualitätsreis	Studie mit gemischten Methoden: Gestapelte Erhebungen und gezielte Stichproben, SWOT-Analyse zur Auflistung der Komponenten und Orientierungsrundenmethode zur Bewertung der SWOT-Komponenten	SWOT-Analyse im Rahmen der Plattform für nachhaltigen Reis (SRP) (entwickelt auf der Grundlage wirtschaftlicher, sozialer und ökologischer Ergebnisse)	Die SWOT-Analyse hat ergeben, dass die größten Schwächen des Sektors in den schlechten Verbindungen in der Wertschöpfungskette und dem Fehlen einer nationalen Marke und eines internationalen Rufs auf den internationalen Märkten liegen. Die Notwendigkeit einer horizontalen und vertikalen Koordinierung für ein nachhaltiges Wachstum wird hervorgehoben.

Autor und Jahr	Land und Gebiet der Studie	Techniken zur Datenerfassung und -analyse	Theoretisch/Konzeptionell/ Analytischer Rahmen	Zentrale Erkenntnisse und Empfehlungen
(13) Von et al. (2016)	(Südafrika) - Analyse der Herausforderungen, denen sich Kleinbauern und konservierende Landwirtschaft bei der Teilnahme an der modernen Wirtschaft gegenübersehen	Quantitative Studie: Daten aus bestehenden ethnografischen Forschungen und Kausalkreisdiagramme (CLD) zur Analyse mit endogenen und exogenen Variablen	Modellierung der Systemdynamik in Bezug auf die landwirtschaftliche Wertschöpfungskette, Banken, Versicherungen, Einzelhändler und Händler als wichtige VC-Akteure	Banken haben das Potenzial, die Produktivität von Kleinbauern zu steigern, was wiederum andere Branchen der Wertschöpfungskette dazu bewegen könnte, diese Landwirte bei der Erhaltung der Landwirtschaft zu unterstützen.
(14) Sevinç et al. (2019)	(Türkei) - Einstellungen der Landwirte zur öffentlichen Förderung einer nachhaltigen Landwirtschaft	Quantitative Studie: 734 Stichproben durch persönliche Befragung, kategorische Regressionsanalyse zur optimalen Skalierung	Demografische und sozioökonomische Faktoren für die Wirksamkeit der Regierungspolitik in (SA)	Öffentliche Unterstützung ist notwendig, aber nicht ausreichend für die Nachhaltigkeit der Landwirtschaft. Alter des Landwirts, Bildungsstand, Eigentumsart, Kulturarten und Einkommensfaktoren, die die Einstellung der Landwirte, die Eignung, Angemessenheit und Effizienz von Subventionen beeinflussen, wurden als problematisch eingestuft, insbesondere für Landwirte, die nicht bewässert werden

2.4 Theorien, die in Studien zur nachhaltigen Landwirtschaft verwendet werden

Verschiedene Theorien werden bei der Konstruktion konzeptioneller Rahmen verwendet, um ähnliche Konstrukte, wie z.B. die Bereitschaft der Landwirte, ökologische Praktiken einzuführen, innerhalb dieses Forschungsbereichs zu bewerten. Innerhalb der Grundsätze der nachhaltigen oder konservierenden Landwirtschaft sind diese konzeptionellen Rahmen mit den Merkmalen der

Landwirte oder der Betriebe verbunden. Waseem et al. (2020) nutzten die Theory of Planned Behaviour (TPB), um die "Übernahme von SA-Praktiken in der Bananenproduktion" zu untersuchen, während Dharmawan et al. (2021) in ihrer Studie zur Bewertung der "Bereitschaft von Kleinbauern für Nachhaltigkeitsstandards im Palmölanbau" die Methode der Lückenanalyse durch den Rahmen der Importance Performance Analysis (IPA) einsetzten. Mulimbi et al. (2019) wendeten die Methode der Theoretical Drivers of Innovation Adoption (TDIA) an, um die "Faktoren, die die Einführung von konservierender Landwirtschaft beeinflussen" zu untersuchen.

Petway et al. (2019) nutzten die theoretische Grundlage von "Satoyama" (ein japanisches Konzept, das ländliche Lebensgrundlagen umfasst, die von der Bewirtschaftung von Ökosystemen als Ökosystemdienstleistungen abhängen) für ihre Untersuchung von "Wissen, Werten und Meinungen von Landwirten zum ökologischen Landbau". Im Gegensatz dazu untersuchte Wang (2018) die "Auswirkungen der Integration von indigenem und wissenschaftlichem Wissen für die Entwicklung von SA" unter Verwendung des Sustainable Agriculture Knowledge Development Framework mit einem Bottom-Up-Ansatz. Zahra (2018) nutzte eine Kombination aus Humankapitaltheorie (HCT), Framework of Gender Equity (FGE) und Adult Learning Theory (ALT) als theoretische Grundlagen in einer Studie zur Bewertung der "Auswirkungen von nicht-formaler Bildung in einem integrierten landwirtschaftlichen Produktivitätsprojekt." Šūmane et al. (2018) verwendeten die "konstruktivistische Konzeptualisierung des Wissenskonzepts" in ihrer Untersuchung der Bedeutung von informellem Wissen und Lernpraktiken von Landwirten für die Stärkung der landwirtschaftlichen Resilienz.

Cusworth und Dodsworth (2021) verwendeten die Sozialtheorie (ST) von Bourdieu, die symbolische Kapitalien (ökonomische, soziale und kulturelle) erläutert. Sie integrierten die ST mit dem Konzept des guten Landwirts in ihre Untersuchung der "Einstellungen der Landwirtschaft zur Bereitstellung des öffentlichen Gutes einer Umwelt- und Landmanagementpolitik (ELM)". Mert-Cakal und Mara (2021) nutzten die Theorie der sozialen Innovation und das Konzept der alternativen Lebensmittelnetzwerke (AFN) in ihrer Studie über die Bewertung des sozialen Wandels durch gemeinschaftsgestützte Landwirtschaft". Rust et al. (2021) wendeten die Diffusions-Innovationstheorie (DOI) in Verbindung mit der Framing-Theorie (FT) an, um das Framing von SA durch die landwirtschaftliche Presse und seine Auswirkungen auf die Annahme von SA zu bewerten. Demont und Rutsaert (2017) führten eine SWOT-Analyse auf der Grundlage eines Rahmens der Sustainable Rice Platform (SRP) durch, um Möglichkeiten für eine nachhaltige Verbesserung der Wertschöpfungskette zu untersuchen. Von et al. (2016) untersuchten die Herausforderungen, mit denen Kleinbauern und die konservierende Landwirtschaft konfrontiert sind, mithilfe von Systems Dynamics Modelling (SDM) und wandten das Konzept auf die landwirtschaftliche Wertschöpfungskette an. Sevinç et al. (2019) nutzten demografische und sozioökonomische Faktoren, um die Effektivität der Einstellungen gegenüber der öffentlichen Förderpolitik für SA zu bewerten.

2.4.1 Theorie des geplanten Verhaltens (Theory of Planned Behaviour)

Die Theorie des geplanten Verhaltens (TPB) ist eine Erweiterung der Theorie des überlegten Handelns mit Überarbeitungen von Ajzen und Fishbein (1980) und Fishbein und Ajzen (1975). Im Mittelpunkt der TPB steht die Absicht des Einzelnen, ein bestimmtes Verhalten auszuführen, wobei davon ausgegangen wird, dass die Absichten die Motivationsfaktoren erfassen, die das Verhalten beeinflussen. Absichten geben die Bereitschaft des Einzelnen an, es zu versuchen, und den Aufwand, den er für die Durchführung des Verhaltens zu betreiben gedenkt. Im Allgemeinen erhöht eine stärkere Absicht, sich auf ein Verhalten einzulassen, die Wahrscheinlichkeit, dass es ausgeführt wird. Ajzen (1991) geht auf die Rolle von Einstellungen, subjektiven Normen und wahrgenommener Verhaltenskontrolle bei der Beeinflussung des beobachteten Verhaltens ein. Subjektive Normen beziehen sich auf den sozialen Druck, ein bestimmtes Verhalten an den Tag zu legen, während die wahrgenommene Verhaltenskontrolle die Wahrnehmung des Einzelnen hinsichtlich seiner Kontrolle über die Ausübung des Verhaltens bezeichnet. TPB ist nützlich bei der Untersuchung des vorhergesagten Verhaltens von Landwirten bei der Einführung von Praktiken des ökologischen Landbaus. Diese Studie konzentriert sich jedoch in erster Linie auf die Bewertung der Stärken des Potenzials der Landwirte für eine nachhaltige Landwirtschaft und darauf, wie diese Potenziale die Anpassung an den ökologischen Landbau beeinflussen können, was ihre Widerstandsfähigkeit gegenüber den laufenden Veränderungen in ihrem Ökosystem widerspiegelt.

2.4.2 Die Gesellschaftstheorie von Bourdieu

Bourdieu erläutert, wie Individuen innerhalb eines bestimmten "Feldes" versuchen, durch die Aufrechterhaltung des symbolischen Kapitals eine vorteilhafte soziale Stellung zu erlangen (Bourdieu, 1986; Hilgers und Mangez, 2014). Symbolisches Kapital ergibt sich aus dem Besitz von drei anderen Kapitalformen: ökonomisches, soziales und kulturelles Kapital. Ökonomisches Kapital bezieht sich auf Gegenstände von unmittelbarem finanziellem Wert (wie Geld, Aktien oder ein hohes Gehalt) und ist von großer motivierender Bedeutung. Soziales Kapital ist mit dem Netzwerk sozialer Kontakte einer Person verbunden, und das Ausmaß des sozialen Kapitals wird durch die Summe der Kapitalien bestimmt, die von anderen Gruppenmitgliedern innerhalb dieses Netzwerks beansprucht werden. Kulturelles Kapital wird weiter in verkörperte, objektivierte und institutionalisierte Formen unterteilt. Verkörpertes kulturelles Kapital bezieht sich auf körperliche Dispositionen und Gewohnheiten, objektiviertes kulturelles Kapital bezieht sich auf physische Artefakte, und institutionalisiertes kulturelles Kapital umfasst Auszeichnungen und Qualifikationen (Bourdieu, 1986). Die Anwendung der Theorie von Bourdieu in diesem Kontext hilft, das umfassende Spektrum an ökonomischem und nicht-ökonomischem Kapital zu verstehen, das die landwirtschaftlichen Praktiken beeinflusst (Moore, 2008). Während die Sozialtheorie (ST) Elemente des Kapitals vorschlägt, die das Potenzial der Landwirte für eine nachhaltige Landwirtschaft umfassend erklären können, schlägt sie nicht per se eine Methode zur Bewertung ihrer Widerstandsfähigkeit gegenüber einem Ereignis vor, das ihr ansässiges Ökosystem stört.

2.4.3 Theorie der Innovationsverbreitung

Die Theorie der Diffusion von Innovationen (DOI) wird häufig als wertvolles Modell für die Steuerung technologischer Innovationen angesehen, insbesondere wenn die Innovation selbst angepasst und präsentiert wird, um den Bedürfnissen verschiedener Adoptionsstufen zu entsprechen. Rogers (2003) definiert Innovation als eine Idee, eine Praxis oder ein Objekt, das von einer Person oder einer anderen Einheit als neu wahrgenommen wird. Er identifiziert fünf Eigenschaften von Innovationen, die deren Übernahmequote beeinflussen: relativer Vorteil, Kompatibilität, Komplexität, Erprobbarkeit und Beobachtbarkeit. Die Theorie verdeutlicht auch, dass sich die innovative Idee oder das innovative Produkt mit der

Zeit in der Bevölkerung verbreitet, bis ein Sättigungspunkt erreicht ist. Rogers teilt die Adoptoren in fünf Gruppen ein: Innovatoren, frühe Adoptoren, frühe Mehrheit, späte Mehrheit sowie Nachzügler und Nicht-Adoptoren. Da es in dieser Studie nicht in erster Linie um Innovation oder Innovationsanpassung geht, wurde DOI bei der Formulierung des Modells als weniger relevant erachtet.

2.4.4 Resilienz von Ökosystemen und Resilienztheorie

Die erörterten theoretischen Anwendungen bieten wertvolle Einblicke in die Erforschung des sozioökonomischen Potenzials der Landwirte, der Wissensbildung und der Anpassung an eine nachhaltige Landwirtschaft (SA). Diese Erörterungen betreffen Einstellungen, die Bereitschaft zur Erhaltung der Umwelt und die Wahrnehmung der Wirksamkeit institutioneller Unterstützung und bieten ein umfassendes Verständnis der Konstrukte, die in diesem vorgeschlagenen Forschungsprojekt untersucht werden. Die Bereitschaft der Landwirte zur Bewältigung von Veränderungen in ihrer Resilienzkapazität, insbesondere während eines Übergangs, wird in diesen theoretischen Anwendungen jedoch nicht explizit angesprochen.

Zusätzlich zu der oben erwähnten qualitativen Analyse der ausgewählten 14 Artikel schlagen einige andere Studien die sozio-ökologische Resilienz von Ökosystemen vor, um die Resilienzkapazität von Akteuren und Institutionen innerhalb solcher Ökosysteme zu untersuchen. Die sozio-ökologische Resilienztheorie erklärt die dynamischen Eigenschaften eines Ökosystems als Reaktion auf interne oder externe Störungen. Diese Theorie hilft, die vorhersehbaren Verhaltensweisen der Ökosystembewohner beim Übergang von einer Phase zur anderen zu verstehen, wobei Veränderungen das Ökosystem aufgrund plötzlicher oder aufeinander folgender Kräfte entweder stabilisieren oder destabilisieren können. Diese

Vorschläge sind bemerkenswert und könnten die laufenden Veränderungen im Ökosystem des Reisanbaus erhellen. Das Forschungsinteresse an der Ökosystem-Resilienz-Theorie (RT) in Studien zur nachhaltigen ländlichen Entwicklung und zu landwirtschaftlichen Systemen wächst.

Die Artikel von Darnhofer et al. (2010) und Oelofse und Cabell (2012) betonen die Relevanz von Konzepten zur Resilienz von Ökosystemen bei der Bewertung der Resilienzfähigkeit von Lebensgrundlagen während der Anpassung an Veränderungen. Obwohl bei dieser Literaturdurchsicht keine vollständig operationalisierte Forschung auf der Grundlage der Resilienz-Theorie (RT) gefunden wurde, wurde sie als die am besten geeignete konzeptionelle Plattform zur Messung der Ziele der vorgeschlagenen Studie angesehen.

2.5 In Studien zur nachhaltigen Landwirtschaft untersuchte Konstrukte und Eigenschaften

Waseem et al. (2020) stellen eine signifikante Korrelation zwischen sozioökonomischen und psychosozialen Faktoren und der Einführung einer nachhaltigen Landwirtschaft fest. In ähnlicher Weise kommen Dharmawan et al. (2021) zu dem Schluss, dass sozio-strukturelle und sozio-kulturelle Faktoren, ethische Erwägungen in Bezug auf Subsistenz und Pragmatismus sowie Aspekte der Produktion und Vermarktung eine entscheidende Rolle bei der Übernahme nachhaltiger Standards spielen. Krishnankutty et al. (2021) betonen den bestimmenden Einfluss sozioökonomischer Faktoren auf die Nachhaltigkeit des traditionellen Reisanbaus. Faktoren wie Betriebsgröße, Bildung, Ertragsoptimierung, Stabilität der Betriebsmittel, Marktfähigkeit und Toleranz gegenüber Umweltbelastungen werden als einflussreich für die Anpassung an die nachhaltige Landwirtschaft (SA) angesehen. Darüber hinaus betonen Mulimbi et al. (2019) die Bedeutung von Einkommenssicherheit, Ernährungssicherheit und allgemeiner Bodenfruchtbarkeit bei der Einführung von konservierender Landwirtschaft. Sevinç et al. (2019) zeigen, dass Faktoren wie das Alter der Landwirte, das Bildungsniveau, die Art des Besitzes, die Anbauformen und das Einkommen einen signifikanten Einfluss auf die Einstellung zur nachhaltigen Landwirtschaft haben. Der Forscher interpretiert diese Ergebnisse dahingehend, dass sie die wirtschaftlichen, sozialen, menschlichen und natürlichen Ressourcen als integrale Bestandteile des SA-Potenzials der Landwirte zusammenfassen und ihre Anpassungen an nachhaltige Praktiken beeinflussen.

Cusworth und Dodsworth (2021) stellen fest, dass institutionelle Eingriffe in die ökologische Landbewirtschaftungspolitik eine vermittelnde Rolle für die Autonomie der Landwirte spielen, indem sie den doppelten Bedarf an ökologisch nachhaltiger und produktiver Landwirtschaft in ihren Betrieben decken. Demonte und Rutsaert (2017) identifizieren schlechte Verknüpfungen in der Wertschöpfungskette (VC), fehlende internationale Reputation und die Notwendigkeit einer horizontalen und vertikalen VC-Koordination als Möglichkeiten für eine nachhaltige Aufwertung der Wertschöpfungskette. Von et al. (2016) verweisen auf die potenziellen Auswirkungen von Banken auf die Produktivität von Kleinbauern, die andere Branchen der Wertschöpfungskette anziehen könnten. Nach Sevinç et al. (2019) wird öffentliche Unterstützung als notwendig, aber nicht ausreichend für die Nachhaltigkeit der Landwirtschaft angesehen. Sie betonen, dass die Eignung, Angemessenheit und Effizienz von Subventionen eine Herausforderung darstellen, insbesondere für Landwirte, die nicht bewässert werden. Diese Ergebnisse unterstreichen die Bedeutung institutioneller Unterstützung, einschließlich Umweltmanagementmaßnahmen, attraktiver Angebote und der Aufwertung der Wertschöpfungskette, als wesentliche Bestandteile unterstützender Maßnahmen.

Persönliche Neugier, Lernbereitschaft, soziale Vernetzung, bäuerliche Organisationen, unterstützendes formales Wissen und Governance-Strukturen erweisen sich als zentrale Elemente (Šūmane et al., 2018) für erfolgreiches Lernen, das die Widerstandsfähigkeit der Landwirtschaft stärkt. Mert-Cakal und Mara (2020) kommen zu dem Schluss, dass die von den Erzeugern geführte gemeinschaftsgestützte Landwirtschaft (CSA) autarker ist als das gemeinschaftsgeführte Modell und sich in Krisenzeiten wie der Covid-19-Pandemie als resilient erweist. Die Studie von Rust et al. (2021) über die Wirksamkeit der Landwirtschaftspresse bei der Anpassung an eine nachhaltige Landwirtschaft zeigt, dass Landwirte nicht nur durch die Lektüre der Landwirtschaftspresse motiviert werden, nachhaltigere Praktiken auszuprobieren. Wan (2018) weist darauf hin, dass die Integration von indigenem Wissen mit wissenschaftlichen Erkenntnissen entscheidend ist, um wirtschaftliche und ökologische Dimensionen in Einklang zu bringen. Faktoren wie Wissen, Technologie, Fähigkeiten, Produktivität, Zugang zu Bildung, landwirtschaftlichen Ressourcen und Informationen spielen eine entscheidende Rolle bei der Messung nachhaltiger Landwirtschaft (Zahra, 2018). Diese Ergebnisse unterstreichen die Bedeutung des Humankapitals und der institutionellen Unterstützung bei der Vermittlung von formalem Wissen über die Standards und Grundsätze der nachhaltigen Landwirtschaft. Die oben genannten empirischen Ergebnisse liefern wertvolle Erkenntnisse für die Identifizierung der Dimensionen der zugrunde liegenden Konstrukte in den vorgeschlagenen Forschungszielen und die Ableitung von Indikatoren zu deren Messung. Diese Ergebnisse tragen zur Entwicklung eines konzeptionellen Rahmens und zur Formulierung von Messindikatoren für die Konstrukte innerhalb des Rahmens bei.

2.6 Forschungslücken und Forschungsdesign

Praktische Lücke: Die Bereitschaft der Reisbauern in Sri Lanka, anorganische Düngemittel durch organische Substanzen zu ersetzen und auf eine nachhaltige Landwirtschaft umzustellen, ist nach wie vor unbekannt. In der vorhandenen Literatur fehlt es an wissenschaftlich fundierten Statistiken, um die Widerstandsfähigkeit der Landwirte und ihre Fähigkeit, eine solche Umstellung zu bewältigen, zu erfassen, einschließlich der Bewertung der Wirksamkeit der staatlichen Anreize, die sie erhalten. Während Studien die Anpassung der Landwirte und ihre Bereitschaft, verschiedene Aspekte der nachhaltigen Landwirtschaft zu praktizieren, sowie ihr Wissen, ihr Bewusstsein und ihre Wahrnehmung der institutionellen Unterstützung in verschiedenen Kontexten untersucht haben, fehlt es an neueren Bewertungen, die sich speziell auf das Nachhaltigkeitspotenzial der Reisbauern in Sri Lanka und ihre Widerstandsfähigkeit angesichts dieser Umstellung konzentrieren.

Empirische Lücke: Die in Tabelle 2-1 dargestellte qualitative Analyse macht deutlich, dass es an direkten Erklärungen für die in dieser Studie untersuchten Beziehungen mangelt. Zwar haben sich Wissenschaftler mit ähnlichen Konstrukten und zugrundeliegenden Faktoren befasst, doch dienen die analysierten Beziehungen in diesen Studien anderen Zwecken als den Zielen der vorliegenden Untersuchung. Bei solchen Bewertungen wurden sowohl quantitative als auch qualitative Methoden angewandt; kein Forschungsansatz hat jedoch versucht, die Potenziale einer nachhaltigen Landwirtschaft und das Resilienzverhalten von Akteuren in einem Ökosystem zu bewerten, das sich aufgrund einer plötzlichen destabilisierenden Kraft in einem Übergang befindet. Die in der Literatur beschriebenen Konstrukte, die das SA-Potenzial der Landwirte beschreiben, lassen sich wahrscheinlich besser durch zusammengesetzte formative Maße als durch allgemeine reflektierende Faktoren darstellen. Viele Studien zur Bewertung von NHB beschränken sich auf "gemeinsame Faktoren", die mittels kovarianzbasierter Strukturgleichungsmodellierung (CB-SEM) untersucht werden. Studien, die "zusammengesetzte Proxies" verwenden, um Konstrukte auf eine zusammengesetzte Art und Weise zu bewerten, und dabei Techniken der partiellen Kleinstquadrate-Strukturgleichungsmodellierung (PLS-SEM) einsetzen, sind in der Literatur jedoch selten. Die Verwendung von formativen Maßstäben wird wahrscheinlich konstruktivere Ergebnisse bei der Bestimmung des zusammengesetzten Konstrukts des SA-Potenzials der Landwirte und der Wirksamkeit institutioneller Anreize liefern, das mehrere Elemente umfasst, die das SA-Potenzial als lineare Kombination bilden.

Theoretische Lücke: Wie in der Literaturübersicht dieses Abschnitts erörtert, haben Forscher verschiedene Theorien verwendet, um Landwirte in verschiedenen Dimensionen der nachhaltigen Landwirtschaft zu bewerten. Unter diesen theoretischen Rahmen scheint die Resilienztheorie (RT) am ehesten geeignet zu sein, die Widerstandsfähigkeit und Anpassungsfähigkeit von Landwirten an Veränderungen zu erklären, was den Hauptfokus dieser Forschungsstudie darstellt. In der Literatur gibt es jedoch keine Beispiele, in denen die SA-Potenziale der Landwirte in die Eigenschaften der RT integriert werden, um deren Zusammenhang mit der Widerstandsfähigkeit und Anpassungsfähigkeit der Landwirte als Reaktion auf ein Störungsereignis zu analysieren.

2.7 Entwurf eines konzeptionellen Modells unter Verwendung der Resilienztheorie

Berkes et al. (2003) haben eine Literatursynthese zu den Merkmalen der Widerstandsfähigkeit von Ökosystemen durchgeführt. In ihrer Zusammenfassung wird hervorgehoben, dass die Widerstandsfähigkeit von entscheidender Bedeutung dafür ist, wie sich Gesellschaften an von außen auferlegte Veränderungen, einschließlich globaler Umweltveränderungen, anpassen. Die Anpassungsfähigkeit einer Gesellschaft wird durch die Widerstandsfähigkeit ihrer Akteure und Institutionen sowie der natürlichen Systeme, auf die sie angewiesen sind, auf allen Ebenen begrenzt. Adger (2000) geht davon aus, dass die Fähigkeit, Schocks und Störungen zu absorbieren und sich an Veränderungen anzupassen, umso größer ist, je höher die Widerstandsfähigkeit ist. Umgekehrt erhöht ein weniger widerstandsfähiges System die Anfälligkeit von Institutionen und Gesellschaften bei der Bewältigung und Anpassung an den Wandel.

Holling (1973) führte ursprünglich das Konzept der Resilienz in die ökologische Literatur ein. Gunderson (2000) erweiterte diese Idee, indem er die nichtlineare Dynamik der Prozesse erläuterte, durch die sich Ökosysteme angesichts von Störungen selbst erhalten. Ein heuristisches Modell zur Veranschaulichung der vier Systemphasen und des Flusses der Ereignisse zwischen ihnen ist in Abbildung 2-1 unten dargestellt. Der Anpassungszyklus erfasst Veränderungen in zwei Eigenschaften: (1) die y-Achse, die das Potenzial der akkumulierten Ressourcen und Strukturen darstellt; (2) die x-Achse, die den Grad der Verbindung zwischen den Kontrollvariablen angibt, die sich aufgrund eines Ereignisses ändern könnten. Der Austrittspunkt (mit einem X markiert) auf der linken Seite der Abbildung bezeichnet das Stadium, in dem das Potenzial auf stilisierte Weise versickern kann und in dem ein Übergang höchstwahrscheinlich zu einem weniger produktiven und unorganisierten System führen wird. Der schattierte Teil des Zyklus wird als "Rückwärtsschleife" bezeichnet und erklärt die Freisetzungs- und Reorganisationsphasen des Rückwärtsübergangs (Holling, 1996, 2002)

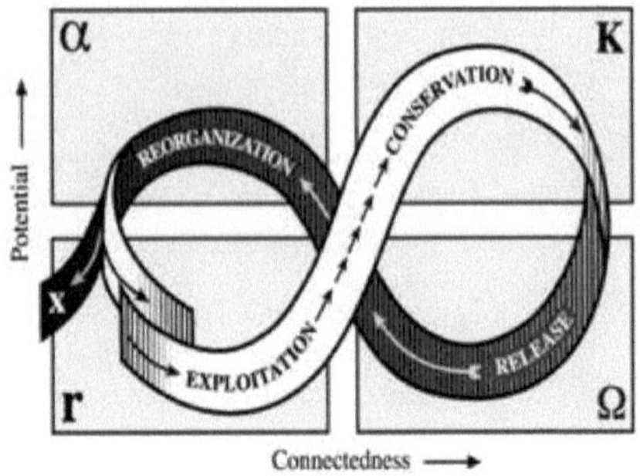

Abbildung 2-1 Zyklus der adaptiven Resilienz

(Quelle: https://www.resalliance.org/adaptive-cycle)

Fähigkeiten der adaptiven Resilienz

Der Resilienz-Anpassungs-Zyklus beschreibt die Dynamik eines Ökosystems durch die Phasen Wachstum, Erhaltung, Freisetzung und Reorganisation. Die Wachstums- oder Ausbeutungsphase (r) beinhaltet eine schnelle Kolonisierung oder Expansion. Die anschließende Erhaltungsphase (K) ist durch zunehmende Spezialisierung und Starrheit gekennzeichnet. Die Phase der Freisetzung (Ω) tritt als Reaktion auf eine Störung auf und führt zu einem Zusammenbruch, der die strukturelle Komplexität radikal und schnell reduziert (Chapin et al., 2009; Wilson, 2010). Auf die Phase der Freisetzung folgt die Phase der Reorganisation (∞), in der eine Neuordnung der Ressourcen stattfindet, die zu einem neuen System führt, das seinem Vorgänger ähneln oder deutlich andere Eigenschaften aufweisen kann.

2.7.1 Theoretischer Rahmen für den Modellentwurf

Die aus der Resilienztheorie (RT) abgeleiteten theoretischen Erkenntnisse erklären die Störungen, die im aktuellen Zustand des srilankischen Reisanbaus aufgetreten sind. Historische Daten (vor 2021) über den Reisanbau deuten auf eine Sättigung verschiedener Indikatoren hin, wie z. B. eine gleichbleibende Reisproduktivität, ein hoher Prozentsatz von Landwirten, die stark auf chemische Düngemittel angewiesen sind, und ein minimaler Einsatz von organischen Düngemitteln (OF). Diese Merkmale deuten darauf hin, dass sich das Ökosystem in einer Erhaltungsphase befindet, in der es keine Anzeichen für langfristige Nachhaltigkeit gibt (Tabelle 1-1 und 1-2).

Bei Anwendung der Resilienz-Theorie zeigen die Landwirte eine starke Bindung an den Einsatz von CF, was auf Starrheit hindeutet, während ihre Bindung an den Einsatz von OF schwach ist. Die variable Bindung an "institutionelle Anreize" hängt von der wahrgenommenen Wirksamkeit solcher Anreize ab. Die Entscheidung, CF zu verbieten, und die anschließende Verknappung haben ihre Bindung an CF gestört, was zu einem potenziellen Rückschritt in die Freisetzungsphase des Anpassungszyklus führt. In diesem Szenario stehen die Landwirte vor der Option, entweder freiwillig oder unfreiwillig einen Übergang einzuleiten. Um den Reisanbau aufrechtzuerhalten, müssen sie die Reorganisationsphase des Anpassungszyklus durchlaufen und sich dabei auf ihr akkumuliertes Potenzial der nachhaltigen Landwirtschaft (SA) verlassen.

Die Stärke ihres im Laufe der Jahre aufgebauten SA-Potenzials wird über ihre Fähigkeit entscheiden, landwirtschaftliche Parzellen mit OF zu reorganisieren. Darüber hinaus spielt die Bereitschaft der Landwirte, trotz langjähriger Bindungen CF freizugeben, eine entscheidende Rolle für den Übergang zur

Reorganisationsphase. Die Wahrnehmung der Landwirte hinsichtlich der staatlichen Unterstützung, insbesondere der Anreize für den Kauf und die Erzeugung von OF, wird zu einem entscheidenden Faktor bei diesem Übergang.

In Anbetracht der dargelegten Überlegungen wird die abhängige Variable in dieser Studie als "Bereitschaft der Landwirte, organische Düngemittel einzuführen" bezeichnet, wobei die primäre unabhängige Variable "SA-Potenziale der Landwirte" ist. Die Beziehung zwischen den SA-Potenzialen der Landwirte und ihrer Bereitschaft, organische Düngemittel einzusetzen, wird durch ihre Bereitschaft, CF freizugeben, und ihre Wahrnehmung der Wirksamkeit staatlicher Anreize zur Förderung des Einsatzes organischer Düngemittel vermittelt.

2.7.2 Das aufgelaufene Potenzial der Landwirte

In Übereinstimmung mit Van der Leeuws (2009) Interpretation der Resilienz-Theorie (RT) entspricht die Eigenschaft der "Potenziale" innerhalb eines sozio-ökologischen Ökosystems dem Gesamtkapital oder "Reichtum", der in die nächste Phase übergeht. Dieses Konzept ist vergleichbar mit dem Kapital, das der Landwirt im Laufe der Jahre für seinen Lebensunterhalt angesammelt hat. In Anlehnung an den Bewertungsrahmen für nachhaltige ländliche Existenzgrundlagen von Carney (1998), Scoones (1998) und Batterbury und Forsyth (1999), die Kapitalwerte als wirtschaftliche, soziale, physische, menschliche und ökologische Werte beschreiben, schlägt der Forscher das SA-Potenzial des Landwirts als zusammengesetztes Maß vor, das diese Dimensionen umfasst. Porritt Jonathons (2011) "Five Capitals Model for Livelihood Sustainability" verfeinert diese Dimensionen weiter. Die Formulierung der mit der nachhaltigen Landwirtschaft zusammenhängenden Existenzgrundlagen der Landwirte könnte zu einer umfassenden Bewertung ihres Nachhaltigkeitspotenzials beitragen. Die in Tabelle

2-2 aufgeführten allgemeinen Definitionen der ländlichen Existenzgrundlagen helfen dabei, dieses Verständnis zu entwickeln.

Tabelle 2-2 Allgemeine Definitionen des Existenzminimums Kapitalvermögen

Kapitalvermögen	Definition
Humankapital	Gesundheit, Wissen, Fertigkeiten, Motivation, Freude, Leidenschaft, Einfühlungsvermögen, Spiritualität
Soziales Kapital	Menschliche Beziehungen, Partnerschaften und Zusammenarbeit. Netzwerke, Kommunikationskanäle, Familien, Gemeinschaften, Unternehmen, Gewerkschaften, Schulen und Freiwilligenorganisationen, soziale Normen, Werte und Vertrauen
Finanzielles Kapital	Die Währung, die besessen oder gehandelt werden kann (Banknoten und Münzen, Ersparnisse, Anleihen)
Physisches Kapital	Güter und Infrastrukturen, die einer Organisation oder einer Einzelperson gehören, gepachtet sind oder von ihr kontrolliert werden und zur Produktion oder Erbringung von Dienstleistungen beitragen. Zu den Hauptbestandteilen gehören Grundstücke, Gebäude, Infrastruktur (Verkehrsnetze, Kommunikationsmittel, Abfallentsorgungssysteme) und Technologien (von einfachen Werkzeugen und Maschinen bis hin zu IT und Technik)
Natürliches Kapital (Umwelt)	Natürliches Kapital (Energie und Materie) und Prozesse werden von Systemen benötigt, um ihre Produkte herzustellen und ihre Dienstleistungen zu erbringen. Senken, die Abfälle absorbieren, neutralisieren oder recyceln (z. B. Wälder, Ozeane); Ressourcen, von denen einige erneuerbar sind (Holz, Getreide, Fisch und Wasser), andere dagegen nicht (fossile Brennstoffe); und Prozesse, wie die Klimaregulierung und der Kohlenstoffkreislauf, die ein Leben im Gleichgewicht ermöglichen.

Quelle: Porritt Jonathon. (2011)

2.7.3 Ökosysteme Verbundenheit der Akteure mit Kontrollvariablen

Das Konzept der "Verbundenheit" bezieht sich auf die Stärke der Bindungen, die die Akteure innerhalb des Ökosystems mit den Kontrollvariablen unterhalten, die Veränderungen unterworfen sind und entweder stabilisierende oder destabilisierende Kräfte sein können. Stabilisierende Kräfte spielen eine entscheidende Rolle bei der Aufrechterhaltung von Produktivität, festem Kapital und sozialem Gedächtnis, während destabilisierende Kräfte zu Vielfalt, Flexibilität und dem Entstehen neuer Möglichkeiten beitragen (Carpenter et al., 2001; Gunderson, 2000). Diese Konzepte bieten einen theoretischen Rahmen für das

Verständnis der Umstellungsbemühungen im Ökosystem des Reisanbaus in Sri Lanka hin zu einer nachhaltigen Landwirtschaft.

Im Zusammenhang mit dieser Umstellung wurden drei wichtige Kontrollvariablen als signifikante Einflussfaktoren für die Landwirte identifiziert: "Die Verbundenheit der Landwirte mit chemischen Düngemitteln", die Verbundenheit der Landwirte mit organischen Düngemitteln" und die von den Landwirten wahrgenommene Wirksamkeit staatlicher Anreize". Es wird davon ausgegangen, dass sich diese Variablen auf die Akteure des Ökosystems auswirken, indem sie die bestehende Struktur entweder stabilisieren oder destabilisieren, was sich auf ihre Fähigkeit und Bereitschaft auswirkt, den Zyklus der adaptiven Resilienz zu durchlaufen. Derzeit befinden sich die Landwirte in der Erhaltungsphase des Reisanbaus und sind stark an chemische Düngemittel gebunden. Um in die Freisetzungsphase des Anpassungszyklus überzugehen, müssen sie diese Bindungen lösen, ein entscheidender Schritt, der ihre Bereitschaft beeinflusst, in die "Rückschleife" des Anpassungszyklus einzutreten.

Der Übergang in die Reorganisationsphase des Anpassungszyklus bedeutet, dass die Landwirte von der Freisetzungsphase in die Reorganisationsphase übergehen. In dieser Phase ist die Variable von Interesse, inwieweit die Landwirte mit organischen Düngemitteln in Berührung kommen, die derzeit eine schwächere Bindung zu den Landwirten in ihren bestehenden Praktiken haben. Diese Phase stellt einen kritischen Schritt im Übergangsprozess dar, in dem die Landwirte ihre Anbaupraktiken neu organisieren und möglicherweise organische Düngemittel in ihre Routine einbeziehen müssen.

Darüber hinaus wird die wahrgenommene Wirksamkeit der staatlichen Anreize zu einer entscheidenden Variable in diesem "Back-Loop"-Übergang und spielt wahrscheinlich eine entscheidende Rolle bei der Entscheidung der Landwirte, im Anpassungszyklus zu bleiben. Dies deutet darauf hin, dass die Unterstützung und die Anreize der Regierung die Entscheidungen und Handlungen der Landwirte während der Umstellungsphase erheblich beeinflussen und die künftige Entwicklung des Reisanbau-Ökosystems hin zu den Grundsätzen der nachhaltigen Landwirtschaft prägen können.

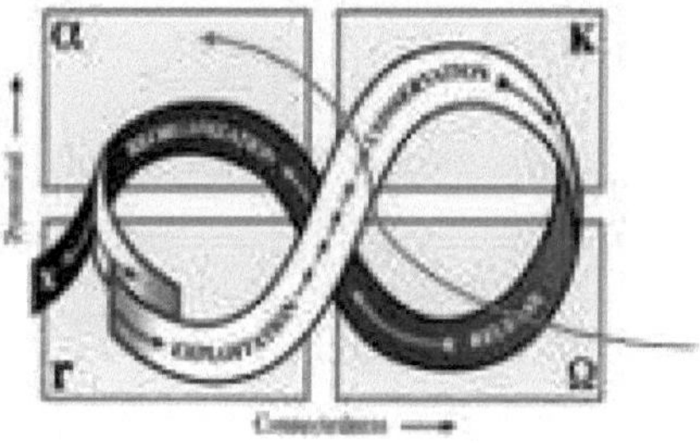

Abbildung 2-2 Landwirt "Back-Loop"-Übergang im adaptiven Zyklus

(Kredit: Hans Sell, MPI-SHH)

In Anbetracht dieser Überlegungen geht der Forscher davon aus, dass sich vier verschiedene Fraktionen von Landwirten herausbilden werden, die jeweils unterschiedliche Verhaltensweisen und Reaktionen auf den laufenden Wandel im Reisanbau des Landes zeigen werden.

1. Es wird erwartet, dass Landwirte, die sich in der Erhaltungsphase des Anpassungszyklus wohlfühlen, sich gegen die Freigabe des Einsatzes chemischer Düngemittel wehren und sich stattdessen für die Verwendung organischer Düngemittel entscheiden, was zeigt, dass sie zögern, in die "Rückwärtsschleife" des Anpassungszyklus einzusteigen.

2. Landwirte mit starkem Kapitalvermögen, die eine gewisse Bindung an organischen Dünger aufrechterhalten, werden dieses Vermögen wahrscheinlich nutzen, um bestehende Bindungen zu verstärken und neue Bindungen an organischen Dünger aufzubauen. Sie würden in die "Rückwärtsschleife" zur Reorganisationsphase des Anpassungszyklus übergehen.
3. Landwirte, die über kein ausreichendes Kapitalvermögen für die Wiederverwendung verfügen und keine nennenswerten Verbindungen zu organischen Düngemitteln haben, könnten sich dazu entschließen, den Anpassungszyklus zu verlassen, indem sie ihre landwirtschaftliche Tätigkeit aufgeben.
4. Von Landwirten, die staatliche Anreize als einflussreich wahrnehmen, wird erwartet, dass sie unabhängig von ihrem erworbenen Potenzial und ihrer Verbundenheit mit chemischen oder organischen Düngemitteln versuchen, ihre landwirtschaftlichen Praktiken mit organischen Düngemitteln umzustrukturieren. Sie würden sich in der "Rückwärtsschleife" bewegen und versuchen, sich in der Umstellungsphase zu stabilisieren, im Vertrauen auf die Versprechen der Regierung.

Der Forscher betont, wie wichtig es ist, die Größe der einzelnen Landwirte zu bestimmen, da dies ein entscheidender Faktor ist, um die Bereitschaft der Landwirte zur Umstellung auf organische Düngemittel insgesamt zu beurteilen. Diese Ergebnisse sind von großer Bedeutung für politische Entscheidungsträger, Wissenschaftler und andere an diesem Ökosystem beteiligte Akteure.

2.7.4 Staatliche Anreize für eine nachhaltige Landwirtschaft

Wie bereits erwähnt, ist die Wahrnehmung der Wirksamkeit staatlicher Anreize durch die Landwirte ein entscheidender Faktor, wenn es darum geht, sie in der

"Rückkopplungsschleife" und in der Reorganisationsphase des adaptiven Resilienzzyklus zu halten. Diese Wahrnehmung hängt jedoch von den unterstützenden Maßnahmen vor Ort und dem Maß an Vertrauen ab, das die Landwirte in diese Maßnahmen haben, einschließlich des Vertrauens in Zukunftsversprechen. In diesem Zusammenhang haben einige Forscher staatliche Interventionen identifiziert, die sich auf die Fähigkeiten der Landwirte zur nachhaltigen Landwirtschaft auswirken. So stellten Cusworth und Dodsworth (2021) fest, dass staatliche Eingriffe in die ökologische Landbewirtschaftungspolitik die Autonomie der Landwirte bei der Abwägung zwischen nachhaltiger und produktiver Landwirtschaft in ihren Betrieben beeinträchtigen. Demont und Rutsaert (2017) betonten die Bedeutung von Wertschöpfungskettenverknüpfungen, internationalem Ansehen sowie horizontaler und vertikaler Wertschöpfungskettenkoordination als Möglichkeiten für eine nachhaltige Aufwertung der Wertschöpfungskette. In ähnlicher Weise betonten Von et al. (2016) das Potenzial von Banken, die Produktivität von Kleinbauern zu beeinflussen und andere Branchen der Wertschöpfungskette für SA-Initiativen zu gewinnen. Laut Sevinç et al. (2019) wird öffentliche Unterstützung als notwendig, aber unzureichend für die Nachhaltigkeit der Landwirtschaft angesehen, wobei die Eignung, Angemessenheit und Effizienz von Subventionen eine Herausforderung darstellt, insbesondere für Landwirte, die nicht bewässert werden. Diese Ergebnisse unterstreichen die Bedeutung staatlicher Unterstützung, einschließlich Umweltmanagementmaßnahmen, wirksamer Anreize und Verbesserungen der Wertschöpfungskette, als entscheidende Elemente, die das Vertrauen der Landwirte in die SA-Anpassung stärken könnten.

Zusammenfassend lässt sich sagen, dass Landwirte mit einem hohen Potenzial für nachhaltige Landwirtschaft wahrscheinlich in die Umstellungsphase des Anpassungszyklus übergehen und eine größere Widerstandsfähigkeit bei der Umstellung auf ökologische Praktiken zeigen. Umgekehrt können Landwirte, die die Notwendigkeit erkennen, sich von chemischen Düngemitteln zu lösen, auch die Bereitschaft zeigen, in die Umstellungsphase einzutreten. Darüber hinaus könnten Landwirte, die den potenziellen Nutzen staatlicher Unterstützung erkennen, dazu neigen, die Umstellungsphase in Betracht zu ziehen und mehr auf ökologische Anbaumethoden zu setzen.

2.7.5 Demografische Faktoren

In Anbetracht der verschiedenen demografischen Faktoren (DF) in Bezug auf Landwirte und Höfe, die in früheren Studien erörtert wurden (siehe Tabelle 2-1), erkennt der Forscher die potenziell moderierenden Auswirkungen dieser Faktoren auf die Beziehung zwischen dem Potenzial der Landwirte für nachhaltige Landwirtschaft (SAP) und ihrer Bereitschaft, mehr ökologische Praktiken anzuwenden, an. Demografische Faktoren wie Alter, Bildung, Geschlecht, Anbaumethoden, landwirtschaftliche Betriebsmittel und die Größe der landwirtschaftlichen Parzelle wurden in früheren Forschungsstudien untersucht. Es besteht jedoch kein Konsens über spezifische demografische Faktoren, die im Rahmen dieser Studie deutliche moderierende Auswirkungen auf diese Beziehungen haben könnten. Darüber hinaus sind die Auswirkungen demografischer Faktoren auf die Beziehungen wahrscheinlich kontextspezifisch und können von Erhebung zu Erhebung variieren. Daher sind die Identifizierung und Bewertung solcher demografischer Faktoren und ihrer moderierenden Effekte in das konzeptionelle Modell dieser Studie integriert.

2.7.6 Konzeptualisierung von Variablen und Richtungen

Der folgende konzeptionelle Rahmen umreißt diese Studie und baut auf den zuvor erörterten theoretischen Überlegungen zu den Konstrukten auf, die die Bereitschaft der Landwirte zur Umstellung ihrer Reisfelder auf mehr organischen Dünger beeinflussen. Das schematische Diagramm (Abbildung 2-3) stellt die primären latenten und beobachtbaren Variablen dar und gibt die vorhergesagten Beziehungen und Richtungen an. In Übereinstimmung mit dem Ziel der Studie ist die ermittelte abhängige Variable die Bereitschaft der Landwirte, organische Düngemittel einzusetzen, während die primäre unabhängige Variable das Potenzial der Landwirte für eine nachhaltige Landwirtschaft (Sustainable Agriculture Potentials, SAP) ist, das verschiedene Kapitalgüter umfasst. Zu den potenziell vermittelnden Variablen gehören die Bereitschaft der Landwirte, auf chemische Düngemittel zu verzichten, und die von ihnen wahrgenommene Wirksamkeit staatlicher Anreize zur Förderung der nachhaltigen Landwirtschaft. Diese Beziehungen spiegeln die vorhergesagten Verhaltensweisen der Landwirte innerhalb jeder Kategorie wider, wie sie zuvor klassifiziert wurden. Im folgenden Abschnitt werden die vorgeschlagenen Hypothesen und Empfehlungen für die Analyse vorgestellt, die mit dem festgelegten Ziel der Studie übereinstimmen.

Tabelle 2-3 Variablen des Modells

Variabel	**Typ**	**Kategorie**
SA-Potenziale der Landwirte (FSAP)	*Komposit*	*Latent*
Humankapital (HC)	*Unabhängi g*	*Latent*
Soziales Kapital (SC)	*Unabhängi g*	*Latent*

Finanzielles Kapital (FC)	*Unabhängi g*	*Latent*
Physisches Kapital (PC)	*Unabhängi g*	*Latent*
Naturkapital (NC)	*Unabhängi g*	*Latent*
Wahrgenommene Wirksamkeit staatlicher Anreize durch die Landwirte (FPEoGI)	*Vermittlun g von*	*Latent*
Bereitschaft der Landwirte, chemische Düngemittel freizugeben (FRRCF)	*Vermittlun g von*	*Latent*
Bereitschaft der Landwirte zur Anpassung von organischen Düngemitteln (FRAOF)	*Abhängig*	*Latent*
Demografische Faktoren (DFs)	*Moderatio n*	*Beobachtet*

Konzeptioneller Rahmen

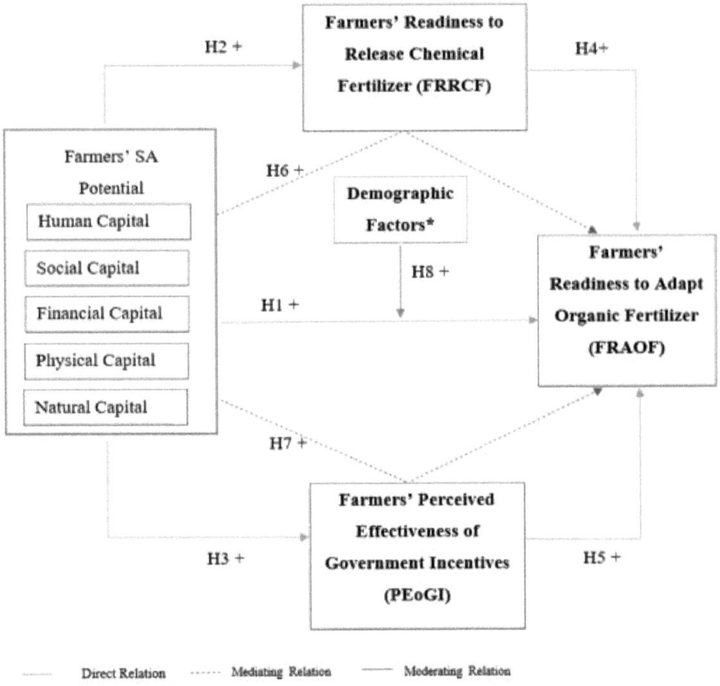

*Demografische Faktoren, die den in (H1+) genannten Zusammenhang mildern könnten

Abbildung 2-3 Konzeptioneller Rahmen für die Studie

(Quelle: Eigene Schöpfung des Autors)

Hypothesen

1. H1: Es besteht ein positiver Zusammenhang zwischen dem **SA-Potenzial der** Landwirte und ihrer **Bereitschaft zur Anpassung** an OF.
2. H2: Es besteht ein positiver Zusammenhang zwischen dem **SA-Potenzial der** Landwirte und ihrer **Bereitschaft zur Freigabe von** CF.
3. H3: Es besteht ein positiver Zusammenhang zwischen dem **SA-Potenzial** der Landwirte und ihrer **wahrgenommenen Wirksamkeit** staatlicher Anreize.
4. H4: Es besteht ein positiver Zusammenhang zwischen der **Bereitschaft der** Landwirte **zur Freigabe von** CF und ihrer **Bereitschaft zur Anpassung** von OF.
5. H5: Es besteht ein positiver Zusammenhang zwischen der **von** den Landwirten **wahrgenommenen Effektivität** staatlicher Anreize und ihrer **Bereitschaft, sich an die** OF **anzupassen.**
6. H6: Die **Bereitschaft** der Landwirte, CF **freizugeben, hat einen *positiven* Einfluss auf** die Beziehung zwischen dem **SA-Potenzial der** Landwirte und ihrer **Bereitschaft, sich an** OF **anzupassen**.
7. H7: Die von den Landwirten **wahrgenommene Wirksamkeit** staatlicher Anreize **hat einen *positiven* Einfluss auf** die Beziehung zwischen dem **SA-Potenzial der** Landwirte und ihrer **Bereitschaft zur Anpassung an** OF.

8. H8: Einige demografische Faktoren könnten die Beziehung zwischen dem **SA-Potenzial** und der **Bereitschaft zur Anpassung** an die OF moderieren.

2.7.7 Rationalisierung der Hypothesen

H1: Es besteht ein positiver Zusammenhang zwischen dem SA-Potenzial der Landwirte und ihrer Bereitschaft zur Anpassung an OF:

Die hier genannten Studien geben einen umfassenden Überblick über die verschiedenen Faktoren, die die Fähigkeit der Landwirte zur Anpassung an Praktiken der nachhaltigen Landwirtschaft beeinflussen. Verschiedene sozioökonomische Faktoren wie Einkommen, Bildung, Beschäftigung und Sicherheit in der Gemeinschaft spielen laut Waseem et al. (2020) eine wichtige Rolle bei der Bestimmung der Praktiken der Landwirte in der nachhaltigen Landwirtschaft. Dharmawan et al. (2021) betonen darüber hinaus die Bedeutung sozio-struktureller und sozio-kultureller Faktoren wie Betriebsgröße, Bildung, Ertrag, Ertragsmaximierung, Stabilität der Betriebsmittel und Toleranz gegenüber Umweltstress.

Krishnankutty et al. (2021) unterstreichen die Kosteneffizienz des traditionellen Reisanbaus und empfehlen die Ausweitung dieser Praktiken in Entwicklungsländern. Mert-Cakal und Mara (2021) geben Einblicke in die wirtschaftliche Nachhaltigkeit und Widerstandsfähigkeit der gemeinschaftsgestützten Landwirtschaft (CSA) und betonen die Bedeutung des von den Erzeugern geführten Modells. Rust et al. (2021) betonen die Notwendigkeit, das Bewusstsein in den Bauerngemeinschaften zu schärfen, um eine bessere Übernahme von SA-Praktiken zu fördern.

Mulimbi et al. (2019) beleuchten die Schlüsselfaktoren, die die Einführung von konservierender Landwirtschaft (Conservation Agriculture, CA) beeinflussen, einschließlich der Unterschiede bei der Einführung zwischen bestimmten Kulturen, Landbesitz und allgemeiner Bodenfruchtbarkeit. Die Studie empfiehlt außerdem, Frauen im Zusammenhang mit CA zu stärken. Petway et al. (2019) machen auf den Einfluss von Lebenserfahrungen auf ökologische Praktiken aufmerksam und heben Faktoren wie Ackerlandbesitz, stabile Bewässerungsquellen, Gesundheit der Verbraucher und Lebensmittelsicherheit im ökologischen Landbau hervor.

Zahra (2018) identifiziert kritische Faktoren für den Erfolg von Landwirten in Landwirtschaftsschulen, darunter landwirtschaftliche Technologiekenntnisse, Produktivität, Zugang zu Bildung, landwirtschaftlichen Ressourcen und Informationen. Šūmane et al. (2018) betonen die zentrale Rolle von sozialen Netzwerken, Bauernorganisationen und unterstützendem formellen Wissen für eine erfolgreiche Lernintegration und einen erfolgreichen Wissensaustausch zur Verbesserung von Nachhaltigkeit und Resilienz.

Sevinç et al. (2019) untersuchen, wie Faktoren wie Alter, Bildungsniveau, Art des Grundstücks, Anbauformen und Einkommen die Nachhaltigkeit und Widerstandsfähigkeit der Landwirte beeinflussen. Insgesamt deuten diese empirischen Ergebnisse und Empfehlungen auf ein komplexes Zusammenspiel von Human-, Sozial-, Finanz-, Sach- und Naturkapital hin, das zum SA-Potenzial der Landwirte beiträgt, was sich wiederum auf ihre Fähigkeit auswirkt, organische Düngemittel einzusetzen und nachhaltigere landwirtschaftliche Praktiken anzuwenden.

H2: Es besteht ein positiver Zusammenhang zwischen dem SA-Potenzial der Landwirte und ihrer Bereitschaft zur Freigabe von CF:

Die genannten Studien unterstreichen die Bedeutung psychosozialer Faktoren, ethischer und soziokultureller Erwägungen für die Übernahme von Praktiken der nachhaltigen Landwirtschaft durch die Landwirte. Waseem et al. (2020) betonen die Rolle der psychosozialen Faktoren und der Ethik und verweisen auf ihre Bedeutung bei der Beeinflussung der Landwirte zur Übernahme von SA-Praktiken. Dharmawan et al. (2021) betonen darüber hinaus den Einfluss soziokultureller Faktoren und der Ethik auf die Tendenz der Landwirte zur Übernahme von Standards der nachhaltigen Landwirtschaft. Die Studie deutet darauf hin, dass die Landwirte zwar die Wirtschaftlichkeit der Produktion in den Vordergrund stellen, aber Faktoren wie Subsistenz, Pragmatismus, Produktion und Marketing eine wichtige Rolle spielen.

Petway et al. (2019) tragen zu diesen Erkenntnissen bei, indem sie die Bedeutung der sozialen Anerkennung als Faktor hervorheben, der die Anpassung von SA-Praktiken beeinflusst. Die Studie legt nahe, dass soziale Erwägungen und Zustimmung die Entscheidungen der Landwirte hinsichtlich nachhaltiger Praktiken beeinflussen können. Darüber hinaus weisen Šūmane et al. (2018) und Sevinç et al. (2019) darauf hin, dass persönliche Neugier, Lernbereitschaft und eine positive Einstellung zur Erhaltung der Umwelt entscheidende Faktoren für den Übergang zu SA-Praktiken sind.

Diese Ergebnisse deuten insgesamt darauf hin, dass Landwirte mit einer produktionsorientierten Denkweise sich zunächst dagegen sträuben könnten, ihre Bindung an chemische Düngemittel zu lösen. Landwirte mit einem umfassenderen SA-Potenzial, das soziale und ökologische Aspekte ebenso wichtig nimmt wie die

Produktivität, könnten jedoch eine größere Bereitschaft zeigen, ihre starren Bindungen zum CF zu lösen. Landwirte, die bereit sind, ihre Bindung an den CF zu lösen, könnten im Vergleich zu anderen eher geneigt sein, organische Düngemittel einzusetzen.

H3: Es besteht ein positiver Zusammenhang zwischen dem SA-Potenzial der Landwirte und ihrer wahrgenommenen Wirksamkeit staatlicher Anreize:

Die Literaturübersicht gibt Einblicke in die entscheidende Rolle von Marketing und Marktfähigkeit für Landwirte in der nachhaltigen Landwirtschaft. Dharmawan et al. (2021) und Krishnankutty et al. (2021) betonen die Bedeutung des Marketings für Landwirte, die in der SA tätig sind, und heben dessen Bedeutung für ihre Nachhaltigkeit im Agrarsektor hervor. Die Integration von indigenem Wissen mit wissenschaftlichen Praktiken wird als Strategie für ein Gleichgewicht zwischen wirtschaftlichen und ökologischen Dimensionen in der nachhaltigen landwirtschaftlichen Entwicklung genannt (Wang, 2018).

Cusworth und Dodsworth (2021) weisen auf die Rolle der Umweltpolitik für die Landbewirtschaftung bei der Vermittlung der Autonomie der Landwirte hin, die den doppelten Bedarf an nachhaltiger und produktiver Landwirtschaft in ihren Betrieben decken. Governance-Strukturen für die Wissensbildung und -verbreitung werden als unerlässlich für Landwirte angesehen, die SA-Praktiken übernehmen (Šūmane et al., 2018). Die von Demont und Rutsaert (2017) durchgeführte SWOT-Analyse zeigt Schwächen in der Wertschöpfungskette und das Fehlen einer nationalen Marke und eines internationalen Rufs auf den internationalen Märkten für die Reisproduktion auf. Die Notwendigkeit einer horizontalen und vertikalen Koordinierung für ein nachhaltiges Wachstum wird hervorgehoben.

Die potenziellen Auswirkungen von Banken auf die Produktivität von Kleinbauern werden von et al. (2016) untersucht, die darauf hinweisen, dass eine solche Unterstützung andere Branchen der Wertschöpfungskette anziehen könnte, um Landwirte bei der konservierenden Landwirtschaft zu unterstützen. Öffentliche Unterstützung wird als notwendig, aber unzureichend für die Nachhaltigkeit der Landwirtschaft erachtet, wobei institutionelle Subventionen vor allem für Landwirte ohne Bewässerung eine Herausforderung darstellen (Sevinç et al., 2019).

Die Zusammenfassung dieser Literaturergebnisse deutet darauf hin, dass institutionelle Interventionen eine entscheidende Rolle bei der Bereitschaft der Landwirte spielen, organischen Dünger einzusetzen. Die von den Landwirten wahrgenommene Wirksamkeit solcher Maßnahmen ist wahrscheinlich eng mit ihrer Bereitschaft verbunden, ihre Anbauflächen mit organischen Substanzen umzugestalten. Darüber hinaus kann argumentiert werden, dass Landwirte mit einem großen SA-Potenzial besser in der Lage sind, diese unterstützenden Maßnahmen zu nutzen und davon zu profitieren. Solche Landwirte werden diese Maßnahmen wahrscheinlich als effektiver wahrnehmen und Vertrauen in ihre Fähigkeit haben, organische Düngemittel einzusetzen. Dies verdeutlicht den Zusammenhang zwischen SAP und institutioneller Unterstützung und der von den Landwirten wahrgenommenen Wirksamkeit dieser Unterstützung.

H4: Es besteht ein positiver Zusammenhang zwischen der Bereitschaft der Landwirte, CF freizugeben, und ihrer Bereitschaft, OF anzupassen:

Hypothese 1 postuliert einen Zusammenhang zwischen der Bereitschaft der Landwirte, sich von chemischen Düngemitteln zu lösen, und ihrer Bereitschaft, organische Düngemittel zu verwenden, was mit dem theoretischen Rahmen der Resilienz von Ökosystemen übereinstimmt. Die Hypothese besagt, dass Landwirte, die den Verzicht auf CF als eine primäre Option ansehen, eher bereit sind, OF als Alternative zu verwenden. Diese Verhaltensneigung versetzt sie in die Lage, in die Reorganisationsphase des adaptiven Resilienzzyklus überzugehen, wie in Abbildung 2-2 dargestellt.

Umgekehrt erkennt die Hypothese die Existenz einer weiteren Gruppe von Landwirten an, die zwar die Notwendigkeit der Abkehr von Chemikalien erkennen, aber möglicherweise nicht davon überzeugt sind, dass der ökologische Landbau eine praktikable Alternative darstellt. Diese differenzierte Sichtweise erklärt die Unsicherheit und das Zögern einiger Landwirte hinsichtlich der Durchführbarkeit und Wirksamkeit der Umstellung auf ökologische Verfahren. Die Hypothese ermöglicht daher ein umfassendes Verständnis der unterschiedlichen Reaktionen von Landwirten, die bereit sind, sich vom CF zu lösen.

H5: Es besteht ein positiver Zusammenhang zwischen der von den Landwirten wahrgenommenen Effektivität staatlicher Anreize und ihrer Bereitschaft, sich an die OF anzupassen:

Diese Hypothese stellt einen Zusammenhang zwischen der von den Landwirten wahrgenommenen Wirksamkeit staatlicher Anreize und ihrer Bereitschaft zur Einführung von organischem Dünger her, was mit dem theoretischen Rahmen übereinstimmt. Die Hypothese besagt, dass staatliche Eingriffe den Wandel des Ökosystems beeinflussen. Wenn die Landwirte diese Maßnahmen als wirksam und vielversprechend wahrnehmen, werden sie eher versuchen, die sich bietenden Chancen zu nutzen. Wenn die Landwirte hingegen die staatlichen Anreize als unzureichend oder unwirksam empfinden, werden sie möglicherweise zögern, den Anpassungszyklus in Richtung Reorganisationsphase zu durchlaufen.

H6: Die Bereitschaft der Landwirte, CF freizugeben, hat einen positiven Einfluss auf die Beziehung zwischen dem SA-Potenzial der Landwirte und ihrer Bereitschaft, sich an OF anzupassen:

Im Einklang mit der Resilienztheorie geht die Hypothese davon aus, dass stabilisierende oder destabilisierende Kräfte eine entscheidende Rolle bei der Veränderung eines Ökosystems spielen. Wenn Landwirte chemische Düngemittel als nicht nachhaltig wahrnehmen, könnte dieses Bewusstsein sie dazu motivieren, ökologische Alternativen zu übernehmen. In diesem Zusammenhang wirkt ihre Bereitschaft, den ökologischen Landbau zu übernehmen, als starke Kraft, die die vorherrschenden chemiebetonten Reisanbaupraktiken destabilisiert und mit der Zeit die Stabilisierung der ökologischen Landwirtschaft fördert. Diese wirksame Kraft dient als Vermittler bei der Umwandlung des Potenzials der Landwirte für eine nachhaltige Landwirtschaft (SAP) in eine erhöhte Bereitschaft zur Übernahme ökologischer Praktiken.

H7: Die von den Landwirten wahrgenommene Wirksamkeit staatlicher Anreize hat einen positiven Einfluss auf die Beziehung zwischen dem SA-Potenzial der Landwirte und ihrer Bereitschaft zur Anpassung an OF:

Ebenso legt die Hypothese nahe, dass die Wahrnehmung staatlicher Anreize durch die Landwirte als destabilisierende Kraft für die etablierten chemiebetonten Anbaupraktiken wirken könnte und so allmählich einen Wandel hin zu einer stärker ökologisch orientierten Landwirtschaft stabilisiert. Diese einflussreiche Kraft könnte als Vermittler bei der Umwandlung des Potenzials der Landwirte für eine nachhaltige Landwirtschaft (SAP) dienen und eine erhöhte Bereitschaft zur Übernahme ökologischer Praktiken fördern.

H8: Einige demografische Faktoren könnten die Beziehung zwischen dem SA-Potenzial und der Bereitschaft zur Anpassung an die OF moderieren:

Die Literaturrecherche hat verschiedene demografische Faktoren identifiziert, die in früheren Studien erörtert wurden und von denen sich einige als einflussreich für die Bereitschaft der Landwirte zu einer stärker ökologisch ausgerichteten Landwirtschaft erwiesen haben, während andere möglicherweise nicht denselben Einfluss haben. Die spezifischen demografischen Faktoren, die im Rahmen dieser Studie eine Rolle bei der Bereitschaft der Landwirte spielen, müssen jedoch noch ermittelt werden. Um diese Faktoren zu berücksichtigen, wurde eine kollektive Variable mit der Bezeichnung "Demografische Faktoren" in das Modell aufgenommen. Die Untersuchung und Analyse der Daten vor Ort wird dazu beitragen, die demografischen Faktoren zu identifizieren und zu spezifizieren, die zur Umwandlung des Potenzials der Landwirte für eine nachhaltige Landwirtschaft (SAP) in eine erhöhte Bereitschaft zur Einführung eines ökologisch orientierten Reisanbaus im aktuellen regionalen Kontext beitragen.

2.8 Zusammenfassung der Literaturübersicht

Die Literaturübersicht zeigt, dass Landwirte eine zentrale Rolle bei der Sicherung der Nachhaltigkeit der Landwirtschaft in einem bestimmten Kontext spielen. Ihr Potenzial, ihre Verbundenheit mit dem Ökosystem und die Wirksamkeit staatlicher Maßnahmen erweisen sich als entscheidende Faktoren, die ihre Anpassungsfähigkeit angesichts der Veränderungen in ihren Ökosystemen beeinflussen. In der vorhandenen Literatur werden nicht nur potenzielle Variablen zur Messung der Bereitschaft der Landwirte für derartige Veränderungen vorgeschlagen, sondern auch die Bedeutung des Resilienzdenkens und der Konzepte zur Bewertung ländlicher Lebensgrundlagen für die Quantifizierung dieser Variablen durch quantitative Forschung hervorgehoben. Die Literaturübersicht trägt effektiv zur Erfüllung der definierten Ziele der Studie bei, indem sie solide theoretische Einblicke bietet und bei der Entwicklung eines robusten konzeptionellen und analytischen Rahmens hilft. Darüber hinaus vermittelt sie ein klares Verständnis für die Neuartigkeit, Bedeutung und Originalität der vorgeschlagenen Studie.

3 Kapitel 03-Forschungsmethodik

3.1 Einführung in das Forschungsdesign

Die Beziehung zwischen Forschungsparadigmen, Methodologien und Methoden ist ein entscheidender Aspekt, der von Wissenschaftlern wie Knox (2004) und Creswell et al. (2007) betont wird. Forschungsparadigmen dienen als Linsen, die unsere Perspektive auf die Welt formen, Methodologien liefern den übergreifenden Ansatz für das Studium der Sozialwissenschaften, und Methoden bieten spezifische Strategien für die Durchführung von Forschung (Greene und Caracelli, 2003; Teddlie und Tashakkori, 2009).Darvin (1998) fügt hinzu, dass Methodologie Wege des Denkens über und der Auswahl von Forschungspraktiken beinhaltet, und betont eine breitere Konzeptualisierung über spezifische Forschungsmethoden hinaus.

Die Methodologie in der sozialwissenschaftlichen Forschung, wie sie von Burgess (1984) beschrieben wird, umfasst Überlegungen zum Forschungsdesign, zur Datenerfassung, zur Analyse und zur theoretischen Erforschung der sozialen, ethischen und politischen Faktoren, die den Forscher beeinflussen. Methodologien bieten einen Rahmen für die Auswahl der Mittel zur Untersuchung, Erforschung, Ordnung und zum Austausch von Informationen in Bezug auf grundlegende Fragen (Cornwall et al., 1994; Denzin, 2017; Kothari, 2004; Terre Blanche et al., 2006). Dieser umfassende forschungsmethodische Rahmen umfasst philosophische Perspektiven, Untersuchungsmethoden, Datensammlung und -analyse, um ein tieferes Verständnis des Forschungsproblems zu erlangen (Creswell et al., 2007; Teddlie und Tashakkori, 2009). Sie hilft bei der Identifizierung von Schlüsselvariablen im Zusammenhang mit dem Forschungsproblem und ihren Wechselbeziehungen (Sekaran und Bougie, 2016).

Die Sozialforschung umfasst verschiedene Methoden, darunter quantitative, qualitative, partizipative und gemischte Methoden (Bell, 2018; Myers, 1997; Babbie und Mouton, 2001; Creswell, 2003; Sheppard, 2004; Blanche, 2006). Denzin und Lincoln (2011) betonen, dass sowohl qualitative als auch quantitative Forschungsmethoden wissenschaftlich sind, wobei sie die Stärken und Schwächen der jeweiligen Methoden anerkennen (Bell, 2018; Byrne, 2001). Forscher wie Byrne (2001) betonen, wie wichtig es ist, die Methoden und Verfahren auf die Forschungsfragen und die beobachteten Phänomene abzustimmen (Creswell, 2003; Creswell und Plano Clark, 2007).

Die quantitative Methodik, die in den frühen Studien zunächst dominierte, wurde in erster Linie zur Untersuchung natürlicher Phänomene in den Naturwissenschaften eingesetzt (Duffy, 1987; Myers, 1997). Diese Forschungsstrategie legt den Schwerpunkt auf die Verwendung von Zahlen bei der Datenerhebung und der statistischen Analyse und zielt darauf ab, durch die Übersetzung numerischer Daten Fakten für Vorhersagen, die Erklärung von Kausalität und die Validierung von Beziehungen zwischen Variablen zu liefern (Bryman, 2016; Blanche, 2006; Hair et al., 2003). Während Creswell (2003) die quantitative Forschung unter post-positivistische Wissensansprüche einordnet, argumentieren Leedy und Ormrod (2005), dass die quantitative Methodik aus dem positivistischen Paradigma abgeleitet ist.

Qualitative Datenerhebungstechniken umfassen Umfragen, Experimente (Myers, 1997), Fragebögen, Interviews, Tests, Messungen und Beobachtungen (Easterby-Smith et al., 2021). Im Gegensatz dazu werden quantitative Daten durch direkte Messungen mit strukturierten Fragebögen oder durch Beobachtung gewonnen (Stack, 2004). Nach Bryman (2004) verfolgt die quantitative Forschung einen deduktiven Ansatz und stellt Verbindungen zwischen Theorie und Forschung her. Befürworter quantitativer Methoden betonen die Realität, Objektivität und kausale Erklärung (Greene et al., 2005).

Bei der quantitativen Datenanalyse werden Vergleiche angestellt, und Sapsford und Jupp (2006) heben ihre Rolle bei der Feststellung der Stichhaltigkeit einer Argumentation hervor und zeigen, wie die Ergebnisse von den Erwartungen abweichen. Zu den Stärken der quantitativen Forschungsmethodik gehört ihre Fähigkeit, detaillierte Einblicke zu gewähren, Schlussfolgerungen zu ziehen und Muster in unterschiedlichen Kontexten und Umgebungen aufzuzeigen (Firestone, 1987). Quantitative Methoden erleichtern den Vergleich und die statistische Aggregation von Daten, indem sie die Reaktionen vieler Menschen anhand einer begrenzten Anzahl von Fragen messen (Patton, 2002). Daten aus quantitativen Methoden gelten als systematisch und standardisiert und ermöglichen objektiv gemessene Ergebnisse, die breite und verallgemeinerbare Vergleiche rechtfertigen (Patton, 2002; Blanche, 2006; Durrheim und Painter, 2006). Forscher schätzen quantitative Daten auch deshalb, weil sie den Vergleich verschiedener Situationen ermöglichen und die statistische Analyse nutzen, um Konzepte durch numerische Analysen und Tests zu erklären (Durrheim und Painter, 2006).

Der für diese Forschungsstudie entwickelte konzeptionelle Rahmen und die aus einem soliden philosophischen Hintergrund abgeleiteten Hypothesen erfordern eine empirische Beobachtung der mit dem Lebensunterhalt der Reisbauern verbundenen Erkenntnistheorien. Wie in der Literatur erörtert, erfordert das Modell die Anpassung der quantitativen Methodik, um seine Konstrukte und die vorhergesagten Hypothesen zu bewerten.

Wie von Leedy und Ormrod (2001) erläutert, lassen sich in der Literatur drei breitere Klassifizierungen der quantitativen Forschung finden. Die drei allgemeinen Klassifizierungen der quantitativen Analyse sind deskriptiv, experimentell und kausal vergleichend. Der deskriptive Forschungsansatz ist eine primäre Methode, bei der die Situation in ihrem aktuellen Zustand untersucht wird. Er umfasst die Identifizierung von Merkmalen eines Phänomens auf der Grundlage von Beobachtungen oder die Untersuchung von Korrelationen zwischen zwei oder mehreren Phänomenen. Bei der experimentellen Forschung wird die Behandlung einer Intervention in der Studiengruppe untersucht und die Ergebnisse der Behandlung gemessen. Die kausal-komparative Forschung untersucht, wie sich abhängige Variablen auf unabhängige Variablen auswirken und erforscht Ursache-Wirkungs-Beziehungen zwischen Variablen. Das kausal-komparative Forschungsdesign ermöglicht es dem Forscher, die Interaktion zwischen unabhängigen Variablen und deren Einfluss auf abhängige Variablen zu untersuchen. Von diesen drei Klassifizierungen ist die deskriptive Forschung die am besten geeignete Art für das vorgeschlagene Forschungsprojekt. Wie bereits erwähnt, ist ein klares Verständnis der Datenerfassung und -aufzeichnung entscheidend für das Forschungsdesign und die Durchführung. Auf der Grundlage der Vorschläge aus der Literatur hat der Forscher dieses Forschungsprojekt im Einklang mit den Grundsätzen und Leitlinien des quantitativ-deskriptiven Forschungsparadigmas konzipiert.

3.2 Forschungsdesign

Ein angemessenes Forschungsdesign ist entscheidend für die Entwicklung von Forschungsinstrumenten zur Erfassung relevanter Daten, die Anwendung geeigneter Datenerfassungstechniken und Stichprobenverfahren sowie die Auswahl geeigneter Datenanalysemethoden (Hair et al., 2009; Neuman, 2006). Die Forscher sollten sicherstellen, dass das Forschungsdesign mit den Zielen und dem Kontext der Studie übereinstimmt (Sorenson, 2007; Ary et al., 2006). Ary und Jacobs (2006) betonen, dass die Wahl des Forschungsdesigns durch den Forscher mit dem Kontext und den Forschungszielen der Studie kongruent sein sollte. Der erste Schritt in diesem Forschungsdesign bestand in der Entwicklung des konzeptionellen Modells, wobei die Forschungsfragen durch eine umfassende Literaturrecherche in ein konzeptionelles Modell umgewandelt wurden. Das konzeptionelle Modell dient dazu, die aus den Forschungszielen abgeleiteten Hypothesen zu bewerten. Der nächste Schritt in diesem Forschungsdesign war die Formulierung eines geeigneten und umfassenden Forschungsfragebogens, um die für die Studie erforderlichen Daten zu erfassen.

3.3 Forschungsmethode

Das konzeptionelle Modell umfasst neun latente Variablen und acht Hypothesen für diese Bewertung. Die SA-Potenziale der Landwirte (FC, HC, SC, PC, NC) und die wahrgenommene Wirksamkeit der staatlichen Maßnahmen (PEoGI) sind zusammengesetzte latente Variablen, die nicht direkt beobachtet oder gemessen werden können. Um jedes Konstrukt zu messen, sind Indikatorvariablen (Fragen) erforderlich. Das Modell erfordert auch Techniken zur Messung von zwei anderen beobachtbaren Variablen zur Bereitschaft der Landwirte (FRRCF und FRAOF). Geeignete Variablen sind unerlässlich, um die Werte für die demografischen Faktoren (DFs) zu erfassen. Die Auswahl einer geeigneten Datenanalysemethode für ein solches Multi-Item-Modell ist von entscheidender Bedeutung für den Erfolg der Studie, wie von verschiedenen bereits erwähnten Forschern vorgeschlagen.

Die Strukturgleichungsmodellierung (SEM) bietet die Möglichkeit, die Zuverlässigkeit und Validität solcher Multitem-Konstrukte zu bewerten und strukturelle Modellbeziehungen zu testen (Chin, 1989; Hair et al., 2012). SEM kombiniert zwei leistungsstarke statistische Ansätze: die explorative Faktorenanalyse und die strukturelle Pfadanalyse. Die strukturelle Pfadanalyse ermöglicht die gleichzeitige Bewertung der Mess- und Strukturmodelle (Lee et al., 2011). Darüber hinaus berücksichtigt die SEM direkte und indirekte Effekte, was im Vergleich zu multiplen Regressionen zu einer höheren Varianzaufklärung bei den abhängigen Variablen führt (Lee et al., 2011). SEM ist das älteste und bekannteste statistische Verfahren zur Untersuchung von Beziehungen zwischen beobachteten und latenten Variablen und ähnelt der Faktorenanalyse (Byrne, 2003). In neueren Studien zur Bewertung von Landwirten im Hinblick auf SA-Anpassungen wurde SEM erfolgreich mit ähnlichen Modellen eingesetzt, die latente und beobachtbare Variablen kombinieren (Waseem et al., 2020; Mutyasira, 2018; Zahra, 2018). Da die Fähigkeiten der SEM mit den Bewertungsanforderungen des vorgeschlagenen Modells übereinstimmen, wählt der Forscher die SEM als Datenanalysemethode für diese Studie aus.

Die kovarianzbasierte SEM (CB-SEM) und die varianzbasierte partielle kleinste Quadrate SEM (PLS-SEM) sind zwei Ansätze zur Durchführung von SEM-Analysen. CB-SEM wird in der Regel zur Bestätigung etablierter Theorien verwendet, während PLS-SEM ein prognoseorientierter Ansatz ist, der sich für explorative Forschung und konfirmatorische Analysen eignet (Sarstedt et al., 2014). Mutyasira (2018) setzte PLS-SEM in einer Studie zur Bewertung von SA ein, weil es nicht parametrisch ist und keine Annahmen über die Datenverteilung enthält (Sarstedt et al., 2014). Die Hauptziele dieser Studie bestehen darin, die

Beziehungen zwischen latenten und beobachtbaren Konstrukten auf der Grundlage der Vorhersagen der Resilienztheorie (RT) zu untersuchen. Nach Joreskog und Wold (1982) eignet sich PLS für Forschung, die sich auf die Erforschung, Erweiterung oder Vorhersage von Theorien konzentriert, was den Zielen dieser Studie entspricht. PLS erfordert keine multivariate Normalität für die Schätzung von Parametern und erfordert im Vergleich zu anderen SEM-Techniken kleinere Stichprobengrößen (Chin et al., 2003). Aus der Literatur geht auch hervor, dass PLS-SEM dazu neigt, mehr Indikatoren beizubehalten, um eine akzeptable Anpassungsgüte zu erreichen, und im Vergleich zu CB-SEM eine höhere zusammengesetzte Zuverlässigkeit und konvergente Validität aufweist (Hair et al., 2017). Die SmartPLS3-Software ist in der Lage, SEM-Lösungen mit unterschiedlichen Komplexitätsgraden des Strukturmodells und der Konstrukte zu verarbeiten (Ringle et al., 2015). In Anbetracht dieser Überlegungen wird daher die von dem Softwarepaket SmartPLS3/4 unterstützte PLS-SEM-Technik gewählt, um das vorgeschlagene Modell und die Hypothesen zu testen. Die Maximierung der Zuverlässigkeit, die konvergente Validität und die Erklärung der Varianz in den Variablenindikatoren sind die Hauptziele dieser Studie, die sich von früheren SA-Forschungen unterscheidet, insbesondere im Kontext des Reisanbaus in Sri Lanka.

3.3.1 Messvariablen

Das für die Studie gewählte konzeptionelle Modell erfordert eine Reihe von zugrunde liegenden Variablen, die in der Lage sind, die neun latenten Konstrukte innerhalb des Modells zu erklären. Daher ist dieser Abschnitt der Formulierung von Messvariablen gewidmet, die diese Konstrukte erfassen sollen. Die Identifizierung eines geeigneten Messansatzes ist entscheidend für die Formulierung der Fragen

(Variablen). Im folgenden Teil dieses Kapitels wird die Begründung für den in dieser Studie verwendeten Messansatz erläutert.

Die unabhängigen Konstrukte, die in dem Modell bewertet werden, beziehen sich auf das akkumulierte Kapitalvermögen der Landwirte, das insgesamt zu ihrem Potenzial für eine nachhaltige Landwirtschaft beiträgt. Darüber hinaus wird davon ausgegangen, dass das Konstrukt, das die wahrgenommene Effektivität staatlicher Anreize erklärt, eine Zusammenstellung verschiedener staatlicher Anreize ist, die später in diesem Kapitel ausführlich diskutiert werden.

Die beiden Variablen, die die Bereitschaft der Landwirte zur Einführung von organischem Dünger und die Freisetzung von chemischem Dünger messen, werden in geeigneter Weise durch reflektierende Fragen erfasst. Diese Begründung für verschiedene Messmodalitäten macht einen Fragebogen erforderlich, der sowohl formative als auch reflektierende Fragen enthält. Abbildung 3-1 im folgenden Diagramm stellt das Mess- und Strukturmodell dar und skizziert die erforderlichen Messindikatoren.

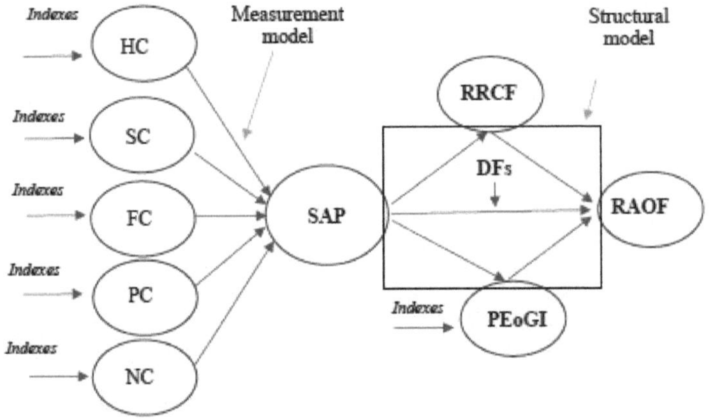

Abbildung 3-1 Mess- und Strukturmodell für die Analyse

3.4 Forschungsfragebogen

Gemäß den Grundsätzen der quantitativen Forschungsmethodik erfordert diese Studie einen objektiven Ansatz für die systematische Sammlung und Dokumentation von Daten. Die Methode der Umfrageforschung ist das Mittel der Wahl für die Erfassung von Echtzeitdaten zu den angegebenen Variablen. Die Verwendung von Forschungsinstrumenten mit einer Kombination aus offenen und geschlossenen Fragen ist eine gängige Praxis bei der Erfassung sozioökonomischer und natürlicher Daten, die für eine umfassende Analyse unerlässlich sind.

Innerhalb des vorgeschlagenen konzeptionellen Rahmens sind die Variablen latente Konstrukte, deren Messung durch beobachtbare Variablen erreicht werden kann. Diese beobachtbaren Variablen werden mit Hilfe von formativen und reflektierenden Indikatoren auf geeigneten Skalen abgeleitet. Der Fragebogen wurde zunächst in englischer Sprache entwickelt und anschließend ins Singhalesische übersetzt, wobei sichergestellt wurde, dass die ursprüngliche Bedeutung der einzelnen Fragen unverändert blieb. Eine Piloterhebung mit ausgewählten Befragten dient der Feinabstimmung des ursprünglichen Fragebogens und bereitet ihn auf die endgültige Datenerhebungsphase der Primärstudie vor.

Die nachstehende Tabelle 3-1 zeigt einen Indikatorrahmen, der aus einer Literaturübersicht entnommen wurde und als Leitfaden für die Formulierung des Fragebogens diente.

Tabelle 3-1 Indikatorrahmen - Variablen, Indikatoren und Messskalen

Latente Variablen	Indikatoren	Skalen für Messungen
Potenziale der Landwirte für eine nachhaltige Landwirtschaft		

Latente Variablen	Indikatoren	Skalen für Messungen
Humankapital **Memon, 1989; Petway et al. (2019); Porritt, Jonathon. (2011); Radcliffe (2017)**	Alphabetisierungsgrad, Erfahrungen, Fertigkeiten, Gesundheit des Haushalts, Lebensstandard	Bildungsstand, Kenntnisse über SA, Anzahl der Jahre in der Landwirtschaft Andere Fähigkeiten, die außerhalb der Landwirtschaft ausgeübt werden, sind: die Fähigkeit, die Arbeitskraft des Haushalts zu nutzen, die Gesundheit des Haushalts, die Motivation, die Normen und die Überzeugungen in Bezug auf SA
Soziales Kapital **Rust et al. (2021); Putnam (1993), Bourdieu (1986)** **Melles und Perera (2020)**	Vertrauen, Normen, Verbundenheit, Macht, Reziprozität, Netzwerkstruktur	Zunahme anderer Vermögenswerte aufgrund von Mitgliedschaft oder Teilnahme an sozialen Netzwerken, Arbeitsunterstützung durch Gruppenmitglieder, Einkommen aus der Mitgliedschaft in Gruppen, Nutzung von Gruppenwerkzeugen, Ausrüstung und Infrastruktur, Vertrauen in Gemeinschaften und Bauernorganisationen, Stärke der Kommunikationskanäle, Praxis der gemeinsamen Nutzung von Lebensmitteln, Arbeit und anderen Ressourcen
Finanzielles Kapital **Mulimbi et al. (2019); Kiptot und Franzel (2014); Bowers (1995)**	Direkte und indirekte finanzielle Vorteile, Ersparnisse und Schulden	Ernteerträge als Näherungswert - z. B. Kilogramm pro Hektar, die in der letzten Saison erzeugt wurden, Häufigkeit der letzten Dürre- oder Überschwemmungsereignisse, Einkommen/Erträge, Ersparnisse, Arbeitseinkommen, Verhältnis zwischen Ausgaben und Abhängigkeit, Einkommen außerhalb des landwirtschaftlichen Betriebs,
Physisches Kapital **(Myeni et al.,2019), (Arellanes, et al. 2003), Petway et al. (2019)**	Maschinen, Gebäude, Ausrüstung, Brunnen, Getreidespeicher, Werkzeuge und Ausrüstung, Verkehrsnetze	Eigentum an und Zugang zu Ressourcen, Bewertung des Niveaus und der Veränderungen der Bedingungen für den Zugang zu Lebensunterhaltsmitteln, Eigentum an Vermögenswerten
Natürliches Kapital **Scherer et al. (2018); Bisht (2013); Serebrennikov (2020); D'souza (1993); Bowman und Zilberman (2013); Bowers (1995)**	Boden, Wasser, Energie Biologische Ressourcen	Bodenfruchtbarkeit (Nährstoffe), organischer Bodenkohlenstoff, Agroforstwirtschaft und Baumkohlenstoff, Bodenfeuchtigkeit, Biomasse, Abfluss/Erosion, Schädlinge, Krankheiten, Beobachtungen und Messungen, Art der angrenzenden Flächen, Wasserverfügbarkeit, Wiederverwendbarkeit von Ressourcen und Abfallminimierung, Auswirkungen von Wetterereignissen und Klimawandel
Widerstandsfähigkeit der Landwirte Anpassungsfähigkeit		
Freigabe **Darnhofer et al. (2010), Oelofse und Cabel,**	Fähigkeit zum Loslassen und Anpassen	Die Störung erfordert einige Anpassungen auf der Ebene des Betriebs. Dazu können neue Produktionsmethoden, neue Kulturen, die Einführung oder Abschaffung der Tierhaltung,

Latente Variablen	Indikatoren	Skalen für Messungen
(2012), Melles und Perera (2020)		die innerbetriebliche Verarbeitung, die Direktvermarktung usw. gehören.
Reorganisieren Sie **Darnhofer et al. (2010), Oelofse und Cabell, (2012), Melles und Perera (2020)**	Fähigkeit zur Neuausrichtung	Die Störung erfordert eine erhebliche Neuausrichtung der Ressourcen und kann die Einführung von Tätigkeiten außerhalb des traditionellen landwirtschaftlichen Bereichs beinhalten. Dazu können Agrartourismus, Pflegebetriebe, Energieerzeugung (z. B. Strom aus Biogas, Windrädern oder Fotovoltaikanlagen) usw. gehören.
	Interventionen der Regierung	
Institutionen (staatliche Interventionen) **Clune, (2019), Demont und Rutsaert, (2017), Von et al., (2016)**	finanzielle und materielle Tochtergesellschaften, fachliche Unterstützung, unterstützende Umweltpolitik, rechtzeitige Aus- und Weiterbildung, Verknüpfung von Lieferkette und Märkten,	Finanzielle und materielle Subventionen für öffentliche/private Güter; einflussreiche Rolle bei der Entwicklung, Umwandlung und Verwaltung von Wissen, Unterstützung durch Politik, Regeln und lokale Normen; Regelung der Land- und Wassernutzung, Durchsetzung von Gesetzen und Vorschriften; Verwaltung von Land und Wasser und Erhaltung der Umwelt, staatliche Ermutigung/Förderung kollektiver Maßnahmen, Unterstützung von/Partnerschaften mit den Akteuren der Wertschöpfungskette (Banken, Versicherungen, Forschung, Privatsektor),

3.4.1 Formative und reflexive Indikatoren

Diamantopoulos und Winklhofer (2001) schlagen die Bildung von formativen Indikatoren vor, wenn die kausale Priorität zwischen Indikatoren und einem Konstrukt von den Indikatoren zum Konstrukt geht. Umgekehrt werden reflexive Indikatoren empfohlen, wenn der kausale Schwerpunkt vom Konstrukt zum Indikator geht. Fornell und Bookstein (1982) schlagen die Erstellung von formativen Indikatoren vor, wenn eine Kombination von Indikatoren das Konstrukt erklärt, während reflektive Indikatoren bevorzugt werden, wenn ein Merkmal die Indikatoren definiert. In ähnlicher Weise plädiert Rossiter (2002) dafür, reflektierende Indikatoren zu wählen, wenn die Indikatoren Folgen darstellen, und formative Indikatoren, wenn sie die Ursache darstellen.

Das nachstehende Diagramm (Abbildung 3-2) veranschaulicht die Unterschiede zwischen diesen beiden Messansätzen in verschiedenen Forschungsbereichen. In dieser Studie besteht eine grundlegende Anforderung darin, die in jedem Konstrukt erklärte Varianz zu maximieren, um die jedem latenten Konstrukt zugrundeliegenden Variablen zu ermitteln, die optimal zu seiner Bildung beitragen. Dies erfordert unterschiedliche Indikatoren zur Erklärung der einzelnen Kapitalwerte, die nicht unbedingt miteinander korrelieren, aber gemeinsam zum Verständnis und zur Bildung des Konstrukts beitragen sollten.

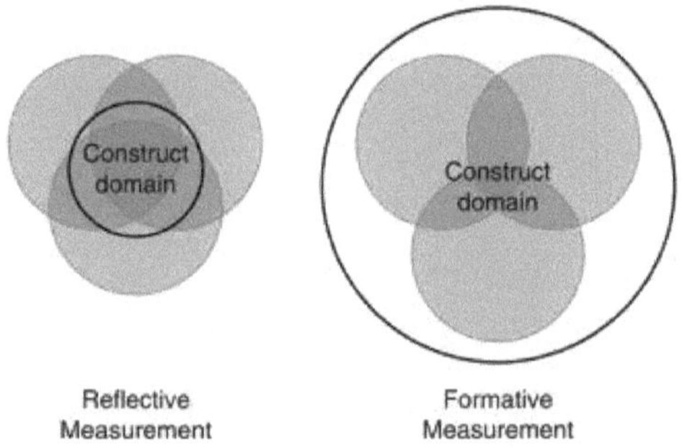

Abbildung 3-2 Formative vs. reflexive Indikatoren

(Quelle: Hair et al. 2017)

In Übereinstimmung mit den Zielen der Studie und den kontextuellen Überlegungen sowie unter Berücksichtigung der oben erwähnten Literaturempfehlungen sind die Bewertung des Lebensunterhalts der Landwirte anhand von fünf Kapitalgütern und die Bewertung der Wirksamkeit der staatlichen Maßnahmen so strukturiert, dass die Kausalindikatoren diese Konstrukte durch lineare Kombinationen zusammenfassen. Reflexionsindikatoren werden als geeigneter angesehen, um die Bereitschaft der Landwirte zur Freigabe von chemischem Dünger und zur Einführung von organischem Dünger zu ermitteln, da sie die Folgen der sie umgebenden Umstände erfassen.

Darüber hinaus erfordert die Technik der Partial Least Squares Structural Equation Modelling (PLS-SEM) alternative reflektierende Indikatoren für jedes formative Konstrukt, um deren konvergente Validität zu bewerten. Die Methode und der erforderliche Prozess zur Prüfung der konvergenten Validität werden in einem späteren Abschnitt erläutert. In Tabelle 3-2 sind die Konstrukte und Kriterien für die Messindikatoren aufgeführt.

Tabelle 3-2 Formative und reflexive Konstrukte des Modells

Variabel	Typ	Kriterien
Humankapital (**HC**)	Formative	• Die Konstrukte setzen sich aus einer Kombination von Indikatoren zusammen • Es wird keine Kovarianz zwischen den Indikatoren erwartet • Die Indikatoren sind nicht gegeneinander austauschbar • Die Indikatoren verursachen die Konstrukte
Soziales Kapital (**SC**)	Formative	
Finanzielles Kapital (**FC**)	Formative	
Physisches Kapital (**PC**)	Formative	
Naturkapital (**NC**)	Formative	
Wahrgenommene Wirksamkeit staatlicher Anreize durch die Landwirte (**PEoGI**)	Formative	
SA-Potenziale der Landwirte (**FSAP**)	Formative	• Gleich wie oben
Bereitschaft der Landwirte zur Freigabe des Einsatzes chemischer Düngemittel (**FRRCF**)	Reflektierend	• Die Indikatoren spiegeln die Folgen des Konstrukts wider • Es wird eine Kovarianz zwischen den Indikatoren erwartet.
Bereitschaft der Landwirte zur Anpassung des Einsatzes organischer Düngemittel (**FRAOF**)	Reflektierend	
Demografische Faktoren (**DFs**)	Beobachtbar	• Die Indikatoren können direkt durch eine Frage beobachtet werden

3.4.2 Techniken der Datenanalyse

Die für diese Studie gewählte statistische Methode, die Strukturgleichungsmodellierung (PLS-SEM[3]), folgt einem konfirmatorischen Ansatz zur Analyse einer strukturellen Theorie im Zusammenhang mit einem bestimmten Phänomen (Bentler, 1988). PLS-SEM verwendet Proxies zur Darstellung der interessierenden Konstrukte, wobei gewichtete Komposita von Indikatorvariablen für jedes Konstrukt verwendet werden. Dieser Ansatz ist als kompositbasierter Ansatz der SEM bekannt (Henseler et al., 2014; Rigdon, 2012; Rigdon et al., 2014).

Laut Hair et al. (2014) eignet sich PLS-SEM besonders für Szenarien, in denen das Ziel der Studie die Vorhersage wichtiger Zielkonstrukte, die Identifizierung wichtiger "Treiber"-Konstrukte oder die Einbeziehung formativer Konstrukte in das Strukturmodell ist. Sie betonen ferner die Anwendbarkeit von PLS-SEM für komplexe Modelle mit zahlreichen Konstrukten und Indikatoren, insbesondere in Situationen mit kleinen Stichprobengrößen oder nicht normalen Daten.

Hair et al. (2011) und Hair et al. (2016) erläutern, wie die PLS-Strukturgleichungsmodellierung Pfadmodelle verwendet, die als Diagramme dargestellt werden, um die in einem konzeptionellen Modell untersuchten Hypothesen und Variablenbeziehungen visuell darzustellen. Ein PLS-SEM-Pfadmodell umfasst zwei wesentliche Elemente: das Strukturmodell (inneres Modell) und das Messmodell (äußeres Modell). Das Strukturmodell stellt die Beziehungen (Pfade) zwischen den Konstrukten dar, während das Messmodell die Verbindungen zwischen den Konstrukten und den Indikatorvariablen aufzeigt.

[3] PLS-SEM - Partial Least Squares Strukturgleichungsmodellierung

Indikatorvariablen sind die direkt gemessenen Proxy-Variablen, die die Rohdaten enthalten (Hair et al., 2017).

Diese konzeptionelle Erklärung des SEM stimmt mit dem konzeptionellen Rahmen und den für diese Studie identifizierten Konstrukten überein (Abbildung 3-1, Tabelle 3-2). Wie in Tabelle 3-2 dargestellt, erfordert das Messmodell für diese Studie eine Reihe von Indikatorvariablen, um sowohl formative als auch reflektive Konstrukte zu messen. Diese Indikatoren dienen als Proxies, die die Zusammensetzung der formativen Konstrukte darstellen und die Ursache der reflektiven Konstrukte widerspiegeln, was für die Erklärung der Hypothesen wesentlich ist.

3.5 Messindikatoren und Kodierung

Hair et al. (2017) geben einen Einblick in die Kodierung, bei der Indikatoren Zahlen zugewiesen werden, um die Messung zu erleichtern. In der Umfrageforschung, wie sie in dieser Studie durchgeführt wurde, werden die Daten oft vorcodiert, indem den Antworten (Skalenpunkten) auf einem Fragebogen im Voraus Zahlen zugewiesen werden. Die Literatur unterstreicht die Bedeutung der Kodierung in der multivariaten Analyse, da sie bestimmt, wann und wie verschiedene Skalen im Rahmen von Studien angewendet werden.

Im Rahmen der SEM ist die Verwendung von Ordinalskalen, wie z. B. Likert-Skalen, üblich. Forscher sollten besonders auf die Kodierung achten, um Äquidistanz zu gewährleisten, insbesondere bei der Verwendung von Skalen wie der standardmäßigen 5-Punkte-Likert-Skala mit den Kategorien (1) stimme überhaupt nicht zu, (2) stimme nicht zu, (3) stimme weder zu noch stimme ich zu, (4) stimme zu und (5) stimme voll zu. Diese Skala impliziert, dass der "Abstand" zwischen den Kategorien 1 und 2 derselbe ist wie zwischen den Kategorien 3 und

4. Hair et al. (2017) betonen, dass eine Likert-Skala, wenn sie symmetrisch und median ist, klare sprachliche Qualifizierungen für jede Kategorie aufweist und eine Symmetrie der Likert-Items um eine mittlere Kategorie herum zeigt. Äquidistante Attribute lassen sich bei einer symmetrischen Skalierung leichter beobachten oder ableiten. Eine symmetrische und mediane Likert-Skala verhält sich eher wie eine Intervallskala, wodurch die Variablen mit der SEM-Analyse kompatibel sind.

In Anlehnung an diese Anleitung verwendet der Forscher eine 1-5-Skala (stimme überhaupt nicht zu, stimme nicht zu, stimme weder zu noch stimme ich zu, stimme zu, stimme voll und ganz zu), um formative und reflektierende Indikatoren für diesen Fragebogen zu strukturieren.

3.6 Konzeptualisierung von Messindikatoren und Skalen

Da es in der vorhandenen Literatur keine Quellen gibt, die die erforderlichen Messvariablen und Skalen enthalten, wurden die Messvariablen (Fragen) für diese Studie durch eine umfassende Literaturrecherche entwickelt. In Anlehnung an die Empfehlungen von Hair et al. (2016) und ähnlicher Literatur, die sich für die Verwendung von Ordinalskalen wie Likert-Skalen in Studien vergleichbarer Art aussprechen, hat der Forscher die Kodierung sorgfältig vorgenommen, um die Äquidistanz bei der Verwendung solcher Skalen zu gewährleisten.

Daher sind die Fragen auf einer 5-Punkte-Likert-Skala mit den Kategorien (1) stimme überhaupt nicht zu, (2) stimme nicht zu, (3) stimme weder zu noch stimme ich zu, (4) stimme zu und (5) stimme voll und ganz zu. Es wird davon ausgegangen, dass der "Abstand" zwischen den Kategorien 1 und 2 derselbe ist wie zwischen den Kategorien 3 und 4, so dass das Prinzip der Äquidistanz eingehalten wird.

Um die Gültigkeit der Skala und die Ergiebigkeit der Fragen zu gewährleisten, umfasst eine geplante Pre-Test-Phase wissenschaftliche Überprüfungen und eine Piloterhebung. Dieser Prozess zielt darauf ab, die Gültigkeit der Skala und die Wirksamkeit der Fragen zu bewerten, bevor sie in der Hauptstudie eingesetzt werden.

Die angegebenen Literaturhinweise bieten wertvolle Einblicke in ähnliche Fragen und Skalen und dienen als Leitfaden für die Erstellung eines konsolidierten Satzes von Fragen und Skalen, die für die Verwendung in dieser Studie geeignet sind. Diese Quellen decken ein breites Spektrum an Themen im Zusammenhang mit der Landwirtschaft, nachhaltigen Praktiken, der Einstellung der Landwirte, der Übernahme von Technologien und der Widerstandsfähigkeit des Lebensunterhalts ab. Die Prüfung und Synthese der in diesen Studien verwendeten Methoden und Skalen war hilfreich für die Entwicklung eines robusten Fragenkatalogs für diese Untersuchung.

1. Ifejika Speranza et al., 2014 - "Ein Indikatorrahmen für die Bewertung der Resilienz von Lebensgrundlagen im Kontext sozial-ökologischer Dynamiken".
2. Petway et al., 2019 - "Analyse der Meinungen über nachhaltige Landwirtschaft: Zur Verbesserung des Wissens der Landwirte über ökologische Praktiken in der Gemeinde Taiwan-Yuanli"
3. Hani, 2011 - "Management von indigenem traditionellem Wissen in der Landwirtschaft".
4. Sevinç et al., 2019 - "Einstellungen der Landwirte zur öffentlichen Förderpolitik für nachhaltige Landwirtschaft in GAP-Sanliurfa, Türkei"

5. Shadi-Talab, 1977 - "Faktoren, die die Übernahme von Agrartechnologien durch die Landwirte in weniger entwickelten Ländern beeinflussen: Iran"
6. Sibley, 1966 - "Übernahme von landwirtschaftlichen Technologien durch die Indianer Guatemalas".
7. Gebska et al., 2020 - "Bewusstsein der Landwirte und Umsetzung nachhaltiger landwirtschaftlicher Praktiken in verschiedenen Arten von Betrieben in Polen".
8. Hosseini et al., 2011 - "Ermittlung von Faktoren, die die Übernahme von einheimischem Wissen in der landwirtschaftlichen Wasserwirtschaft in Trockengebieten des Iran beeinflussen"
9. Joshi und Narayan, 2019 - "Performance measurement model for agriculture extension services for sustainable livelihood of the farmers: evidences from India"
10. Uddin et al., 2014 - "Factors affecting farmers' adaptation strategies to environmental degradation and climate change effects: Eine Studie auf Betriebsebene in Bangladesch"
11. Purnomo und Lee, 2010 - "Eine Bewertung der Bereitschaft und der Hindernisse für die Umsetzung von IKT-Programmen: Perceptions of agricultural extension officers in Indonesia"
12. Azman et al., 2013 - "Beziehung zwischen Einstellung, Wissen und Unterstützung in Bezug auf die Akzeptanz der nachhaltigen Landwirtschaft bei Vertragslandwirten in Malaysia".
13. Ndamani und Watanabe, 2015 - "Farmers' Perceptions about Adaptation Practices to Climate Change and Barriers to Adaptation: A Micro-Level Study in Ghana"

14. Balafoutis et al., 2020 - "Smart farming technology trends: economic and environmental effects, labour impact, and adoption readiness".
15. Rehman et al., 2011 - "Faktoren, die die Wirksamkeit von Printmedien bei der Verbreitung von landwirtschaftlichen Informationen beeinflussen"
16. Nkuruziza et al., 2016 - "Eine Untersuchung der wichtigsten Prädiktoren für die Leistung von Agrarprojekten in Subsahara-Afrika".
17. Munyua, 2011 - "Landwirtschaftliche Wissens- und Informationssysteme (AKIS) bei Kleinbauern im Kirinyaga Distrikt, Kenia"
18. Chandrasiri et al., 2019 - "Adoption of Eco-Friendly Technologies to Reduce Chemical Fertilizer Usage in Paddy Farming in Sri Lanka: An Expert Perception Analysis"

Durch die Verschmelzung von Methoden und Skalen, die in diesen Studien verwendet wurden, konnte der Forscher die Formulierung des Fragebogens erfolgreich vereinheitlichen. Diese Konsolidierung stellt sicher, dass der Fragebogen so gestaltet ist, dass er Daten sammelt, die sowohl relevant als auch aussagekräftig für diese Untersuchung sind.

Ableitung von Messindikatoren

Diamantopoulos und Winklhofer (2001) und Jarvis et al. (2003) schlagen vor, dass die Forscher einen umfassenden Satz von Indikatoren einbeziehen sollten, die den Bereich des formativen Konstrukts, wie er vom Forscher definiert wurde, vollständig abdecken. Die Anwendung eines rigorosen qualitativen Ansatzes ist unerlässlich, um umfassende Indikatoren für die Messung von Konstrukten mit formativen Indikatoren zu ermitteln. Darüber hinaus sollten die Indikatoren, die die Konsequenzen der reflektierenden Konstrukte widerspiegeln, eine hohe Zuverlässigkeit aufweisen. Den Forschern wird empfohlen, bei der Entwicklung von Messinstrumenten eine umfassende Literaturrecherche durchzuführen und eine solide theoretische Grundlage zu schaffen - eine Praxis, die für die vorliegende Studie von großer Bedeutung ist. Diesen Empfehlungen folgend, trug eine umfassende Literaturrecherche zur Erstellung eines umfangreicheren Fragebogens bei. Der folgende Abschnitt dieses Kapitels befasst sich mit der Konzeptualisierung der formativen und reflektiven Indikatoren für diese Studie.

3.6.1 Zusammensetzung des Potenzials der Landwirte für eine nachhaltige Landwirtschaft

Das Potenzial der Landwirte für eine nachhaltige Landwirtschaft umfasst ihre Bereitschaft, Praktiken zu übernehmen, die mit den Grundsätzen übereinstimmen, die der Umwelt zugute kommen und wirtschaftlich rentabel sind, wie von Pampel und van Es (1977) hervorgehoben wurde. Dennoch kann die Akzeptanz aktueller landwirtschaftlicher Praktiken aufgrund unterschiedlicher Niveaus der wahrgenommenen oder tatsächlichen Rentabilität in verschiedenen Regionen variieren. Die Unterschiede im Potenzial der Landwirte, eine nachhaltige Landwirtschaft zu übernehmen, können durch biophysikalische Beschränkungen, die die Erträge begrenzen, und institutionelle Faktoren, die alternative Verfahren begünstigen, beeinflusst werden. Es ist von entscheidender Bedeutung, diese Potenziale und Faktoren, die über finanzielle Erwägungen hinausgehen, zu ermitteln, um die Authentizität der Übernahme oder Nichtübernahme von SA-Praktiken umfassend zu erklären (Stonehouse, 1995).

Knowler und Bradshaw (2007) führten eine Literatursynthese zu SA-Studien durch und identifizierten 46 charakteristische Variablen für landwirtschaftliche Betriebe und Landwirte aus 31 Analysen zur Einführung von konservierender Landwirtschaft. Diese Ergebnisse unterstreichen eine solide Tradition der empirischen Forschung, die darauf abzielt, die Übernahme von landwirtschaftlichen Innovationen und SA-Praktiken durch die Landwirte zu erklären. Feder et al. (1985) stellen fest, dass Forscher typischerweise eine begrenzte Anzahl potenzieller unabhängiger Variablen für die Analyse auf der Grundlage vorheriger Theorien auswählen und anschließend bewerten, welche Variablen mit der Übernahme von SA-Praktiken durch die Landwirte korrelieren.

In der vorhandenen Literatur, insbesondere im Kontext des Reisanbaus in Sri Lanka, fehlt jedoch eine umfassende Ableitung von Indikatoren zur Messung des Kapitalvermögens der Landwirte, die ihre Bereitschaft zur Integration von SA-Aktivitäten in ihre landwirtschaftlichen Praktiken beeinflussen, wie in dieser Studie vorgeschlagen.

Wie bereits erwähnt, spielten bei der Ableitung der Messindikatoren und -skalen die Erkenntnisse aus der vorhandenen Literatur eine entscheidende Rolle bei der Erklärung der zugrunde liegenden Faktoren, die mit jedem latenten Konstrukt des SA-Potenzials der Landwirte sowie mit den anderen drei in der Studie untersuchten Variablen verbunden sind.

Lebensgrundlage der Landwirte und Potenzial für nachhaltige Landwirtschaft

Im Allgemeinen stellt die Mehrheit der Landwirte eine Untergruppe der ländlichen Existenzgrundlagen dar. Laut DFID (1999) umfasst eine Existenzgrundlage die Fähigkeiten, Vermögenswerte (einschließlich materieller und sozialer Ressourcen) und Aktivitäten, die für den Lebensunterhalt notwendig sind. Die Nachhaltigkeit des Lebensunterhalts ist erreicht, wenn er Belastungen und Schocks standhalten und sich von ihnen erholen kann, indem er seine Fähigkeiten und Vermögenswerte sowohl gegenwärtig als auch in Zukunft beibehält oder verbessert, ohne die natürliche Ressourcenbasis zu beeinträchtigen. Ashley und Carney (1999) haben diese Definition von Chambers und Conway (1992) übernommen, die im DFID-Rahmen für die Bewertung nachhaltiger ländlicher Existenzgrundlagen das Kapital für den ländlichen Lebensunterhalt beschreiben. In diesem Rahmen werden die Vermögenswerte zur Sicherung des ländlichen Lebensunterhalts in fünf Hauptgruppen eingeteilt: Humankapital, Sozialkapital, Finanzkapital, Sachkapital und Naturkapital. Der Forscher verwendet diese fünf Kapitalwerte, um das SA-Potenzial der Landwirte zu ermitteln, das als Determinante für ihre Bereitschaft zur Anpassung der SA-Aktivitäten im Kontext ihres landwirtschaftlichen Ökosystems dient, wie im konzeptionellen Rahmen des vorangegangenen Kapitels erläutert. Die nachstehende Abbildung 3-1 zeigt eine schematische Darstellung dieser Konzeptualisierung.

Exhibit 3-1 Zusammensetzung der Maßnahmen der Landwirte zur nachhaltigen Landwirtschaft

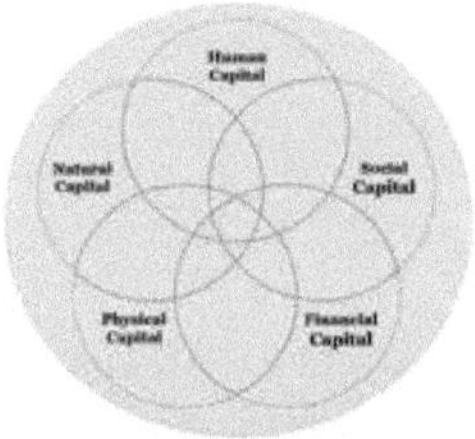

(Quelle: Eigene Schöpfung des Autors)

Carney (1998), Scoones (1998) und Batterbury und Forsyth (1999) ergänzten dieses Verständnis von fünfdimensionalen Kapitalwerten. Porritt Jonathon (2011) erläutert die Elemente jedes Kapitalwerts für den ländlichen Lebensunterhalt im Detail, wie im Kapitel "Literaturübersicht" in Tabelle 2-2 oben dargestellt. Der nachfolgende Abschnitt dieses Kapitels befasst sich mit einer Literatursynthese zu jedem Kapitalwert, und die Aussagen (Indikatoren) stammen aus verschiedenen zuvor erwähnten Studien. Diese Indikatoren werden durch eine ausführliche Literaturrecherche in Unterdimensionen gegliedert.

Humankapital

Nach Coleman (1988) bezieht sich Humankapital auf den Erwerb neuer Fähigkeiten und Fertigkeiten, die den Einzelnen befähigen, auf neue Weise zu handeln oder die Produktivität zu steigern. Die Motivation zur Einführung nachhaltiger landwirtschaftlicher Praktiken kann sich aus Aktivitäten wie dem Erwerb von Wissen, dem Aufbau von Bewusstsein und Fähigkeiten, der Förderung positiver Einstellungen und der Anpassung von Werten und Überzeugungen an moderne landwirtschaftliche Praktiken ergeben. Faktoren, die zum Humankapital beitragen, wie z. B. ein höheres Bildungsniveau, gesammelte Erfahrungen, entwickelte Fähigkeiten, die Gesundheit des Haushalts und ein verbesserter Lebensstandard, spielen eine entscheidende Rolle bei der Bestimmung der Bereitschaft des Einzelnen, sich auf SA-Praktiken einzulassen. Ähnliche Untersuchungen zu diesen Aspekten wurden von anderen Forschern in verwandten Studien durchgeführt (Memon, 1989; Petway et al., 2019; Porritt Jonathon, 2011; Radcliffe, 2017).

Gesundheit und Wohlbefinden***: Die*** allgemeine Gesundheit und das Wohlbefinden der Landwirte und ihrer Haushalte, die in der Landwirtschaft tätig sind, sind vermutlich entscheidende Faktoren, die die Fortsetzung der landwirtschaftlichen Tätigkeit und die Einführung nachhaltigerer landwirtschaftlicher Praktiken beeinflussen. Knowler und Bradshaw (2007) erkannten, dass die Gesundheit der Haushalte ein wichtiger Faktor für die Anpassung der Landwirte an SA-Praktiken ist. Im Kontext des Reisanbaus in Sri Lanka geht der Forscher davon aus, dass die Gesundheit der Landwirte und ihrer Haushalte ein entscheidender Faktor ist, der zu ihrem SA-Potenzial beiträgt.

Das Wissen der Landwirte: In zahlreichen Studien haben sich die Bildung und das Lernen der Landwirte als einflussreiche Faktoren erwiesen, die ihre Entscheidungen zur Einführung nachhaltiger landwirtschaftlicher Praktiken beeinflussen. In der Literatur gibt es eine durchgängig positive Korrelation zwischen der formellen und informellen Bildung der Landwirte und ihrer Anpassung an die SA (Rahm und Huffman, 1984; Shortle und Miranowski, 1986; Warriner und Moul, 1992). Ma et al. (2009) stellten fest, dass die Bildung eine wichtige Rolle bei der Beeinflussung des Umweltbewusstseins der lokalen Bevölkerung spielte, wobei Befragte mit höherem Bildungsstand eher die wichtige Rolle der Umwelt für die ländliche Lebensgrundlage und die Getreideproduktion erkannten. Serebrennikov et al. (2020) führten eine Literatursynthese durch, aus der hervorging, dass die Bildung der Landwirte ein wichtiger Faktor ist, der die Einführung ökologischer Anbaumethoden beeinflusst. Ähnliche Ergebnisse wurden von Mishra (2017), Kerdsriserm et al. (2016) und Arellanes und Lee (2003) ergänzt.

Es ist jedoch bemerkenswert, dass in einigen Analysen Bildung als unbedeutender Faktor (Saltiel et al., 1994; Clay et al., 1998) oder sogar negativ mit der Übernahme von SA korreliert wurde (Gould et al., 1989; Okoye, 1998). In Anbetracht der gemischten Ergebnisse in der Literatur schlägt der Forscher vor, dass das Wissen und das Bewusstsein der Landwirte über nachhaltige Landwirtschaft im Rahmen dieser Studie als Maß für ihre Bereitschaft zur Anpassung an die NHB dienen könnte, mit dem Potenzial, die Ergebnisse positiv oder negativ zu beeinflussen.

Jahre der Erfahrung in der Landwirtschaft: Die Forscher haben die Auswirkungen der Anzahl der Jahre an Erfahrung der Landwirte auf die Übernahme der nachhaltigen Landwirtschaft (SA) in verschiedenen Kontexten untersucht.

Bewertungen der Rolle der Erfahrung der Landwirte bei der Übernahme von SA haben sowohl positive Korrelationen (z. B. Rahm und Huffman, 1984; Clay et al., 1998) als auch unbedeutende Korrelationen (z. B. Shortle und Miranowski, 1986; Traore et al., 1998) ergeben. Darüber hinaus stellten Waseem et al. (2020) fest, dass die Jahre der Erfahrung für die SA-Anpassung von Bananenbauern in Pakistan unbedeutend sind. Umgekehrt stellten Rezvanfar et al. (2009) eine positive Korrelation zwischen den Erfahrungsjahren iranischer Weizenanbauer und ihrer Anpassung an nachhaltige Bodenschutzverfahren fest.

In Anbetracht der nicht abschließenden Natur dieser Forschungsergebnisse und in Anbetracht der Intuition des Forschers, dass das Fachwissen der Landwirte kontextabhängig sein könnte, schlägt der Forscher vor, dass Erfahrung ein entscheidender Faktor bei der SA-Anpassung im srilankischen Reisanbau sein könnte.

Kompetenzen in Planung und Organisation: Der Entscheidungsfindungsprozess in der Landwirtschaft ist kompliziert, und die Änderung von Entscheidungen im landwirtschaftlichen Bereich ist keine einfache Aufgabe. Daher ist das Niveau der technischen und wirtschaftlichen Kompetenzen der Landwirte, um fundierte Entscheidungen zu treffen, von zentraler Bedeutung für die Beibehaltung des Status quo oder die Einführung nachhaltiger landwirtschaftlicher Verfahren (Hopkins und Heady, 1962). Diese Kompetenzen spielen eine entscheidende Rolle bei der Entscheidung, was und in welchen Mengen produziert werden soll und wann und wie diese Entscheidungen zu treffen sind, was ihre Bedeutung für die Einführung von SA-Praktiken unterstreicht. Memon (1989) unterstreicht die Bedeutung der Stärken der Landwirte bei diesen Kompetenzen in modernen Agrarlandschaften. Darüber hinaus werden die Kompetenzen der Landwirte in Bezug auf Planung und

Organisation als entscheidende Einflussfaktoren für die Anpassung der SA-Praktiken im Reisanbau in Sri Lanka angesehen, was sich mit Untersuchungen von Forschern in anderen Kontexten deckt.

Einstellung und Zufriedenheit: In früheren Studien wurde ein signifikanter Zusammenhang zwischen der Einstellung der Landwirte zur nachhaltigen Landwirtschaft und der Anwendung von SA-Praktiken festgestellt. Verschiedene Untersuchungen haben die Einstellung gegenüber nachhaltigen Umweltpraktiken (Rezvanfar et al., 2009), SA-Praktiken (Gebska et al., 2020; Ma et al., 2009), SA-Technologien (Omobolanle, 2007) und die Bereitschaft, Biogemüse zu produzieren (Opoku et al., 2020), untersucht. Der Forscher stimmt mit diesen Ergebnissen überein und schlägt vor, dass die positive Einstellung der Landwirte zur NHB eine wesentliche Rolle bei der Bestimmung ihrer Bereitschaft zur Übernahme von NHB-Praktiken im spezifischen Kontext dieser Studie spielt.

Mishra (2017) fand heraus, dass neben einer positiven Einstellung zur NHB auch die Zufriedenheit der Landwirte mit ihrer Arbeit signifikant mit ihren Anpassungsfähigkeiten korreliert. Die Motivation für Land- und Umweltverantwortung wurde als ein Faktor identifiziert, der Landwirte dazu ermutigt, sich für den Bodenschutz zu engagieren (Rezvanfar et al., 2009; Cusworth und Dodsworth, 2021). Diese Faktoren werden als relevant und anwendbar für den spezifischen Kontext dieser Studie angesehen.

Überzeugungen und Werte: Nach Nitsch (1984) bevorzugt die Mehrheit der Landwirte eine ökologische Ausrichtung der Landwirtschaft gegenüber einer instrumentellen, was bedeutet, dass sie die Landwirtschaft in erster Linie als verantwortungsvolle Aufgabe und Lebensweise betrachten. Obwohl sie die Bedeutung des Geldverdienens für die Nachhaltigkeit anerkennen, ist der Gewinn nicht ihre primäre Motivationskraft. Landwirte erkennen die Notwendigkeit der Rentabilität an, um im Geschäft zu bleiben, doch sie geben immateriellen Werten und der Befriedigung verschiedener persönlicher und familiärer Bedürfnisse den Vorrang (Andersson und Axelsson, 1988; Nitsch, 1984). Sapling und Vander (2019) schlagen ethnografische Forschung als Mittel vor, um die potenziellen treibenden Kräfte hinter den einheimischen Überzeugungen und Werten der Landwirte in Bezug auf Lebensmittel und Landwirtschaft zu verstehen, insbesondere im Zusammenhang mit der konservierenden Landwirtschaft.

Die im Anschluss an die umfangreiche Literaturrecherche entwickelten Aussagen (siehe Tabelle 3-3) zielen darauf ab, das Konstrukt Humankapital zu messen. Diese Aussagen sollen die Lebensrealitäten der Landwirte messen, indem sie den Befragten die Möglichkeit geben, ihre Zustimmung auf einer 5-stufigen Likert-Skala von "stimme überhaupt nicht zu" (SD) bis "stimme voll und ganz zu" (SA) zu bewerten.

Tabelle 3-3 Indikatoren zur Messung des Humankapitals

Humankapital	
Allgemeine Reflexionsfragen (Skala von 1-5, SD-SA)	
1.	Ich bin sehr motiviert, den Reisanbau fortzusetzen.
2.	Ich bekomme ausreichend Arbeitskräfte für meinen Reisanbau
3.	Ich weiß gut Bescheid über naturverträgliche landwirtschaftliche Tätigkeiten
4.	Ich wende im Reisanbau regelmäßig naturverträgliche Anbaumethoden an
5.	Ich wende bei meinen landwirtschaftlichen Tätigkeiten stets geeignete Methoden an und passe mich den sich mit der Zeit ändernden Anforderungen an.
Formative Fragen (Skala von 1-5, SD-SA)	
Gesundheit und Wohlbefinden	
6.	Ich lebe in perfektem Gesundheitszustand
7.	Auch mein Haushalt befindet sich in einem ausgezeichneten Gesundheitszustand
8.	Es kommt selten vor, dass unsere Gesundheitsprobleme unseren Reisanbau beeinträchtigen
9.	Ich bin mit meinem psychischen Wohlbefinden sehr zufrieden
10.	Ich bin mit meinen Beziehungen zu Freunden sehr zufrieden
11.	Ich bin mit meinen Beziehungen zu meiner Familie sehr zufrieden
12.	Ich bin überhaupt nicht besorgt über all das, was in diesen Tagen passiert.

13.	Ich bin optimistisch für die nächsten 12 Monate
14.	Ich habe das Gefühl, dass die Dinge, die ich in meinem Leben tue, sinnvoll sind.
15.	Ich habe das Gefühl, dass die Dinge, die ich in meinem Leben tue, den richtigen Zweck haben
Wissen und Erfahrungen in der Landwirtschaft	
16.	Ich weiß, wie wichtig Wasser im Reisanbau ist und nutze es immer optimal
17.	Ich weiß, wie wichtig die Bodenfruchtbarkeit ist und wie wichtig es ist, sie kontinuierlich zu erhalten.
18.	Ich weiß, dass die Auswahl eines geeigneten Saatguts für die Verbesserung der Rentabilität von entscheidender Bedeutung ist, und ich bin mir der folgenden Punkte bewusst
19.	Ich weiß, wie man den Einsatz von chemischen Düngemitteln minimiert und gleichzeitig einen guten Ertrag erzielt.
20.	Ich weiß, wie wichtig die Verwendung von organischem Kompost ist.
21.	Ich kenne die irreversiblen Folgen, wenn die Bewässerung nicht rechtzeitig erfolgt
22.	Ich weiß, wie wichtig es ist, Pestizide gemäß den empfohlenen Spezifikationen zu verwenden.
23.	Ich kenne biologische Methoden zur wirksamen Schädlingsbekämpfung
24.	Ich kenne die Vorteile der Fruchtfolge und weiß, dass eine solche Praxis die Bodenfruchtbarkeit erhöhen kann.
25.	Ich kenne die wirksamste Methode, um Unkraut zu bekämpfen
26.	Ich kenne die Vorteile, die es mit sich bringt, wenn man nach der Ernte Erntereste auf dem Feld zurücklässt, und ich tue das auch immer.
27.	Ich weiß, dass eine minimale Bodenbearbeitung Erosion und Bodenverschlechterung verringern kann.
28.	Ich weiß, wie ich in jeder Saison die rentabelste Anbaumethode anwenden kann, und ich passe mich an.
29.	Ich kenne die Vorteile des Anbaus von Leguminosen zur Verbesserung der Bodenfruchtbarkeit und nutze sie
Planen und Organisieren	
30.	Ich wähle in jeder Saison profitables Saatgut aus.
31.	Ich wähle je nach Jahreszeit ein geeignetes Grundstück für den Anbau aus
32.	Ich betreibe die Landwirtschaft zur richtigen Zeit
33.	Ich bereite das Budget für jede Saison vor, um die Kosten und Erträge zu verstehen.
34.	Ich führe und analysiere Produktionsaufzeichnungen für jede Saison und analysiere in der Regel die zukünftige Produktion und Trends.
Haltungen	
35.	Wir müssen die natürlichen Ressourcen für die nächste Generation schützen, auch wenn dies kurzfristig zu Einbußen bei unserem Ergebnis führt.
36.	Dennoch glaube ich, dass wir im Reisanbau auch mit weniger chemischen Mitteln gute Gewinne erzielen können.
37.	Der intensive Einsatz von Chemikalien in der Landwirtschaft kann sich negativ auf die Gesundheit von Mensch und Tier auswirken
Überzeugungen und Werte	
38.	Ich glaube, dass die Minimierung des Einsatzes von Chemikalien eine zeitgemäße Notwendigkeit ist
39.	Reisanbau ist meine Leidenschaft und nicht nur mein Beruf oder mein Geschäft
40.	Der durch weniger Chemikalien erzeugte Ertrag ist gesünder
41.	Mein Grundstück ist mein größtes Kapital
42.	Ich bin immer um die Erhaltung meines Grundstücks besorgt
43.	Meine Kinder/Kinder werden unsere bäuerlichen Traditionen weiterführen

Soziales Kapital

Soziales Kapital ist ein Vermögenswert, der entsteht, wenn Menschen interagieren und Beziehungen und Netzwerke des Vertrauens und des gemeinsamen Verständnisses schaffen (Gotschi et al., 2008). Nach Sobel (2002) beschreibt Sozialkapital die Umstände, unter denen Einzelpersonen die Mitgliedschaft in Gruppen und Netzwerken nutzen können, um sich Vorteile zu sichern (Putnam et al., 1993), und Coleman (1990) definiert Sozialkapital im Einzelnen als Netzwerke, Normen, Vertrauen und Verbindungen der Gegenseitigkeit, die Zusammenarbeit und Koordination erleichtern. Das angehäufte Sozialkapital von Landwirten scheint bei der Einführung neuer landwirtschaftlicher Praktiken eine wichtige Rolle zu spielen; eine Studie unter jungen griechischen Landwirten ergab, dass diejenigen, die über ein höheres Sozialkapital verfügten, mit größerer Wahrscheinlichkeit innovativ waren (Koutsou et al., 2014).

Netzwerke und Verbundenheit: Landwirte, die mit Landwirtenetzwerken verbunden sind, folgen mit größerer Wahrscheinlichkeit den Praktiken der anderen, entweder zugunsten von SA oder umgekehrt. Carlisle (2016) findet ähnliche Merkmale bei amerikanischen Landwirten, die ihre Praktiken zur Verbesserung der Bodengesundheit anpassen. Ebenso zeigte eine italienische Studie, dass Landwirte, die keine Agrarumweltmaßnahmen anwenden, nur ungern Informationen von benachbarten Landwirten einholen, sondern ihre landwirtschaftlichen Informationen lieber von Betriebsmittelherstellern und Landwirtschaftszeitschriften beziehen (Rust et al., 2020). In einer anderen Studie waren die Befürworter eher bereit, landwirtschaftliche Informationen von anderen Landwirten einzuholen (Defrancesco et al., 2008). Diese Ergebnisse deuten darauf hin, dass die Netzwerke und Verbindungen der Landwirte beeinflussen können, wem sie vertrauen und wo sie landwirtschaftliche Informationen erhalten. Darüber hinaus ist das Lernen in sozialen Netzwerken und die Unterstützung durch Gleichaltrige besonders wichtig, wenn Landwirte längerfristige systemische Veränderungen hin zu nachhaltigeren Systemen wie ökologischer, agrarökologischer und konservierender Landwirtschaft vornehmen (Ingram, 2010; Schneider et al., 2009).

Verbundenheit ist die Konfiguration sozialer Interaktionen auf Gemeinschaftsebene oder zwischen Netzwerken und ist ein wesentlicher Bestandteil des Sozialkapitals (Pretty und Ward, 2001; Pretty, 2003). Die Verbundenheit bezieht sich sowohl auf reale und wahrgenommene Verbindungen innerhalb eines Netzwerks als auch auf deren Stärke. Es gibt drei Arten von strukturellen Sozialkapitalverbindungen: **Bonding** bezieht sich auf die engen horizontalen Verbindungen zwischen ähnlichen Individuen innerhalb eines Netzwerks, z. B. zwischen anderen Landwirten; **Bridging** bezieht sich auf horizontale Beziehungen zwischen zwei verschiedenen Netzwerken, z. B. zwischen Landwirten und Naturschützern; **Linking/Bracing** bezieht sich auf vertikale Verbindungen zwischen verschiedenen Hierarchieebenen, z. B. zwischen politischen Entscheidungsträgern und anderen wohlhabenden Landwirten. Die Verbindungen zwischen Einzelpersonen innerhalb eines Netzwerks sind dynamisch und kontextabhängig, wobei die Art der Verbindungen des Sozialkapitals innerhalb eines Netzwerks für die Effektivität des Wissensaustauschs von Bedeutung ist. So werden beispielsweise neue Praktiken und Informationen eher zwischen Personen mit engen Verbindungen zu ihrem regulären Netzwerk ausgetauscht, bevor sie über schwache soziale Beziehungen hinausgehen (Granovetter, 1973). Überbrückende und verbindende Beziehungen könnten primäre Formen der Verbundenheit für einen effizienteren Wissensaustausch über neue landwirtschaftliche Praktiken für SA sein (Adler und Kwon, 2002; Hall und Pretty, 2008). Dieser neue Wissensaustausch mit Menschen steigert das Vertrauen innerhalb ihres engeren Netzwerks, um implizites Wissen zu verbreiten (Butler et al., 2006).

Vertrauen und Reziprozität: Vertrauen ist ein entscheidendes Attribut des Sozialkapitals, da ein hohes Sozialkapital das Vertrauen zwischen Menschen fördern kann, was kollektives Handeln unterstützt (La Porta et al., 1996; Tsai und Ghoshal, 1998). Vertrauen zwischen Individuen kann dazu beitragen, dass Informationen geglaubt und in verwertbares Wissen umgewandelt werden, was sich auf die Anpassung von SA-Praktiken auswirkt. Menschen neigen dazu, die Weisheit zu akzeptieren, die aus den sozialen Netzwerken stammt, denen sie vertrauen, insbesondere in Fällen, in denen Risiken und Unsicherheiten hoch sind, was der Kontext dieser Studie ist (Carolan, 200 5; de Vries et al., 2015; Taylor und Van Grieken, 2015). Zwischenmenschliches Vertrauen ist das Vertrauen, das zwischen Individuen entwickelt wird, einschließlich der Bereitschaft, das Risiko zu akzeptieren oder in der Beziehung verletzlich zu sein (Mayer et al., 1995; Stern und Coleman, 2015; Sundaramurthy, 2008). Jemandem zu vertrauen bedeutet in der Regel, dass man ihm Kompetenz, Gegenseitigkeit, Fairness, Zuverlässigkeit, Verantwortung und Verlässlichkeit zutraut (McAllister, 1995). Vertrauen baut auf dem Erfolg früherer Interaktionen und sozialen Gemeinsamkeiten wie ethnischer Zugehörigkeit oder religiösem Hintergrund auf. Vertrauen ist nicht auf die Interaktion zwischen zwei Menschen beschränkt, sondern auch zwischen einer Person und einer Institution. (Luhmann, 1979; Zucker, 1986).

Im landwirtschaftlichen Kontext könnte dies bedeuten, dass in Netzwerken, die ein hohes Maß an Vertrauen aufweisen, das Lernen über neue Praktiken leichter und schneller vonstatten geht (Schneider et al., 2009) und die schnellere oder häufigere Übernahme von Innovationen für mehr SA-Ansätze fördern könnte. So können Landwirte beispielsweise ihren Agronomen und deren Ratschlägen vertrauen, weil sie im Laufe der Zeit eine langfristige Beziehung aufgebaut haben (Sutherland et al., 2013). Es könnte jedoch Situationen geben, in denen Landwirte Chemikalien übermäßig einsetzen, wenn ihr Agronom dies empfiehlt. In Ländern ohne staatliche landwirtschaftliche Berater können Agronomen unabhängig sein oder für ein landwirtschaftliches Vertriebsunternehmen arbeiten; im letzteren Fall könnten sie die Agenda des Unternehmens vorantreiben, was das Vertrauen in die weitergegebenen Informationen schmälern könnte. Unabhängige Agronomen können das Vertrauen der Landwirte stärken, indem sie unparteiisch sind und für mehr Glaubwürdigkeit, Zuverlässigkeit und Respekt sorgen. Somit wirkt sich das Vertrauen in die Kommunikation und den Informationsträger auf die Entscheidungen der Landwirte aus, auf diese Informationen hin zu handeln (Knowler und Bradshaw, 2007; O'Connor et al., 2005).

Normen: Normen können Menschen das Vertrauen geben, sich an Gruppenaktivitäten zu beteiligen, wenn sie erwarten, dass andere dies auch tun (Gómez-Limón et al., 2014). Soziale Normen, Traditionen und Gruppendruck können dazu beitragen, ökologisch nachhaltiges Verhalten zu formen (Reimer et al., 2014). Bei den sozialen Normen kann es sich um tief verwurzelte Werte und Bräuche handeln, die auf Religionen, dem Glauben an Götter oder Gerechtigkeit beruhen, oder um weltliche Normen wie Berufsstandards und Verhaltenskodizes. Winzer in Frankreich waren eher bereit, ihr landwirtschaftliches Management zu ändern, wenn sie glaubten, dass ihre Kollegen dies auch tun würden (Kuhfuss et al., 2016). In Griechenland waren Landwirte eher bereit, sich an umweltfreundlichen landwirtschaftlichen Maßnahmen zu beteiligen, wenn ihre Nachbarn oder Verwandten dies taten (Damianos und Giannakopoulos, 2002). Darüber hinaus waren in einer italienischen Studie aktive Anwender von Agrarumweltmaßnahmen sensibler dafür, was ihrer Meinung nach die Gesellschaft über die Landwirtschaft denkt, als Nicht-Anwender (Defrancesco et al., 2008).

In gut vernetzten sozialen Netzwerken kann der Wandel eine Herausforderung sein, weil es oft die Norm gibt, sich dem Status quo anzupassen (Compagnone und Hellec, 2015). Die Festlegung von Vorschriften kann zwar manchmal eine Verhaltensänderung bewirken, doch hängt dies von der Norm innerhalb der Gemeinschaft ab, sich an die neuen Regeln und Vorschriften zu halten. Daher sind Normen für politische Entscheidungsträger und Praktiker ein entscheidendes soziales Kapital, das sie berücksichtigen müssen, wenn sie eine breitere Anwendung von SA-Maßnahmen fördern wollen, da Normen Landwirte in die Lage versetzen können, ihre landwirtschaftlichen Praktiken zu ändern. Wenn die Norm innerhalb einer Gemeinschaft darin besteht, den Status quo beizubehalten, kann es für einzelne Landwirte schwierig sein, gegen den Strom zu schwimmen, vor allem wenn sie den festen Wunsch haben, sich anzupassen. In diesem Fall können andere Maßnahmen helfen, einen Wandel herbeizuführen, z. B. die Zusammenarbeit mit überzeugenden Demonstrationslandwirten. Ein guter Landwirt in einer landwirtschaftlichen Gemeinschaft kann eine starke Persönlichkeit sein, die andere beeinflussen kann. Die Verhaltensweisen, die mit einem ausgezeichneten Landwirt in Verbindung gebracht werden, sind nicht notwendigerweise diejenigen, die den höchsten wirtschaftlichen Ertrag bringen, sondern es kann sich um die Erfüllung anderer existenzieller, stilistischer oder moralischer Ziele handeln (Silvasti, 2003).

Macht: Macht ist für das Sozialkapital von wesentlicher Bedeutung, da sie eine entscheidende Rolle dabei spielt, wer Einfluss gewinnen kann. Bourdieu (1986) stellte fest, dass Elemente des Sozialkapitals relational sind und von der Präsenz des Netzwerks und der Machtdynamik beeinflusst werden. Da die meisten sozialen Interaktionen in landwirtschaftlichen Ökosystemen stattfinden, könnten unterschiedliche Machtgrundlagen wichtige Determinanten für SA-Anpassungen sein (Chloupkova et al., 2003). Wenn ein Landwirt beispielsweise darauf vertraut, dass ein Außendienstmitarbeiter genaue landwirtschaftliche Ratschläge erteilt, befindet er sich in einer verletzlichen Position, da seine Gewinne sinken könnten, wenn ein solcher Mitarbeiter falsche Informationen gibt. Das Vertrauen in einflussreiche Akteure wird in einem Kontext mit hohen Risiken und Unsicherheiten entscheidend.

Täglich kommt es zu Machtkämpfen zwischen Einzelpersonen und Gruppen, die sich darauf auswirken, wer die Ressourcen kontrolliert und Zugang zu ihnen erhält und wie sie die Ressourcen untereinander aufteilen, z. B. zwischen Landbesitzern und Pächtern (Boardman et al., 2017) und Landwirten und Käufern (Hall und Pretty, 2008). Grundstückseigentümer und andere mächtige Akteure der Lebensmittelversorgungskette, wie z. B. Supermärkte, können sich für oder gegen bestimmte SA-Praktiken aussprechen und so die authentische Entscheidungsfindung der Landwirte einschränken. Es könnte eine landwirtschaftliche Gemeinschaft geben, die erfolgreich eine gute Beziehung zu lokalen Regierungsbeamten aufgebaut hat und sich bei der Anpassung an die institutionellen Initiativen der NHB flexibel zeigt. Im Gegenteil, wie Szreter (2002) feststellte, könnte die enge Bindung von Sozialkapital durch die Elite in Gesellschaften der freien Marktwirtschaft SA-Initiativen negativ beeinflussen.

Dieses Problem ist bereits in der Landwirtschaft aufgetreten, wo Unternehmen erfolgreiche Koalitionen gebildet haben, die gegen Vorschriften zur Reduzierung oder zum Verbot umweltschädlicher Chemikalien kämpfen.

Tabelle 3-4 zeigt die Indikatoren, die zur Messung des Sozialkapitalkonstrukts des Modells auf der Grundlage der oben diskutierten Literatur abgeleitet wurden.

Tabelle 3-4 Indikatoren zur Messung des Sozialkapitals

Soziales Kapital	
Allgemeine Reflexionsfragen (Skala von 1-5, SD-SA)	
(SA-Praktiken Beispiel: Auswahl von besserem Saatgut zur Ertragssteigerung, Minimierung des Einsatzes von chemischen Düngemitteln, Verbesserung der Bodenfruchtbarkeit, minimaler Einsatz von Chemikalien zur Schädlings- und Unkrautbekämpfung, Minimierung von Wasserverschwendung und -verschmutzung usw.)	
44.	Ich lebe in einer Gesellschaft, in der ich durchaus ermutigt werde, SA-Praktiken zu übernehmen.
45.	Ich lebe in einer Gesellschaft, in der ich bei der Übernahme von SA-Praktiken voll unterstützt werde.
46.	Ich lebe in einer Gesellschaft, in der die SA als ein wichtiger
47.	Ich werde mehr soziale Anerkennung erhalten, wenn ich SA-Praktiken anwende
Formative Fragen (Skala von 1-5, SD-SA)	
Netzwerke und Verbindungen, a) Bonding - ähnliche Personen innerhalb eines Netzwerks, b) Bridging - Naturschützer, c) Linkage - politische Entscheidungsträger	
48.	Der Bauernverband bietet mir wichtige Hilfe für meine landwirtschaftlichen Tätigkeiten
49.	Ich erhalte erhebliche Unterstützung von dem Gemeindeverband, in dem ich Mitglied bin
50.	Ich erhalte für meine landwirtschaftlichen Tätigkeiten erhebliche Unterstützung von den Reiseinkäufern
51.	Ich erhalte erhebliche Unterstützung von Verkäufern von Agrochemikalien für meine landwirtschaftlichen Tätigkeiten
52.	Ich erhalte erhebliche Unterstützung von verschiedenen anderen Waren- und Dienstleistungsanbietern für meine landwirtschaftliche Tätigkeit
53.	Ich erhalte erhebliche Unterstützung von Agrarforschern für meine landwirtschaftlichen Tätigkeiten
54.	Ich erhalte erhebliche Unterstützung von Regierungsbeamten für meine landwirtschaftlichen Tätigkeiten
Vertrauen und Gegenseitigkeit - (SA-Praktiken Beispiel: Auswahl von besserem Saatgut zur Ertragssteigerung, Minimierung des Einsatzes von chemischen Düngemitteln, Verbesserung der Bodenfruchtbarkeit, Minimierung des Einsatzes von Chemikalien zur Schädlings- und Unkrautbekämpfung, Minimierung der Wasserverschwendung und -verschmutzung usw.)	
55.	Ich vertraue auf den Rat und die Unterstützung, die ich von meinen Landwirtskollegen bei den oben genannten Aktivitäten erhalte
56.	Ich vertraue auf den Rat und die Unterstützung, die ich von staatlichen Einrichtungen (Beamten vor Ort) bei den oben genannten Aktivitäten erhalte
57.	Ich vertraue auf den Rat und die Unterstützung, die ich von den Paddy-Käufern zu den oben genannten Aktivitäten erhalte
58.	Ich vertraue auf die Beratung und Unterstützung durch Banken und andere Finanzinstitute

59.	Ich vertraue auf den Rat und die Unterstützung, die ich von den Versicherungsgesellschaften bei den oben genannten Aktivitäten erhalte
60.	Ich vertraue auf die Beratung und Unterstützung, die ich von Verkäufern von Agrochemikalien bei den oben genannten Aktivitäten erhalte
Normen und Werte	
61.	Einige Landwirtskollegen zwingen mich zu naturverträglicheren Anbaumethoden
62.	Ich freue mich immer, wenn ich eine Ernte mit höheren Standards produzieren kann.
63.	Ich erhalte mehr soziale Anerkennung, wenn ich mich auf umweltfreundlichere Anbaumethoden umstelle
64.	Ich erhalte bessere Preise/Nachfrage, wenn ich Paddy mit organischem Material und mit weniger Chemikalien anbaue
Strom	
65.	Die Anpassung der oben genannten Praktiken ist eine Bedingung für meine Landnutzung
66.	Paddy-Käufer bieten Landwirten, die diese Praktiken anwenden, bessere Preise
67.	Agro-Input-Verkäufer gewähren den Landwirten, die die oben genannten Praktiken anwenden, Rabatte und Kreditmöglichkeiten
68.	Ich habe den Eindruck, dass die Regierungsbeamten die Landwirte, die die oben genannten Praktiken anwenden, immer mehr unterstützen
69.	Ich finde, dass wohlhabende Landwirte in unserer Gesellschaft uns bei der Anpassung der oben genannten Praktiken unterstützen

Finanzielles Kapital

Die Generierung von Cashflow ist für die Landwirte von entscheidender Bedeutung, damit sie es sich leisten können, Risiken einzugehen und eine längerfristige Vision zu entwickeln, die über den täglichen Lebensunterhalt hinausgeht. Eine von Vorley (2002) durchgeführte Synthese über Projekte zur "Politik, die für eine nachhaltige Landwirtschaft und die Wiederherstellung des ländlichen Lebensunterhalts funktioniert", beweist, dass die Selbstfinanzierungskapazität der brasilianischen Landwirte von entscheidender Bedeutung ist, damit sie umweltfreundlichere Praktiken anwenden können. In derselben Studie wurde der begrenzte Zugang zu Krediten als wesentliches Hindernis für die landwirtschaftliche Produktion in kleinem Maßstab genannt. Kreditprogramme erreichen kleinere Landwirte aufgrund des Machtgefälles und des Rent-Seeking der größeren Landwirte nur selten. In der bolivianischen Fallstudie im Rahmen desselben Projekts wird erläutert, dass Kleinbauern im

Gegensatz zur mechanisierten Großlandwirtschaft keinen oder nur einen geringen Zugang zu Krediten hatten, da sie keine Sicherheiten besaßen, was für die Banken einen geringen Handelswert darstellte. Die Fallstudien zeigen auch, wie wichtig außerlandwirtschaftliche Einkünfte sind, z. B. Rentenfonds und Jobs in der Stadt. Viele einkommensschwache Haushalte verwenden die Überweisungen von Migrantenverwandten für den Konsum oder für Ausgaben wie Bildung und Gesundheit, so dass in der Regel nur wenig für Investitionen und die Akkumulation in der Landwirtschaft übrig bleibt (Tacoli, 1998). Allgemein ausgedrückt erklärt Finanzkapital in diesem Fall die Ersparnisse, Kredite und Überweisungen einer Person oder Institution, die die Fähigkeit der Landwirte zur Anpassung der SA-Praktiken direkt bestimmen.

Ifejika Speranza et al. (2014) schlagen Ernteerträge als Proxy für die Messung der Rentabilität landwirtschaftlicher Flächen vor (z. B. Kilogramm pro Hektar, die in der letzten Saison produziert wurden). Bowman und Zilberman (2013) behaupten, dass die Marktbedingungen für Inputs und Outputs wesentliche Variablen sind, die die Entscheidungsfindung der Landwirte und die Übernahme von Landnutzungspraktiken oder -technologien beeinflussen. Knowler und Duncan Bradshaw (2007) stellten in ihrer Zusammenfassung von "Farmers' adoption of conservation agriculture" fest, dass das Finanzmanagement und die Rentabilität der Betriebe entscheidende Determinanten für die Entscheidungsfindung der Landwirte bei der Anpassung der konservierenden Landwirtschaft sind.

Tabelle 3-5 zeigt die Indikatoren, die zur Messung des Finanzkapitalkonstrukts des Modells auf der Grundlage der oben erörterten Literatur abgeleitet wurden.

Tabelle 3-5 Indikatoren zur Messung des Finanzkapitals

Finanzielles Kapital

Allgemeine Reflexionsfragen (Skala von 1-5, SD-SA)	
70.	Ich bin wirtschaftlich stark genug, um den Reisanbau fortzusetzen
71.	Finanzielle Unterstützung für meine landwirtschaftlichen Bedürfnisse zu erhalten, ist nicht schwierig
72.	Mein Reisanbau ist im Allgemeinen rentabel.
Formative Fragen (Skala von 1-5, SD-SA)	
Einsparungen und Cashflow	
73.	Die Gewährleistung der Ernährungssicherheit im Haushalt ist für mich keine Herausforderung
74.	Die Deckung des sonstigen Finanzbedarfs meiner Familie stellt für mich keine Herausforderung dar
75.	Ich mache in jeder Saison einen guten Überschuss.
76.	Die Re-Investition in den Reisanbau ist für mich keine Herausforderung
Finanzielle Kredite	
77.	Es ist einfach, einen Kredit bei einer Bank aufzunehmen
78.	Ich kann schnell Kredite von anderen Finanzinstituten erhalten
79.	Ich kann mir bei lokalen Anbietern problemlos Geld zu einem angemessenen Zinssatz leihen
Überweisungen	
80.	Ich erhalte ein erhebliches Einkommen aus meinen anderen Geschäften
81.	Ich habe einen festen Arbeitsplatz mit einem stabilen Einkommen und betreibe Reisanbau als Nebenbeschäftigung.
82.	Obwohl der Reisanbau meine Hauptbeschäftigung ist, habe ich Nebenjobs mit gutem Verdienst.
83.	Neben dem Reisanbau betreibe ich noch andere landwirtschaftliche Tätigkeiten, die mir ein beträchtliches Einkommen verschaffen
84.	Ich erhalte ein regelmäßiges Einkommen aus meinen Ersparnissen auf der Bank
Rentabilität	
85.	Ich erhalte einen fairen Preis für meine Ernte, und das Einkommen ist im Allgemeinen rentabel.
86.	Der Verkaufspreis steigt parallel zum Anstieg der Kosten für landwirtschaftliche Betriebsmittel
87.	Der Gewinn, den ich erziele, steigt mit dem Preisanstieg anderer Haushaltswaren

Physisches Kapital

Mehrere Forscher haben im Rahmen der Bewertung des Sachkapitals der Landwirte das Eigentum an landwirtschaftlichen Vermögenswerten wie Parzellen, Maschinen, Gebäuden, Geräten, Anbauschächten, Getreidespeichern, Werkzeugen, Ausrüstungen, Transportnetzen und dem Zugang zu Technologien, einschließlich Informations- und Kommunikationstechnologie (IKT), untersucht. Dieser Besitz wird als potenzieller Einflussfaktor für die Bereitschaft zur Anpassung an die nachhaltige Landwirtschaft (SA) angesehen (Myeni et al., 2019; Arellanes et al.,

2003; Petway et al., 2019). Die Größe und der Besitz von landwirtschaftlichen Parzellen wurden in SA-Studien als wichtige Faktoren genannt. Gachango et al. (2015) und Rodríguez-Entrena und Arriaza (2013) haben einen positiven Zusammenhang zwischen der Betriebsgröße und der Anpassung der konservierenden Landwirtschaft festgestellt. Umgekehrt sahen Läpple und van Rensburg (2011) sowie Kallas et al. (2010) einen umgekehrten Zusammenhang zwischen der Betriebsgröße und der Anpassungsfähigkeit des ökologischen Landbaus.

In einer Literatursynthese von Knowler und Bradshaw (2007) wurde die Betriebsgröße jedoch in 18 SA-Studien untersucht, die zu unterschiedlichen Ergebnissen kamen. Von diesen Studien zeigten sechs einen positiven Zusammenhang mit der NHB, zwei einen umgekehrten, und zehn Studien stellten fest, dass der Zusammenhang nicht signifikant war. In Anbetracht der unterschiedlichen Ergebnisse früherer Untersuchungen ist der Forscher der Ansicht, dass die Betriebsgröße in beide Richtungen zur Bereitschaft der Landwirte zur NHB beitragen könnte. Darüber hinaus wurde laut Knowler und Bradshaw (2007) in einigen anderen Studien die Bequemlichkeit des Pachtens und des Beibehaltens von landwirtschaftlichen Flächen untersucht.

Die Verfügbarkeit von Maschinen und Ausrüstungen ist ein weiterer einflussreicher Faktor bei der Anpassung an eine nachhaltige Landwirtschaft (SA). Zweirädrige Traktoren, vierrädrige Traktoren, Wassermotoren, Grasschneider und Sprühgeräte gehören zu den von den srilankischen Landwirten im Allgemeinen verwendeten Maschinen und Geräten (Hitihamu und Susila, 2019). Der Forscher geht davon aus, dass der Besitz einer oder mehrerer dieser Arten von Maschinen ein wichtiger

Faktor für die Verbesserung des physischen Kapitals der Landwirte sein könnte und damit ihre Entscheidungsfindung in Bezug auf die SA-Anpassung beeinflusst.

In früheren Studien wurde immer wieder betont, dass der Zugang zu Informationen und Wissen eine entscheidende Rolle bei der Anpassung an die NHB spielt. Kaufmann et al. (2009) fanden eine positive Korrelation zwischen dem Zugang zu Beratungsdiensten und der Anpassung der Landwirte an SA-Praktiken. In ähnlicher Weise stellten Gachango et al. (2015) fest, dass der Zugang der Landwirte zu Informationen über den ökologischen Zustand sowie die Stickstoff- und Phosphorreduzierung die SA-Praktiken signifikant beeinflusste. Zemo und Termansen (2018) betonen die Bedeutung der Gründungsberatung zum Thema "Güllebehandlung und Düngung" für die Übernahme von SA-Praktiken durch Landwirte. Der begrenzte Zugang zu Informations- und Kommunikationstechnologien wurde laut Von et al. (2016) als ein einschränkender Faktor bei der Anpassung von SA-Praktiken unter ländlichen Kleinbauern identifiziert.

Die Entfernung zu asphaltierten Straßen und der einfache Zugang zu städtischen Gebieten sind weitere Faktoren, die in Bewertungen der nachhaltigen Landwirtschaft (SA) diskutiert werden, wie in früheren Studien festgestellt wurde (Knowler und Bradshaw, 2007). Laut Bowman und Zilberman (2013) hat eine verbesserte Infrastruktur, die zu geringeren Transportkosten über große Entfernungen führt, erhebliche Auswirkungen auf die Diversifizierung der Landwirtschaft. Darüber hinaus stellte Bisangwa (2013) fest, dass die Entfernung zwischen Wohnort und Feldern (Standort des landwirtschaftlichen Betriebs) ebenfalls einen Einfluss auf die Anpassung der SA hat. Schlechte Straßen und lange

Anfahrtswege wurden von Von et al. (2016) als einflussreiche Faktoren für die Anpassung in Südafrika erkannt.

Tabelle 3-6 zeigt die Indikatoren, die zur Messung des Konstrukts "physisches Kapital" des Modells auf der Grundlage der oben erörterten Literatur abgeleitet wurden.

Tabelle 3-6 Indikatoren zur Messung des Sachkapitals

Physisches Kapital
Allgemeine Reflexionsfragen (Skala von 1-5, SD-SA)
88. Ich habe die erforderlichen Maschinen und Geräte für den Reisanbau
89. Ich kann es mir leisten, die Maschinen bei Bedarf zu mieten.
90. Ich habe Zugang zum landwirtschaftlichen Wissen der SA
91. Ich bekomme leicht Marktinformationen
92. Ich habe leichten Zugang zu Verkaufsstellen für landwirtschaftliche Betriebsmittel
Formative Fragen (Skala von 1-5, SD-SA)
Verfügbarkeit von Maschinen
(Beispiele für Maschinentypen: Sprühmaschine, Wasserpumpe, zweirädriger Traktor, vierrädriger Traktor, Pflanzmaschine, Erntemaschine usw.)
93. Ich besitze die erforderlichen landwirtschaftlichen Maschinen und Geräte, die ich für meinen Betrieb benötige
94. Die Wartung dieser Art von Maschinen ist für mich kein Thema
95. Ich kann es mir leisten, die oben genannten Maschinen bei Bedarf ohne Probleme zu mieten.
96. Die Gebühren, die ich für die Anmietung von Maschinen zahle, sind erschwinglich
97. Die Gebühren, die ich für die Anmietung von Maschinen zahle, sind angemessen
Zugang zu Informations- und Beratungsdiensten und Marktinformationen (Printmedien, Radio, Fernsehen und IKT)
98. Ich höre Radiosendungen über den Reisanbau, und sie sind nützlich
99. Ich sehe mir Fernsehsendungen über den Reisanbau an, und sie sind nützlich
100. Ich benutze mein Mobiltelefon, um Informationen über den Reisanbau abzurufen, und sie sind nützlich
101. Ich verwende Internet-Videos (YouTube) über den Reisanbau, und sie sind nützlich
102. Ich nutze die sozialen Medien (Facebook), um mir Videos über den Reisanbau anzusehen, und sie sind nützlich
103. Ich lese Zeitungsartikel über den Reisanbau, und sie sind nützlich
104. Ich lese regelmäßig die Broschüren und Faltblätter, die über den Reisanbau verteilt werden, und sie sind nützlich.
Zugang zur Infrastruktur und Verfügbarkeit von Arbeitskräften
105. Der Zugang zu den Paddy-Käufern ist einfach
106. Der Zugang zu landwirtschaftlichen Lieferanten und Verkäufern ist einfach
107. Es ist leicht, die für den Reisanbau erforderlichen Arbeitskräfte zu finden

Natürliches Kapital

Rezvanfar et al. (2009) kamen zu dem Schluss, dass die beschleunigte Bodenerosion und die abnehmende Fruchtbarkeit die landwirtschaftliche Produktion und die nachhaltige Landwirtschaft erheblich einschränken. Die Bodenfruchtbarkeit bezieht sich auf die Fähigkeit des Bodens, das Pflanzenwachstum aufrechtzuerhalten und die Ernteerträge zu optimieren, und sowohl organische als auch anorganische Düngemittel können Defizite beheben. Wie Spaling und Vander (2019) anmerken, behaupten Landwirte, dass das Zurückhalten von Ernterückständen oder das regelmäßige Aufbringen von Mulch auf das Feld die Bodenfruchtbarkeit verbessert, indem es den Gehalt an organischen Stoffen und Nährstoffen erhöht. Zahra (2018) stellt fest, dass die Abnahme der Bodenfruchtbarkeit mit dem zunehmenden Einsatz von chemischen Düngemitteln und Pestiziden zusammenhängt, während SA-Praktiken häufig eine Zunahme der organischen Substanz im Boden und Bedenken hinsichtlich der Nährstoffverfügbarkeit melden.

Mehrere Forscher betonen, dass die organische Bodensubstanz von der Verfügbarkeit organischer Inputs wie Ernterückstände, Dung und Kompost abhängt (Hobbs et al., 2008; Twomlow et al., 2009; Luo et al., 2010; Marongwe et al., 2011; Mupangwa et al., 2012; Palm et al., 2014; Nagothu, 2015). Auch die Nähe zu organischen Inputs hat Einfluss auf die Verfügbarkeit, da Felder, die näher an Gehöften liegen, in der Regel einen höheren Anteil an organischer Substanz aufweisen, da es in der Nähe Quellen für Dung und Kompost gibt (Zingore et al., 2007; Guto et al., 2012).

Die Bodenart ist in der Tat ein entscheidender Faktor, und sandige Böden weisen in der Regel einen geringeren Gehalt an organischer Substanz auf, da ihnen die physikalischen und strukturellen Eigenschaften fehlen, die für ihre Speicherung und Erhaltung erforderlich sind (Chivenge et al., 2007). Es ist bemerkenswert, dass eine dunklere Bodenfarbe nicht immer den Gehalt an organischer Substanz genau wiedergibt. Außerdem hat sich gezeigt, dass das Aufbringen von Mulch ohne Bodenbearbeitung den Gehalt an organischer Substanz in den oberen Bodenhorizonten erhöht (Baudron et al., 2012; Giller et al., 2015).

Okeyo et al. (2016) fanden heraus, dass die Einarbeitung von Ernterückständen in den Boden bei konventioneller Bodenbearbeitung zu einem höheren Gehalt an organischem Kohlenstoff im Boden und zu höheren Maiserträgen führte. Vor dem Hintergrund dieser Literatur argumentiert der Forscher, dass der Reichtum der physikalischen und strukturellen Eigenschaften des Ackerbodens zusammen mit der Verfügbarkeit organischer Substanzen zur Verbesserung der Bodenfruchtbarkeit zwei entscheidende Faktoren sind, die die Entscheidungen der Landwirte hinsichtlich der Anpassung an eine nachhaltige Landwirtschaft (SA) maßgeblich beeinflussen können.

Der Reisanbau ist bekanntlich die wasserintensivste Kulturpflanze, und die Verfügbarkeit von Wasser ist ein entscheidender Faktor für die Reisproduktion (Bowman und Zilberman, 2013). Forscher in diesem Bereich betonen, dass Wasser neben Land und Boden eine der drei wichtigsten Ressourcen für den Reisanbau ist (Scherer und Pfister, 2016). Diese Ressourcen spielen eine entscheidende Rolle in den Ökosystemen, begrenzen die landwirtschaftliche Produktion und sind von grundlegender Bedeutung für die Versorgung der Menschen mit Nahrungsmitteln. Die Struktur von Bewässerungssystemen und die Wirksamkeit von Wasserläufen sind ebenfalls wesentliche natürliche Faktoren, die die Neigung der Landwirte zur Anpassung einer nachhaltigen Landwirtschaft beeinflussen. Der Forscher vertritt daher die Ansicht, dass die Angemessenheit der Wasserversorgung, die Effizienz der Wasserinfrastruktur und die Einfachheit der Bewässerung der landwirtschaftlichen Flächen entscheidende Faktoren für die Anpassung der SA-Praktiken sind.

In der heutigen Landwirtschaft beruht das Management von Risiken im Zusammenhang mit Schädlingen, Insekten, Pilzen und Unkräutern häufig auf dem Einsatz von synthetischen Pestiziden, Insektiziden, Fungiziden und Herbiziden. Die Anfälligkeit der angebauten Sorten für solche Angriffe wird zu einem entscheidenden Faktor bei der Entscheidung über den Einsatz von Chemikalien, der den Nachhaltigkeitsstandards zuwiderlaufen kann (Lohr und Salomonsson, 2000; Regmi und Gehlhar, 2005). Folglich geht der Forscher davon aus, dass die Fähigkeit der Landwirte, diese Risiken mit minimaler Abhängigkeit von synthetischen Chemikalien zu kontrollieren, ihre Entscheidung für die Einführung nachhaltiger landwirtschaftlicher Praktiken (SA) erheblich beeinflussen würde.

Die Anfälligkeit für Naturkatastrophen wie Dürren, Überschwemmungen und Tierangriffe sind Faktoren, die in der Literatur diskutiert werden und die Fähigkeit der Landwirte, effektive landwirtschaftliche Praktiken aufrechtzuerhalten, erheblich beeinflussen können. Ndamani und Watanabe (2015) untersuchten die Auswirkungen von Überschwemmungen, Dürren und Trockenperioden auf die Häufigkeit und die Toleranz der Landwirte bei der Erholung von solchen Ereignissen und stellten fest, dass diese Ereignisse die Widerstandsfähigkeit der Landwirte beeinflussen. Nach Irangani und Shiratake (2013) beginnen die Landwirte in Sri Lanka ihre Bodenvorbereitung in der Regel mit Ak-Regen ("Ak wessa"). Schwere Regenfälle setzen in der Regel Ende September nach der langen Nikini-Dürre ("Nikini idoraya") ein, die normalerweise Anfang Juli beginnt. Die

Landwirte nutzen diese Klimamuster strategisch für die Bodenbearbeitung und das Bodenfruchtbarkeitsmanagement. Die günstigen Klimabedingungen verringern daher die Anfälligkeit für Wetterextreme. Auch die Abschwächung der Auswirkungen katastrophaler Vorfälle wie Angriffe von Tieren (Elefanten) sind Faktoren, die die Bereitschaft der Landwirte zur Anpassung an eine nachhaltige Landwirtschaft beeinflussen können.

Tabelle 3-7 zeigt die Indikatoren, die zur Messung des Konstrukts Naturkapital des Modells auf der Grundlage der oben erörterten Literatur abgeleitet wurden.

Tabelle 3-7 Indikatoren zur Messung des Naturkapitals

Natürliches Kapital
Allgemeine Reflexionsfragen (Skala von 1-5, SD-SA)
108. Ich kann den Bodenzustand meiner Parzelle für den Einsatz von organischem Dünger verbessern
109. Ich bekomme eine ausreichende Wasserversorgung für meine Landwirtschaft
110. Der Standort meiner Parzelle ist weniger anfällig für Naturkatastrophen
111. Die Ausrichtung meiner Anbaufläche unterstützt die biologische Schädlingsbekämpfung
112. Die Ausrichtung meiner Anbaufläche unterstützt die biologische Unkrautbekämpfung
Formative Fragen (Skala von 1-5, SD-SA)
Die Bodenfruchtbarkeit des Landes
(Beobachtungen: Sandigkeit, Säuregehalt und Farbe)
113. Ich denke, die Bodenfruchtbarkeit meiner Parzelle ist in gutem Zustand
114. Ich denke, ich kann die Bodenstruktur meiner Parzelle verbessern, um den Einsatz von organischem Dünger zu erhöhen.
115. Der Boden meiner Parzelle kann die Nässe länger halten
Verfügbarkeit von kohlenstoffhaltigen Substanzen zur Verbesserung der Bodenfruchtbarkeit
116. Ich kann in der Nähe meines Grundstücks ungenutzte, angemessene Mengen an Kuhmist finden.
117. Ich kann in der Nähe meines Grundstücks angemessene Mengen an Geflügelmist finden.
118. Ich kann den für meine Parzelle benötigten Kompost herstellen
119. Ich kann in der Nähe meines Grundstücks eine gute Menge an Gründüngungspflanzen finden
Wirksamkeit der Wasserwerke und Angemessenheit der Wasserversorgung
120. Das Wasserwerk für mein Grundstück ist gut gewartet
121. Ich bin zufrieden mit der zeitlichen Planung der Wasserabgabe aus den gesteuerten Bewässerungsnetzen
122. Auch auf Regenwasser kann ich mich in vernünftigem Maße verlassen
123. Ich kann bei Bedarf Wasser zu meinem Grundstück pumpen

Fähigkeit zur natürlichen Bekämpfung von Schädlingen, Insekten, Pilzen und Unkraut
124. Ich verwende weniger Chemikalien zur Schädlingsbekämpfung als andere
125. Ich verwende weniger Chemikalien zur Insektenbekämpfung als andere
126. Ich verwende weniger Chemikalien zur Pilzbekämpfung als andere
127. Ich verwende weniger Chemikalien zur Unkrautbekämpfung als andere
Häufigkeit von Wetterextremen und Tierangriffen
128. Ich habe keine schweren Ernteschäden aufgrund der Dürre
129. Ich habe keine schweren Ernteschäden aufgrund von Überschwemmungen
130. Ich habe keine schweren Ernteschäden durch Tierangriffe

3.6.2 Zusammensetzung der wahrgenommenen Effektivität staatlicher Anreize

Die wahrgenommene Wirksamkeit staatlicher Anreize beschränkt sich in dieser Studie auf die Untersuchung von Förder- und Zuschussprogrammen, die von staatlichen Institutionen zur Unterstützung des laufenden Übergangs zu einer nachhaltigen Landwirtschaft eingeführt wurden. Das Hauptaugenmerk der Regierung liegt auf der Förderung des Einsatzes von organischem Dünger in der srilankischen Landwirtschaft. Das Landwirtschaftsministerium hat eine landesweite Initiative und ein Zuschussprogramm ins Leben gerufen, die darauf abzielen, Landwirten den Aufbau von Kapazitäten, Schulungen und ausreichende Ressourcen für die lokale Herstellung von organischen Düngemitteln zu ermöglichen. Diese Initiativen stehen im Einklang mit der geplanten Düngerrevolution, die im Wahlprogramm der vorherigen Regierung unter dem Titel "Vistas of Prosperity and Splendour" für 2019 angekündigt wurde. Das Mandat sieht einen schrittweisen Ansatz vor, um das bestehende System der Düngemittelsubventionen durch ein alternatives System zu ersetzen, mit dem Ziel, dass die Mehrheit der Landwirte in ihrer Landwirtschaft überwiegend organische Düngemittel verwendet.

Nach dem Verbot der Einfuhr von chemischen Düngemitteln nach Sri Lanka im April 2021 hat es im Agrarsektor verschiedene Umstellungen gegeben. Die mit der Landwirtschaft verbundenen Institutionen konzentrieren sich aktiv auf die Unterstützung der Landwirte bei der Umstellung ihrer Anbaumethoden, wobei der Schwerpunkt auf organischen Düngemitteln liegt. Die Fortschritte dieser Initiativen wurden von Regierungsvertretern bei einem Medienbriefing im Präsidialsekretariat am 2. September 2021 erörtert. Bei diesem Treffen wurden aktuelle Informationen über die Einführung von organischen Düngemitteln und neuen Vorschriften gegeben.

Die Beamten berichteten, dass es einen funktionierenden Mechanismus gibt, der eine angemessene Versorgung mit organischem Dünger für die kommende Maha-Saison sicherstellt, so dass es zu keinen Engpässen für die Landwirte kommt. Sie betonten, dass der gesamte Prozess, einschließlich der Sensibilisierung der Landwirte, der technischen Hilfe und der finanziellen Unterstützung, ohne Unterbrechung läuft (Präsidialsekretariat, 2021).

In der Diskussion wurde ferner deutlich, dass die Regierung die Produktion von organischem Dünger vor Ort eingeleitet hat, um die erforderliche Menge für die Landwirte herzustellen. Aufgrund der Auswirkungen von COVID-19 kam es jedoch zu Verzögerungen bei der Umsetzung. Als Notfallplan wurden alternative Vorkehrungen für den Import von organischen Düngemitteln getroffen, die hohen internationalen Standards entsprechen, um eventuelle Engpässe zu überbrücken. Um die Qualität und Sicherheit dieser organischen Düngemittel zu garantieren, erklärten Beamte, dass sie Labortests und Biodiversitätsforschung unterzogen würden, bevor sie den Landwirten zur Verfügung gestellt würden.

Die Regierung hat einen Plan ausgearbeitet, um den Landwirten finanzielle Anreize zu bieten, indem sie 12.500 Rupien pro Hektar und maximal zwei Hektar zur Verfügung stellt, um die Produktion von organischem Dünger zu fördern. Die Landwirte können die ausgefüllten Antragsformulare für diesen Anreiz bei den landwirtschaftlichen Forschungs- und Produktionsassistenten oder den Agrarservicezentren einreichen. Die zugewiesenen Mittel werden direkt auf die Bankkonten der jeweiligen Landwirte überwiesen. Es gibt auch eine alternative Regelung, die Landwirten ohne Bankkonto finanzielle Unterstützung bietet.

Landwirte, die nicht in der Lage sind, organischen Dünger selbst herzustellen, können ihn gegen Erstattung der anfallenden Kosten aus anderen Quellen beziehen. Um Transparenz und Qualitätskontrolle zu gewährleisten, wird ein QR-Code-System für alle importierten und lokal produzierten organischen Düngemittel eingeführt, das es jedem ermöglicht, die Qualität zu überprüfen.

Eine spezielle Telefon-Hotline mit der Nummer 1920 wurde eingerichtet, um den Landwirten Unterstützung zu bieten und Lösungen für ihre Probleme zu finden. Darüber hinaus wird ein Team von technischen Mitarbeitern eingesetzt, die vor Ort Unterstützung leisten und Feldinspektionen in allen Bezirken durchführen.

Die Beamten teilten mit, dass für das Projekt ein Budget von 26,62 Mrd. Rupien bereitgestellt wurde. Dieses Budget deckt den Bedarf an Düngemitteln für die Maha-Saison, die lokale Produktion, Importe, Subventionen, technische Hilfe und Sensibilisierungsprogramme. Sie argumentierten, dass durch diese Initiative die jährlichen Ausgaben von 22,71 Mrd. Rupien für den Import von chemischen Düngemitteln eingespart würden und die Mittel in der Landwirtschaft des Landes verbleiben würden. Die Regierung beabsichtigt, neue Möglichkeiten für junge

Unternehmer zu schaffen, die sich in der Produktion und dem Vertrieb von organischen Düngemitteln engagieren.

Beamte betonten, dass die staatlichen Banken den Landwirten bereits Darlehen von bis zu einer Million Rupien zu einem vergünstigten Zinssatz gewähren. Darüber hinaus haben Geringverdiener die Möglichkeit, die benötigten Maschinen zu einem vergünstigten Preis zu mieten oder zu kaufen. Die Regierungsvertreter versicherten, dass die Landwirte unter keinen Umständen allein gelassen würden. Darüber hinaus versicherten sie, dass das Land aufgrund der organischen Düngemittelpolitik keine Nahrungsmittelknappheit oder landwirtschaftliche Risiken erleiden werde, und widersprachen damit Behauptungen bestimmter Medien und verschiedener Gruppen.

Auf der wöchentlichen Kabinettssitzung am 25. Januar 2022 hat die Regierung Pläne zur Umsetzung des Paddy-Ankaufprogramms für die Maha-Saison 2021/2022 vorgestellt. Ziel ist es, den Landwirten faire Preise zu sichern und die Paddy-Reserve der Regierung zu erhalten. Im Rahmen dieser Initiative werden das Paddy Marketing Board und die Bezirkssekretariate/Regierungsvertreter die Paddy-Ernte direkt von kleinen und mittleren Paddy-Mühlenbesitzern kaufen. Die Regierung hat 29.805 Millionen Rupien über staatliche Banken bereitgestellt, um dieses Programm zu ermöglichen. Für den Fall, dass es in der Maha-Saison 2021-2022 aufgrund der Umstellung auf organischen Dünger zu einem Engpass bei der Paddy-Ernte kommt, hat sich die Regierung verpflichtet, eine Entschädigung von 25 Rupien pro 1 kg produzierten Paddy zu zahlen, um das Einkommen der betroffenen Landwirte zu stützen (Landwirtschaftsminister, 25. Januar 2022).

Diese Politik zur Förderung des ökologischen Landbaus hat eine breite Kontroverse ausgelöst, insbesondere vor dem Hintergrund der derzeitigen Wirtschaftskrise im

Land. Trotz der Herausforderungen hat die Regierung zugesagt, einige chemische Düngemittel zu importieren, obwohl die nationalen Devisenreserven erschöpft sind, was sich auf wichtige Importe wie Medikamente und Kraftstoff auswirkt. Am 7. Juni 2022 genehmigte das Kabinett die Einfuhr von 150.000 Tonnen Harnstoff, 45.000 Tonnen Kali-Murat (MOP) und 36.000 Tonnen Triple-Super-Phosphat (TSP) für den Reisanbau in der Maha-Saison 2022/23. Darüber hinaus billigte das Kabinett den Vorschlag des Premierministers zur Unterzeichnung von Vereinbarungen über ein Darlehen in Höhe von 55 Mio. USD durch die Export-Import Bank of India zur Beschaffung von Harnstoff für die Maha-Saison 2022/23.

Die Landwirte sind jedoch besorgt über die rasche Verfügbarkeit und Erschwinglichkeit dieser chemischen Düngemittel, da die Preise aufgrund der starken Inflation hoch sein könnten. Die anhaltende Wirtschaftskrise hat die Herausforderungen und Unsicherheiten im Agrarsektor noch vergrößert.

Zusammenfassend lässt sich sagen, dass die Regierung im Rahmen ihrer Unterstützung der Landwirte bei der Umstellung auf den ökologischen Landbau mehrere wichtige Maßnahmen eingeführt und zugesagt hat, die in vier Gruppen unterteilt sind. Zu diesen Maßnahmen gehören finanzielle Anreize für die Produktion von ökologischem Dünger, die Bereitstellung von Maschinen zu Vorzugspreisen, eine Entschädigungsregelung für mögliche Engpässe bei der Paddy-Ernte und ein Paddy-Aufkaufprogramm. Die Wirksamkeit dieser Subventionsregelungen und die Ansichten der Landwirte über die künftigen Versprechen zur Förderung der Umstellung auf den Einsatz organischer Düngemittel sind jedoch nach wie vor unbekannt.

Finanzielle Unterstützung:

1. Finanzielle Unterstützung beim Kauf organischer Düngemittel
2. Finanzielle Unterstützung (Bankunterstützung) für die Herstellung eigener organischer Düngemittel

Materialistische Hilfe:

3. Bereitstellung von ausreichenden und üblichen organischen Düngemitteln
4. Bereitstellung von besser geeignetem Saatgut für organische Düngemittel

Ausbildung und Kapazitätsaufbau:

5. Aufbau von Kapazitäten zur Sensibilisierung für die Verwendung organischer Düngemittel
6. Ausbildung und technische Kenntnisse über die Herstellung von chemischen Düngemitteln

Unterstützende politische Entscheidungen:

7. Aufkauf der Ernte zu einem garantierten fairen Preis durch das Paddy Marketing Board
8. Bereitstellung von Ausgleichszahlungen für den Fall, dass die Landwirte aufgrund der Umstellung Ernteausfälle erleiden

Auf der Grundlage der obigen Literaturdiskussion schlägt der Forscher die folgende, in Abbildung 3-2 dargestellte Konzeptualisierung zur Messung des Konstrukts vor: Die von den Landwirten wahrgenommene Wirksamkeit staatlicher

Interventionen. Tabelle 3-8 zeigt die Indikatoren, die zur Messung dieses Konstrukts des konzeptionellen Modells abgeleitet wurden.

Exhibit 3-2 Zusammensetzung der von den Landwirten wahrgenommenen Wirksamkeit staatlicher Interventionen Messungen

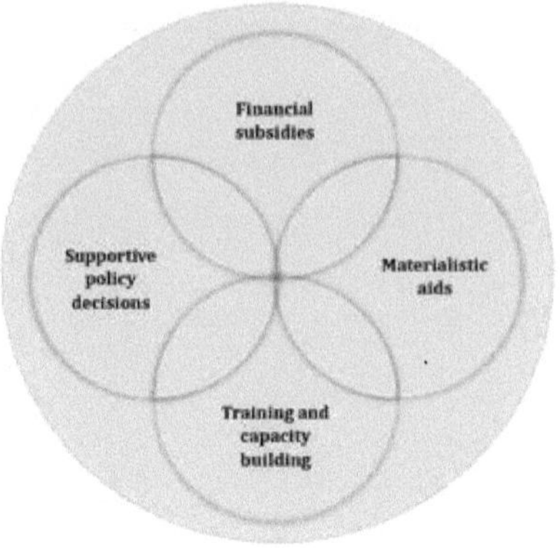

Tabelle 3-8 Indikatoren zur Messung der wahrgenommenen Effektivität staatlicher Anreize

Wahrgenommene Wirksamkeit staatlicher Anreize für die Anpassung an organischen Dünger
Allgemeine Reflexionsfragen (Skala von 1-5, SD-SA)
131. Die von der Regierung eingeführten Finanzierungsprogramme zur Förderung von organischem Dünger sind nützlich
132. Die Ausbildungsprogramme zur Förderung des Einsatzes organischer Düngemittel sind nützlich
133. Die materielle Unterstützung, die wir von der Regierung während dieses Übergangs erhalten, ist nützlich
Formative Fragen (Skala von 1-5, SD-SA)
Verfügbarkeit von organischem Dünger für die Landwirtschaft
134. Organische Düngemittel sind auf dem Markt erhältlich
135. Ich bin zuversichtlich, dass ich den auf dem Markt erhältlichen organischen Dünger in meinem Reisanbau verwenden kann.
136. Ich denke, dass die Lieferungen auch in Zukunft nach den gleichen Standards erfolgen werden.
Finanzielle Unterstützung (Bankunterstützung) für den Kauf von organischem Dünger
137. Die finanzielle Unterstützung durch die Regierung für den Kauf von organischem Dünger ist ausreichend
138. Ich denke, dass die finanzielle Unterstützung auch in den kommenden Saisons fortgesetzt wird.
139. Wir alle erhalten finanzielle Unterstützung mit weniger Papieren, Arbeit und Verfahren
140. Wir erhalten finanzielle Unterstützung auf faire Art und Weise

141. Wir erhalten die Finanzhilfe pünktlich

Finanzielle Unterstützung (Bankunterstützung) für die Herstellung eigener organischer Düngemittel

142. Die von der Regierung bereitgestellte finanzielle Unterstützung für die Herstellung von organischem Dünger ist ausreichend
143. Wir alle erhalten diese Finanzhilfen mit weniger Papieren, Arbeit und Verfahren
144. Wir erhalten finanzielle Unterstützung auf faire Art und Weise
145. Wir erhalten die Finanzhilfe rechtzeitig

Aufbau von Kapazitäten zur Sensibilisierung für die Verwendung von organischem Dünger

146. Wir erhalten ein solches Programm, und der Inhalt ist nützlich
147. Die meisten von uns haben an einer solchen Schulung teilgenommen
148. Das Auswahlverfahren für diese Ausbildung ist fair
149. Die Ausbildung ist in erreichbarer Nähe und zugänglich
150. Die Ausbildung ist zeitgemäß

Ausbildung und technisches Wissen über die Herstellung organischer Düngemittel

151. Wir erhalten ein solches Programm, und der Inhalt ist nützlich
152. Die meisten von uns haben an einer solchen Schulung teilgenommen
153. Das Auswahlverfahren für eine solche Ausbildung erfolgt auf faire Weise
154. Die Ausbildung ist in erreichbarer Nähe und zugänglich
155. Die Ausbildung ist zeitgemäß

Aufkauf der Ernte zu einem garantierten fairen Preis durch das Paddy Marketing Board

156. Der Kaufvorgang ist einfach, und Sie müssen nicht in langen Schlangen warten.
157. Die Zahlungen werden sofort und unkompliziert geleistet
158. Wir werden bei diesem Paddy-Kaufprogramm fair behandelt
159. Wir hoffen, dass das Programm auch in der kommenden Saison fortgesetzt wird.

Bereitstellung von besser geeignetem Saatgut für organische Düngemittel

160. Das von der Regierung bereitgestellte Saatgut ist für den ökologischen Landbau geeignet.
161. Die Preise für Saatgut sind angemessen
162. Die Samen sind leicht erhältlich
163. Wir können Saatgut in nahe gelegenen Geschäften finden
164. Wir können darauf vertrauen, dass die Einrichtung weiterhin

Bereitstellung von Ausgleichszahlungen für den Fall, dass die Landwirte aufgrund der Umstellung Ernteausfälle erleiden

165. Die von der Regierung angekündigte Entschädigungsregelung für mögliche Ernteeinbußen aufgrund des Einsatzes organischer Düngemittel ist ermutigend.
166. Wir können solchen Versprechungen der Regierung einigermaßen vertrauen
167. Ich habe in der Vergangenheit erlebt, dass uns solche Ausgleichsbeihilfen bei Ernteverlusten gewährt wurden

3.7 Überlegungen zur Bereitschaft der Landwirte, auf Chemikalien zu verzichten und den ökologischen Landbau zu übernehmen

Das Konzept der "Bereitschaft" wird laut Webster's New Collegiate Dictionary als mentale oder physische Vorbereitung auf eine bestimmte Erfahrung oder Handlung definiert. In verschiedenen Disziplinen haben Forscher diese Definition übernommen, um die persönliche Bereitschaft zu bewerten, einschließlich Dimensionen wie physische, technologische, psychologische und wirtschaftliche Bereitschaft (Borotis und Poulymenakou, 2004; So und Swatmanc, 2006; Purnomo, 2010). Purnomo (2010) fasste die persönliche Bereitschaft in vier Dimensionen zusammen: physische Bereitschaft, technologische Bereitschaft, psychologische Bereitschaft und wirtschaftliche Bereitschaft bei der Bewertung der Bereitschaft von Landwirtschaftsbeamten zur Nutzung von Mobiltelefonen.

Das Oxford-Wörterbuch definiert Bereitschaft als "der Zustand, auf etwas vollständig vorbereitet zu sein". Ausgehend von diesen Definitionen und Literaturvorschlägen hat der Forscher zwei Konstrukte im Rahmen der Bereitschaft der Landwirte zur Freisetzung chemischer Düngemittel (CF) und zur Einführung organischer Düngemittel (OF) definiert. Die physische Bereitschaft der Landwirte wird durch die Verfügbarkeit von chemischen oder kohlenstoffhaltigen Substanzen in ihrer Umgebung bestimmt. Die technische Bereitschaft wird durch das Wissen der Landwirte über die Verwendung dieser Stoffe und ihr Bewusstsein für die möglichen Folgen beeinflusst. Die psychologische Bereitschaft wird von den Einstellungen, Überzeugungen und Werten der Landwirte geprägt, insbesondere in Bezug auf umweltfreundliche Landwirtschaft und nachhaltige Praktiken. Die wirtschaftliche Bereitschaft wiederum wird durch die Erschwinglichkeit des

Verzichts auf chemische Düngemittel und der Einführung organischer Düngemittel bestimmt.

Die Einbeziehung der vier Dimensionen der Bereitschaft - physisch, technologisch, psychologisch und wirtschaftlich - bietet einen umfassenden Rahmen für die Bewertung der allgemeinen Bereitschaft der Landwirte, auf chemische Düngemittel zu verzichten und organische Düngemittel einzusetzen. Durch die Berücksichtigung dieser Dimensionen will der Forscher einen ganzheitlichen Überblick über die Bereitschaft der Landwirte in diesen entscheidenden Bereichen gewinnen.

Bei der Formulierung von Fragen zur Messung dieser Konstrukte ist es von entscheidender Bedeutung, reflektierende Indikatoren zu entwickeln, die die Nuancen der einzelnen Bereitschaftsdimensionen effektiv erfassen. Diese Indikatoren sollten so gestaltet sein, dass die Landwirte ihren Bereitschaftsgrad in Bezug auf physische, technologische, psychologische und wirtschaftliche Aspekte ausdrücken können.

Die nachstehende Abbildung 3-3 zeigt die Konzeptualisierung der beiden Bereitschaftsvariablen in dem Modell. Tabelle 3-9 zeigt die Indikatoren, die vorgeschlagen werden, um diese Indikatoren in reflektierender und kovariierender Weise zu messen.

Exhibit 3-3 Reflektierende Maßnahmen zur Bereitschaft der Landwirte, auf chemische Düngemittel zu verzichten und ökologische Düngemittel einzuführen

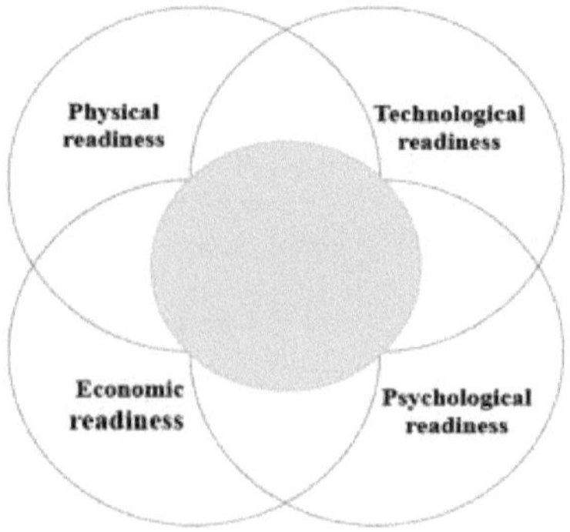

Tabelle 3-9 Bereitschaft der Landwirte, auf chemische Düngemittel zu verzichten und organische Düngemittel zu verwenden

Die Bereitschaft der Landwirte, chemische Düngemittel freizugeben
168. Die Minimierung des Einsatzes von chemischen Düngemitteln ist ein Gebot der Stunde
169. Ich bin bereit, den Einsatz von chemischen Düngemitteln auf ein Minimum zu reduzieren, auch wenn sich dies auf meinen Ertrag auswirken kann.
170. Der Einsatz intensiver chemischer Düngemittel ist nicht der Weg in die Zukunft des Reisanbaus
171. Ich bin bereit, organische Stoffe als Alternative zu chemischen Düngemitteln auszuprobieren.
Die Bereitschaft der Landwirte, ihre Parzellen mit organischen Düngemitteln umzugestalten
172. Die Verwendung der organischen Substanz im Reisanbau ist für mich nicht neu
173. Wir können mit organischen Düngemitteln rentablere Ergebnisse erzielen
174. Ich kann organische Düngemittel zur Deckung meines Bedarfs im Inland herstellen
175. Der Einsatz von organischem Dünger ist die nachhaltige Zukunft des Reisanbaus

3.8 Demografische Faktoren

Abgesehen von den ordinalen Skalenfragen, die zuvor zur Messung des Hauptkonstrukts des Modells vorgeschlagen wurden, zeigt die Literaturübersicht, dass die folgenden kategorialen Indikatoren unterschiedliche Einflüsse auf die Pfadkoeffizienten des Modells ausüben können, wenn Hypothesen über verschiedene Gruppen innerhalb derselben Stichprobe getestet werden. Mit anderen Worten, diese Variablen werden wahrscheinlich unterschiedliche moderierende Effekte auf die Ergebnisse haben, wenn sie über diese verschiedenen demografischen Gruppen hinweg untersucht werden. In der folgenden Tabelle 3-10 sind die Variablen aufgeführt, die sich für eine solche Mehrgruppenanalyse eignen.

Tabelle 3-10 Kategorische Fragen zur Messung demografischer Faktoren

Name der Variablen	**Typ**	**Frage**	**Erwartete Antwort**
Name (fakultativ):	Nominell		....
Kontakt (fakultativ):	Nominell		....
Geschlecht:	Nominell		....
Alter:	Nominell		....
		Religion:	....
1. Allgemeine Bildung	Ordinal	Wie hoch ist Ihr Bildungsniveau?	a) keine Schule besucht haben b) Klasse 1 bis Klasse 5 c) Klasse 6 bis Klasse 11 d) Bestanden OL e) Bestanden AL f) Bachelor-Abschluss oder höher
2. Landwirtschaftliche Bildung	Ordinal	Wie sieht Ihre landwirtschaftliche Ausbildung aus?	a) Keine spezifische landwirtschaftliche Ausbildung b) Studiert bis zu OL c) Studiert in AL d) Bakkalaureat in Landwirtschaft
3. Landwirtschaftliche Ausbildung	Nominell	Haben Sie an landwirtschaftlichen Schulungen oder Zertifizierungsprogrammen teilgenommen?	Ja/Nein Wenn ja, bitte angeben
4. Mittel zur Beschaffung von Arbeitskräften	Nominell	Wie decken Sie den Bedarf an Arbeitskräften für Ihren Reisanbau?	a) Nur ich selbst b) Und meine Haushalte c) Eingestellte Arbeitskräfte d) Alle oben genannten
5. Erleben Sie	Ordinal	Seit wie vielen Jahren sind Sie im Reisanbau tätig?	....
6. Mitgliedschaft in einem Bauernverband	Nominell	Sind Sie Mitglied in einem Bauernverband	Ja/Nein
7. Mitgliedschaft in anderen Gruppen	Nominell	Sind Sie Mitglied einer oder mehrerer anderer Gruppen in Ihrer Gemeinde, die beim Reisanbau helfen?	Ja/Nein

8.	Zugehörigkeit zu anderen	Nominell	Mit wem besprechen Sie hauptsächlich Probleme im Zusammenhang mit dem Reisanbau oder suchen Rat für Verbesserungen?	a) Außendienstmitarbeiter der Regierung b) Agrarforscher c) Paddy-Käufer d) Input-Verkäufer e) Kolleginnen und Kollegen f) Sonstiges angeben
9.	Abhängigkeit von anderen	Nominell	Von wem sind Sie hauptsächlich abhängig, um Ihre Landwirtschaft weiterzuführen?	a) Vermieter b) Einkäufer c) Verkäufer d) Forscher e) Regierungsbeamte f) Kolleginnen und Kollegen
10.	Art der verwendeten landwirtschaftlichen Betriebsmittel	Nominell	Welche landwirtschaftlichen Betriebsmittel verwenden Sie im Reisanbau?	a) Nur organische Stoffe b) Hauptsächlich organisch und weniger chemische Substanzen c) Überwiegend chemische Stoffe und weniger organische Stoffe d) Organische und chemische Stoffe gleichermaßen e) Sonstiges angeben
11.	Art des Engagements in der Landwirtschaft	Nominell	Der Reisanbau ist mein	a) Hauptberufliche Tätigkeit b) Teilzeitbeschäftigung mit anderer Tätigkeit c) Nebentätigkeit mit anderen landwirtschaftlichen Tätigkeiten d) Sonstiges angeben
12.	In der Landwirtschaft angewandte Methoden	Nominell	Welche Anbaumethoden wenden Sie beim Reisanbau an?	a) Moderne Methoden mit vorhandenen Maschinen b) Traditionelle Methoden c) Eine Mischung aus traditionellen und modernen Methoden d) Anderes angeben
13.	Art des Eigentums an der landwirtschaftlichen Fläche	Nominell	Bauen Sie Reis auf Ihrer Parzelle oder auf einer gepachteten Parzelle an?	a) Eigenes Grundstück b) Kurzfristige Vermietung (2 bis 5 Saisons) c) Langfristige Vermietung (für fünf oder mehr Saisons)

				d) Langfristiges Mietverhältnis ("Panath") e) Anderes angeben
14.	Größe des Betriebsgrundstücks	Ordinal	Wie groß ist Ihre Hauptanbaufläche für Reis in Hektar?	....
15.	Status der Bodenuntersuchung	Nominell	Haben Sie jemals einen Bodentest auf Ihrem Grundstück durchgeführt?	Ja/ Nein Wenn ja, geben Sie die Einzelheiten an
16.	Rückhaltung von Ernterückständen	Nominell	Behalten Sie Ernterückstände auf der landwirtschaftlichen Fläche?	Ja/Nein
17.	Tierhaltung	Nominell	Betreiben Sie neben dem Reisanbau auch Tierhaltung?	Ja/Nein Wenn ja, welches Vieh züchten Sie ....
18.	Art der Bewässerung	Nominell	Wie kategorisieren Sie Ihre Hauptanbaufläche für Reis?	a) Große bewässerte b) Geringfügig bewässert c) Regengespeist d) Wasserbrunnen und Pumpenantrieb e) Andere Angaben...............
19.	Naturschädlinge, die die Landwirtschaft angreifen	Nominell	Welches sind die Schädlinge und Insekten, die Ihren Reisanbau behindern?	....
20.	Methos der Schädlings - und Pilzbekämpfung	Nominell	Wie bekämpft man Schädlinge und Pilze?	a) Verwendung von Chemikalien b) Anwendung traditioneller Methoden c) Beide oben genannten d) Andere Angaben
21.	Verfahren zur Bekämpfung von Insekten	Nominell	Wie bekämpft man Insekten?	a) Verwendung von Chemikalien b) Anwendung traditioneller Methoden c) Beide oben genannten d) Andere Angaben
22.	Verfahren zur Unkrautbekämpfung	Nominell	Wie bekämpfen Sie Unkraut in Ihrer Landwirtschaft?	a) Verwendung von Chemikalien b) Unkraut jäten von Hand c) Wasser zu den richtigen Zeiten füttern

				d) Durch traditionelle Bodenbearbeitungs methoden und Einebnung der Felder für eine angemessene Wasserrückhaltung
23.	Tiere, die die Landwirtschaft angreifen	Nominell	Welches Tier bedroht Ihren Reisanbau?	Bitte angeben ....

3.9 Pretesting des Forschungsfragebogens

Eine wissenschaftliche Überprüfung dieses Fragebogens ist unerlässlich, um sicherzustellen, dass die Fragen die Konstrukte des Modells in Übereinstimmung mit den Forschungszielen korrekt wiedergeben und dass ihre Formulierung und Kodierung für die Bewertung rational sind. Die Pretesting-Phase wird als entscheidend für die Entwicklung eines Fragebogens angesehen. Nach Bell (1987) und Dwivedi (1997) sollten die Forscher einschätzen, ob die Befragten über das erforderliche Wissen verfügen oder Zugang zu den Informationen haben, die sie benötigen, um die Fragen korrekt zu beantworten. Es wird empfohlen, auf Expertengutachten zurückzugreifen, um sicherzustellen, dass die Fragen klar, spezifisch und frei von Mehrdeutigkeit sind und gleichzeitig Elemente wie führende, anmaßende, peinliche und erinnerungsfördernde Aspekte ausgeschlossen werden (Moser und Kalton, 2004).

Neuman (2006) rät von der Verwendung von Jargon, Slang und Abkürzungen ab, ebenso wie von Zweideutigkeit, Verwirrung, emotionaler Sprache, doppeldeutigen Fragen und Leitfragen. Forscher sollten vermeiden, Fragen zu stellen, die die Fähigkeiten der Befragten übersteigen, auf falschen Prämissen beruhen, nach Absichten in der fernen Zukunft fragen, doppelte Verneinungen enthalten oder zu unausgewogenen Antworten führen (Neuman, 2006).

Um die Qualität des Fragebogens zu verbessern, wurde er von Wissenschaftlern mit umfassender Forschungserfahrung und akademischer Zugehörigkeit überprüft. Tabelle 8-1 in Anhang 02 gibt einen Überblick über die kritischen Kommentare, die sie zu dem zuvor entwickelten umfassenden Fragebogen abgegeben haben.

Die Übersetzung dieses Fragebogens ist unerlässlich, da die Landwirte dieser speziellen Bevölkerungsgruppe hauptsächlich in ihrer Muttersprache, dem Singhalesischen, kommunizieren. Der Forscher übersetzte mit Hilfe eines Linguisten, der als Landwirtschaftsexperte der Regierung in einer Region tätig ist, die zu dieser Bevölkerungsgruppe gehört, um Genauigkeit und kulturelle Angemessenheit zu gewährleisten.

3.10 Population der Studie

Kleinbauern mit Reisanbauflächen von weniger als 2 Acres leisten mit 70 % der Paddy-Erzeugung des Landes einen erheblichen Beitrag. Weitere 25 % des Beitrags kommen von Landwirten mit einer Anbaufläche von 2 bis 5 Hektar. Diese Statistiken unterstreichen, wie wichtig es ist, die Größe der Anbauflächen als repräsentativen Indikator für die Bevölkerungsdichte der Landwirte in allen Reisanbaugebieten Sri Lankas zu betrachten.

Zu den wichtigsten Distrikten in Sri Lanka, die sich durch ihre Dominanz in Bezug auf die Aussaatfläche und das Produktionsvolumen auszeichnen, gehören Anuradhapura, Polonnaruwa, Kurunegala und Batticaloa. Abbildung 3-4 zeigt, dass der Bezirk Anuradhapura allein 16 % des gesamten Paddyanbaus im Land ausmacht, wenn man die Bruttoaussaatmenge betrachtet. Bemerkenswert ist, dass dieser Bezirk alle drei primären Bewässerungssysteme umfasst: Haupt-, Neben- und Regenbewässerung.

In Anbetracht der Bedeutung des Anbauvolumens und der Vielfalt der Bewässerungsmethoden im Bezirk Anuradhapura schlägt der Forscher vor, die Stichprobenpopulation aus diesem Bezirk für die Studie auszuwählen.

Exhibit 3-4 - Wichtigste Paddy-Anbaugebiete in Sri Lanka (nach Bruttosaatfläche)

Bezirk	**Bruttoaussaatfläche (Acres) - 2019/2020 (Maha)**				**% von Gesamt**
	Wichtigste Schemata	Kleinere Schemata	Rainfed	Alle Schemata	
Anuradhapura	133575	129204	31035	293814	16
Polonnaruwa	140748	18363	6488	165599	9
Kurunegala	44344	93277	66188	203809	11
Ampara	147601	10992	37651	196244	11
Batticaloa	60482	9416	95652	165550	9
Insgesamt (inselweit)	864237	494711	499894	1858842	100

Quelle: Ministerium für Volkszählung und Statistik Sri Lanka. (2020).

Die Einführung des Mahaweli-Projekts in das nationale Bewässerungssystem ist ein zentrales Projekt, das in der Zeit nach der Unabhängigkeit initiiert wurde und in erster Linie der Verbesserung des Reisanbaus diente. Das Projekt wurde 1979 durch ein Parlamentsgesetz ins Leben gerufen und 1984 unter der entschlossenen Behörde Mahaweli umgesetzt. Ziel des Programms war es, die Lebensqualität der Siedler zu verbessern und die Produktion und den Warenverkehr zu erleichtern. Die Regierung stellte verschiedene Infrastruktureinrichtungen zur Verfügung, darunter die physische Infrastruktur (wie Straßen, Kanäle, öffentliche Versorgungseinrichtungen, Häuser und andere Gebäude), die soziale Infrastruktur (mit Bildungs-, Gesundheits- und Postdiensten), die wirtschaftliche Infrastruktur (mit Einrichtungen zur Modernisierung der Landwirtschaft und zum Aufbau von Agrarindustrien) und die institutionelle Infrastruktur (mit Banken, Genossenschaften, Berufsbildungszentren und Regierungsstellen) (Wanasinghe, 1987).

Das Mahaweli-System besteht aus fünf Hauptsystemen: B, C, G, H und Udawalawe. Das Mahaweli H-System liegt im Distrikt Anuradhapura und wird aufgrund seiner sozioökonomischen Bedeutung als geeignet für diese Studie angesehen. Der Forscher sieht in dieser Auswahl die Möglichkeit, die langfristigen Auswirkungen der sozioökonomischen Veränderungen, die in diesen Regionen im Rahmen des Mahaweli-Programms in den 1980er Jahren vorgenommen wurden, auf die Landwirte zu bewerten.

3.11 Stichprobenpopulation

Nach den in der Volkszählung und Statistik 2019/2020 veröffentlichten Zahlen macht das Mahaweli-System (H) während der "Maha"-Anbausaison, der Hauptanbausaison für Reis in Sri Lanka, 20 % der Landfläche im Distrikt Anuradhapura aus. Dieses System H umfasst rund 14 170 Hektar bebautes Land, das sich auf vier Besiedlungsprogramme verteilt. Einzelheiten zur geografischen Lage des Systems H und zu den Reisanbauflächen sowie zu den jeweiligen Anteilen in den Regionen sind in den Abbildungen 3-3 und 3-5 dargestellt.

Exhibit 3-5 Aussaatfläche (Hektar) in den Mahaweli-Zonen H im Bezirk Anuradhapura

Reisanbaugebiet im System H	***Acres***	***% zum Distrikt Gesamt***
Galnewa	9082	3%
Meegalewa	5220	2%
Galkiriyagama	5367	2%
Madatugama	7307	2%
Eppawela	8122	3%
Tabuttegama	7129	2%
Nochchiyagama	8257	3%
Thalawa	7437	3%

Quelle: Ministerium für Volkszählung und Statistik Sri Lanka. (2020).

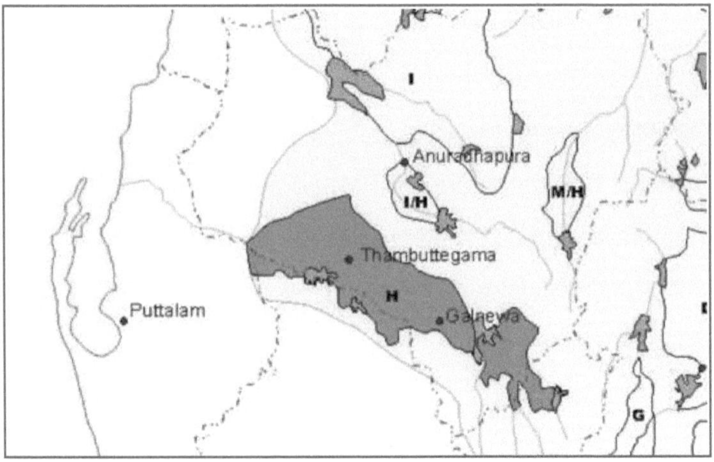

Abbildung 3-3 Geografie des Mahaweli-Systems (H)

(Quelle: Aheeyar, (2007)

3.12 Pilot-Umfrage

Das Vortesten eines Fragebogens mit einer kleinen Gruppe von Befragten ist eine weithin akzeptierte Forschungspraxis, bevor er in der Hauptstudie eingesetzt wird (Mugenda und Mugenda, 2003). In der Literatur wird immer wieder auf die Bedeutung von Pilotstudien für Datenerhebungsinstrumente hingewiesen. Dieser entscheidende Schritt gewährleistet, dass die Befragten die Fragen klar und eindeutig verstehen (Reynolds und Diamantopoulos, 1993; Janes, 1999; Easterby-Smith et al., 2021; Babbie, 2004; Moser und Kalton, 2004; Neuman, 2006; McBurney und White 2007). Anfängliche Tests ermöglichen es den Forschern auch, die Länge und Reihenfolge der Fragen zu bewerten (Easterby-Smith et al., 2021), Fehler zu erkennen (Reynolds und Diamantopoulos, 1998), das Forschungsteam zu schulen (Cooper und Schindler, 2003), Unzulänglichkeiten zu beheben und Verzerrungen zu verringern. Piloterhebungen helfen dabei, die Angemessenheit und den Umfang der Fragen zu bewerten, vage Anfragen aufzudecken (Sekaran und Bougie, 2016), Redundanzen zu vermeiden (Babbie, 2004), Randfragen zu bewerten (Moser und Kalton, 2004) und die Instrumente zu verfeinern (Synodinos, 2003).

Nach McBurney und White (2007) lieferte eine Piloterhebung mit einer moderaten Anzahl von Fällen wertvolle Einblicke in die Daten und Ergebnisse. Easterly-Smith (2002) und Sekaran und Bougie (2016) kamen zu dem Schluss, dass eine solche Erprobung eine Bewertung ermöglicht, ob es möglich ist, die Daten mit den gewählten Methoden zu analysieren. McBurney und White (2007) warnten davor, dass das Versäumnis, das Protokoll an einigen Informanten vorab zu testen, enttäuschend sein und die Genauigkeit der Studie beeinträchtigen könnte. Entsprechend den Empfehlungen aus verschiedenen Literaturquellen wurde der im vorangegangenen Kapitel besprochene, sorgfältig entworfene Fragebogen einer Piloterhebung und anschließenden Überarbeitungen unterzogen, um ihn für die Hauptstudie vorzubereiten.

Stichprobenerhebung für die Piloterhebung

Zwischen dem 23. Mai und dem 4. Juni 2022 wurden in bestimmten Regionen des Mahaweli-Systems H, der Zielpopulation der Hauptstudie, durch persönliche Interviews mit 64 Befragten geeignete Stichproben gezogen. Zur Verwaltung des Fragebogens wurden unter Anleitung von landwirtschaftlichen Außendienstmitarbeitern aus diesen Abteilungen Schlüsselinformanten ermittelt. Der Fragebogen wurde dann von diesen Schlüsselinformanten ausgefüllt. Die Befragten für den Fragebogen wurden durch Einsichtnahme in die Verteilerlisten für Düngemittel ausgewählt, die den Landwirtschaftsbeamten in dieser Abteilung zugänglich waren.

3.13 Datenanalyse der Piloterhebung

Die in der PLS-SEM-Literatur enthaltenen Anleitungen und Vorschläge wurden in jeder Phase der Datenanalyse und des Ziehens von Schlussfolgerungen genauestens befolgt. Wie bereits erörtert, umfasst das Modell sowohl Mess- als auch Strukturkomponenten und weist eine Kombination aus formativen und reflektiven Indikatoren auf. Die Datenanalyse beginnt mit der Analyse des Messmodells, bei der die in der Literatur empfohlenen Regeln und Bedingungen getrennt auf die Messkategorien "formativ" und "reflektiv" angewendet werden. Ziel dieser Analyse ist es, die wirksamsten und zuverlässigsten Indikatoren für die anschließende Bewertung des Strukturmodells und die Prüfung der Hypothesen zu ermitteln.

Das Messmodell umfasst 175 Messindikatoren und 23 beobachtbare Variablen zur Untersuchung der DFs, während das Strukturmodell vier latente Konstrukte umfasst (siehe Abbildung 3-4). Die Stärke jedes Pfadkoeffizienten des Kapitalvermögens misst die Stärke des Potenzials der nachhaltigen Landwirtschaft des Landwirts, das ein Konstrukt zweiter Ordnung im Modell ist. Umgekehrt spiegeln die Pfadkoeffizienten zwischen anderen Variablen die im Modell vorhergesagten direkten und indirekten Effekte wider. Die Messindikatoren haben, wie bereits beschrieben, die Form von ordinalen Likert-Messungen.

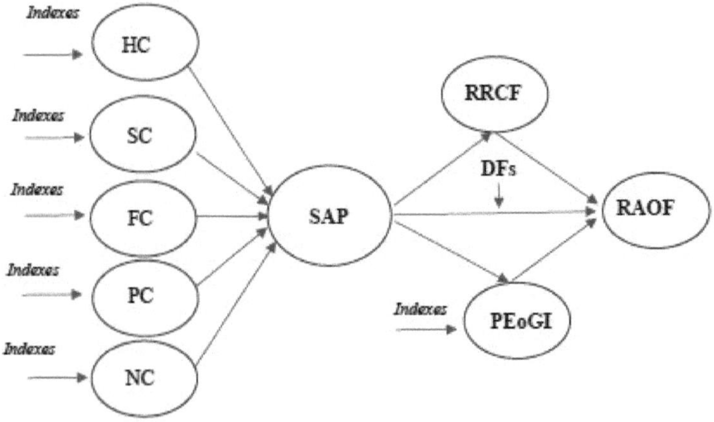

Abbildung 3-4 Modell zur Konstruktmessung und Pfadanalyse

(Quelle: Eigene Schöpfung des Autors)

3.13.1 Hauptkomponentenanalyse (PCA)

Die Hauptkomponentenanalyse (PCA) spielt eine entscheidende Rolle bei der Identifizierung der überzeugendsten Fragen für Forschungsinstrumente, ein Prozess, der häufig bei Piloterhebungen durchgeführt wird. Sie hilft, das Instrument zu straffen, indem sie Schlüsselfragen identifiziert, die die zugrunde liegenden Konstrukte effektiv erfassen. Die PLS-Regression hingegen unterscheidet sich von der normalen Regression. Bei der Konstruktion des Regressionsmodells werden durch eine Hauptkomponentenanalyse zusammengesetzte Faktoren erstellt, wobei sowohl mehrere unabhängige Variablen als auch abhängige Variable(n) verwendet werden.

Die PLS-Regression ist eine analytische Technik, die die linearen Beziehungen zwischen mehreren unabhängigen Variablen und einer oder mehreren abhängigen Variablen untersucht. Diese Methode konstruiert Komposita aus den mehrfachen unabhängigen und abhängigen Variablen durch Hauptkomponentenanalyse (Hair et al., 2017). Die im Folgenden beschriebene Messmodellanalyse dient einem ähnlichen Zweck wie die Hauptkomponentenanalyse und erfüllt die entscheidende Anforderung für die Entwicklung des neuen Instruments in dieser Forschung.

Analyse des Messmodells (PCA)

Analyse der formativen Konstrukte

In der PLS-SEM-Literatur wird empfohlen, bei der Bewertung von formativen Modellen, die diesem Modell ähneln, nacheinander die folgenden Schritte anzuwenden, die bei der Analyse des Modells mit 64 Stichproben, die während dieser Piloterhebung gesammelt wurden, hilfreich waren.

Schritt 1: Bewertung der **konvergenten Validität** des formativen Messmodells

Schritt 2: Bewertung des "formativen" Messmodells auf **Kollinearitätsprobleme**

Schritt 3: Bewertung der **Bedeutung und Relevanz** der formativen Indikatoren

(Hair et al. (2017)

Konvergente Validität:

In der Literatur wird auch eine Methode zur Prüfung der konvergenten Validität (CV) bei der Messung und Bewertung von Indikatoren für formative Messungen vorgeschlagen. Bei dieser Technik wird die CV von formativen Konstrukten analysiert, indem die Korrelation der formativen Messung mit alternativen reflektiven Messungen desselben Konstrukts berechnet wird. Jedes Konstrukt wird als separates Teilmodell behandelt, das als "konstruktiv-formativ" und "konstruktiv-reflektiv" bezeichnet wird, wie in Abbildung 3-5 dargestellt. In dieser linearen Anordnung tragen die formativen Indikatoren gemeinsam zum formativen latenten Konstrukt bei, und in einer idealen Situation sollte die erklärte Varianz (R2-Wert) des zusammengesetzten latenten Konstrukts gleich 1 sein (Bollen, 2011; Bollen und Bauldry, 2011).

In der Literatur wird empfohlen, dass die Stärke des Pfadkoeffizienten, der zwei Konstrukte (formativ und reflektiv) verbindet, mindestens 0,80 oder mindestens 0,70 betragen sollte, um eine zufriedenstellende konvergente Validität zu erreichen. Mit anderen Worten, dies spiegelt einen indikativen R^2-Wert des Konstrukts von 0,64 oder mindestens 0,50 wider, um "konvergente Validität" festzustellen. Die Analyse der sechs formativen latenten Konstrukte des Modells wurde nach diesen Kriterien und Regeln durchgeführt. Tabelle 3-12 enthält eine Zusammenfassung der konvergenten Validitätsanalyse der formativen Konstrukte des Modells.

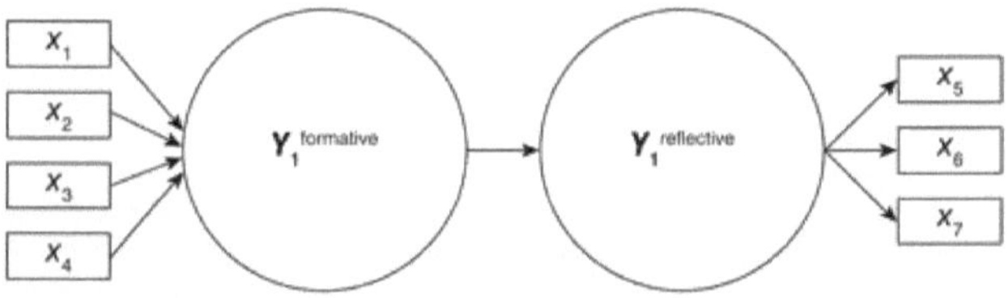

Abbildung 3-5 Modell zur Messung der konvergenten Validität der formativen Indikatoren

Quelle: (Hair et al. (2017)

Tabelle 3-11 Ergebnisse der Analyse der konvergenten Validität

Latentes Konstrukt	Pfadkoeffizient	R^2 Wert
HC^F→ HC^R	0.924	0.853
SC^F→ SC^R	0.784	0.615
FC^F→ FC^R	0.895	0.801
PC^F→ PC^R	0.828	0.686
NC^F→ NC^R	0.700	0.491
$FPEII^F$ -$FPEII^R$	0.950	0.902

Kollinearität der Indikatoren

PLS-SEM bewertet Kollinearitäten von formativen Indikatoren mithilfe des Varianz-Inflationsfaktors (VIF), der der Kehrwert der Toleranz ist. Die Toleranz steht für die Varianz des formativen Indikators, die nicht durch andere Indikatoren desselben Konstrukts erklärt wird. Im Kontext von PLS-SEM weisen ein Toleranzwert von 0,20 oder weniger und ein VIF-Wert von 5 oder höher auf ein potenzielles Kollinearitätsproblem hin (Hair et al., 2011).

Bei der Durchführung der Kollinearitätsanalyse aller formativen Indikatoren wurde festgestellt, dass einige Indikatoren die vorgegebenen Schwellenwerte überschritten. Daher wurden diese Fragen aus dem Fragebogen gestrichen und bei der Auswertung des Strukturmodells nicht berücksichtigt. Die Ergebnisse der VIF-Analysen der formativen Konstrukte finden sich in Anhang 03 dieser Arbeit.

Bedeutung und Relevanz

In PLS-SEM spielen die äußeren Gewichte und äußeren Ladungen der Indikatoren eine entscheidende Rolle bei der Angabe der relativen Relevanz und der absoluten Bedeutung des Beitrags der einzelnen Indikatoren zur Bildung des Konstrukts. Die Signifikanz dieser Beiträge wird in der Regel mithilfe der Bootstrapping-Technik in PLS-SEM bewertet.

In der Literatur finden sich bestimmte Regeln zur Bestimmung der Relevanz und Bedeutung von äußeren Gewichten und äußeren Ladungen. Diese Regeln helfen den Forschern, die relative Bedeutung der einzelnen Indikatoren für die Gestaltung der zugrunde liegenden Konstrukte zu verstehen.

- Wenn das Gewicht eines Indikators signifikant ist, gibt es empirische Unterstützung für die Beibehaltung des Indikators.
- Wenn die Gewichtung eines Indikators nicht signifikant ist, aber die entsprechende Itemladung relativ hoch (d. h. ≥0,50) oder statistisch signifikant ist, sollten Forscher solche Indikatoren im Allgemeinen beibehalten.
- Wenn das "äußere Gewicht" nicht signifikant und die "äußere Belastung" relativ niedrig ist (d. h. <0,5), sollten die Forscher dringend erwägen, den prägenden Indikator aus dem Modell zu entfernen.

Nach der Anwendung der festgelegten Regeln auf dieses Modell zeigen die Ergebnisse, dass bestimmte Indikatoren die oben genannten Kriterien nicht erfüllen. Folglich wurden diese Fragen aus dem Fragebogen gestrichen und bei den Strukturmodellanalysen nicht berücksichtigt. Die detaillierten Ergebnisse der Signifikanz- und Relevanzanalysen der formativen Indikatoren finden sich in Anhang 03.

Gesamtergebnisse der formativen Analyse

Von den 138 formativen Fragen wurden 72 Indikatoren für produktiv befunden und im endgültigen Fragebogen beibehalten; diese Indikatoren wurden verwendet, um das später in diesem Kapitel behandelte Strukturmodell zu testen.

Analyse der reflektierenden Konstrukte

Bei PLS-SEM werden für die Analyse der reflektiven Daten andere Kriterien herangezogen als bei der formativen Analyse. Die Bewertung von reflektiven Messungen basiert auf der Anwendung spezifischer Parameter und Regeln.

- Interne Konsistenz (Cronbachs Alpha, zusammengesetzte Reliabilität)

- Konvergente Validität (Zuverlässigkeit der Indikatoren, durchschnittliche extrahierte Varianz)
- Zuverlässigkeit der Indikatoren
- Diskriminante Validität

Die Bewertung von Reflexionsdaten in PLS-SEM umfasst mehrere Parameter und Regeln:

Zusammengesetzte Reliabilität (CR): Die Zuverlässigkeit der internen Konsistenz wird mit dem Parameter der zusammengesetzten Zuverlässigkeit gemessen. In der explorativen Forschung wird vorgeschlagen, dass die CR höher als 0,70 sein sollte, wobei Werte zwischen 0,60 und 0,70 als akzeptabel gelten.

Indikator-Zuverlässigkeit: Die Zuverlässigkeit der Indikatoren wird durch die Untersuchung der äußeren Ladung des Indikators bewertet. Werte für äußere Ladungen von mehr als 0,70 werden im Allgemeinen als zuverlässig angesehen. Äußere Ladungswerte zwischen 0,40 und 0,70 werden nur dann für eine Entfernung in Betracht gezogen, wenn solche Abzüge die zusammengesetzte Zuverlässigkeit und die "durchschnittlich erklärte Varianz" (AVE) verbessern.

Konvergente Validität (AVE): Die konvergente Validität wird anhand der durchschnittlich erklärten Varianz (AVE) gemessen, und ein Wert von mehr als 0,50 wird auf der Grundlage der PLS-SEM-Empfehlungen allgemein akzeptiert.

Diskriminanzvalidität (HTMT): Die diskriminante Validität wird anhand des "Heterotrait-Monotrait"-Verhältnisses (HTMT) bewertet, wobei ein Wert von 1 für alle Kombinationen von Konstrukten vermieden werden sollte.

Fornell-Larcker-Kriterium: Das Fornell-Larcker-Kriterium besagt, dass die äußeren Ladungen eines Indikators auf einem Konstrukt höher sein sollten als alle seine Kreuzladungen mit anderen Konstrukten. Darüber hinaus sollte die Quadratwurzel des AVE eines jeden Konstrukts höher sein als seine höchste Korrelation mit einem anderen Konstrukt.

Die Ergebnisse der Anwendung dieser Regeln sind in den Tabellen 3-13 und 3-14 dargestellt. Die externen Ladungen für jeden Reflexionsindikator wurden untersucht, um festzustellen, welche Indikatoren weniger wirksam waren und aus dem Fragebogen gestrichen werden sollten.

Tabelle 3-12 Analyse der internen Konsistenz und der Reliabilität

Konstruieren Sie	Cronbachs Alpha	Komposit-Zuverlässigkeit	Durchschnittliche extrahierte Varianz (AVE)
Bereitschaft der Landwirte zur Übernahme von OF	0.778	0.857	0.603
Bereitschaft der Landwirte zur Freigabe von CF	0.829	0.882	0.657
Landwirte SA Potenziale	0.821	0.871	0.531

Tabelle 3-13 HTMT-Analyse

	Bereitschaft der Landwirte zur Übernahme von OF	Bereitschaft der Landwirte zur Freigabe von CF
Landwirte SA Potenziale	0.404	0.323
Bereitschaft der Landwirte zur Freigabe von CF	0.744	

Die Anwendung der reflektiven Messregeln führte dazu, dass 17 der 37 in dieser Phase getesteten Fragen beibehalten wurden. Der endgültige Fragebogen enthält diese Fragen, und sie werden zur Auswertung der Strukturmodellanalyse verwendet. Die Einzelheiten zu den oben genannten Analyseergebnissen sind in Anhang 03 enthalten.

Mehrgruppenanalyse

Der Fragebogen umfasst 23 kategoriale (gruppierende) Fragen, mit denen verschiedene Aspekte der demografischen, sozialen, kulturellen und traditionellen Verhaltensweisen der Landwirte untersucht werden sollen, die ihre Entscheidungsfindung bei der Einführung des ökologischen Landbaus und der Umstellung auf eine nachhaltigere Landwirtschaft beeinflussen könnten. Mit Hilfe einer Multigruppenanalyse wird untersucht, ob sich die Antworten auf diese Fragen signifikant unterscheiden, wenn sie innerhalb derselben Stichprobe kategorisiert werden.

Im Rahmen der PLS-SEM-Techniken wird der Permutationstest zur Durchführung dieser Analyse verwendet, wobei die Gruppen unterschiedlich behandelt werden und die Ergebnisse vergleichend dargestellt werden, um alle erkennbaren Unterschiede hervorzuheben. Durch die Berechnung von Unterschieden zwischen gruppenspezifischen Pfadkoeffizienten pro Permutation ermöglicht der Test die Untersuchung, ob diese Unterschiede in der breiteren Population signifikant sind (Chin und Dibbern, 2010; Dibbern und Chin, 2005).

Für diese Analyse werden zwei Kategorien betrachtet: die "Mehrheit" und der "Rest" der Antworten. Der Permutationstest wird durchgeführt, um festzustellen, ob es zumindest bei einem der Pfadkoeffizienten im Modell einen signifikanten Unterschied zwischen diesen beiden Kategoriegruppen gibt. Die Ergebnisse des Permutationstests zeigen, dass neun der 23 kategorialen Fragen zumindest bei einem Pfadkoeffizienten des Modells wesentliche Unterschiede zwischen den genannten Gruppen aufweisen.

3.13.2 Schlussfolgerung der Messmodell (PCA)-Analysen

Der umfangreiche Fragebogen, der ursprünglich 23 Gruppierungsvariablen und 175 reflektierende und formative Fragen umfasste, wurde während der

Messmodellanalyse deutlich auf fast die Hälfte gekürzt. Die für den endgültigen Fragebogen und die anschließende Prüfung des Strukturmodells ausgewählten Indikatoren sind in Tabelle 3-15 aufgeführt. Bei dieser abschließenden Überarbeitung wurden die Kommentare der Gutachter wieder aufgegriffen und in den Verfeinerungsprozess einbezogen.

Tabelle 3-14 Für die Hauptstudie beibehaltene Indikatoren

Kategorische Fragen an den Beobachter Demographische Faktoren

Frage	Antwort
Name (fakultativ):	....
Kontakt (fakultativ):	....
Geschlecht:	....
Alter:	....
Religion:	....
1. Wie hoch ist Ihr Bildungsniveau?	g) keine Schule besucht haben h) Klasse 1 bis Klasse 5 i) Klasse 6 bis Klasse 11 j) Bestanden OL k) Bestanden AL l) Bachelor-Abschluss oder höher
2. Wie erfüllen Sie den Bedarf an Arbeitskräften für Ihren Reisanbau?	e) Nur ich selbst f) Und meine Haushalte g) Eingestellte Arbeitskräfte h) Alle oben genannten
3. Sind Sie Mitglied in einem Bauernverband	Ja/Nein
4. Mit wem besprechen Sie hauptsächlich Fragen zum Reisanbau oder suchen Rat für Verbesserungen?	g) Außendienstmitarbeiter der Regierung h) Agrarforscher i) Paddy-Käufer j) Input-Verkäufer k) Andere Landwirte l) Sonstiges angeben
5. Welche Agro-Inputs verwenden Sie im Reisanbau?	f) Nur organische Stoffe g) Hauptsächlich organisch und weniger chemische Substanzen h) Überwiegend chemische Stoffe und weniger organische Stoffe i) Sowohl organische als auch chemische Stoffe j) Sonstiges angeben
6. Welche Anbaumethoden wenden Sie beim Reisanbau an?	e) Moderne Methoden mit vorhandenen Maschinen f) Traditionelle Methoden g) Eine Mischung aus traditionellen und modernen Methoden h) Anderes angeben
7. Wie groß ist Ihre Hauptanbaufläche für Reis in Hektar?	....
8. Behalten Sie Ernterückstände auf der landwirtschaftlichen Fläche?	Ja/Nein

Frage	Antwort
9. Sind Sie in Ihrer Landwirtschaft von Tieren bedroht? Was bedroht Ihren Reisanbau?	Ja/Nein, wenn ja, bitte angeben Bitte angeben ....

Skalenindikatoren zur Bewertung der Modellbeziehungen

S N	Indikator	Messindikatoren Beschreibung
		Humankapital
	Humankapital - Allgemeine reflektierende Indikatoren	
1.	HCGQ1	Ich bin sehr motiviert, den Reisanbau fortzusetzen.
2.	HCGQ3	Ich bin mir der naturverträglichen Landwirtschaft sehr bewusst
3.	HCGQ4	Ich wende im Reisanbau konsequent naturverträgliche Anbaumethoden an
	Humankapital - Zusammengesetzte formative Indikatoren	
		Gesundheit und Wohlbefinden
4.	HCHAW3	Es kommt selten vor, dass unsere Gesundheitsprobleme unseren Reisanbau beeinträchtigen
5.	HCHAW5	Ich bin mit meinen Beziehungen zu Freunden sehr zufrieden
6.	HCHAW7	Ich bin überhaupt nicht besorgt über alles, was in diesen Tagen passiert.
7.	HCHAW8	Ich bin optimistisch für die nächsten 12 Monate
		Wissen und Erfahrungen in der Landwirtschaft
8.	HCKAFE10	Ich kenne die wirksamste Methode, um Unkraut zu bekämpfen
9.	HCKAFE5	Ich weiß, wie wichtig die Verwendung von organischem Kompost ist.
10.	HCKAFE6	Ich kenne die unabwendbaren Folgen einer nicht rechtzeitig durchgeführten Bewässerung
11.	HCKAFE8	Ich kenne biologische Methoden zur wirksamen Schädlingsbekämpfung
		Planen und Organisieren
12.	HCPAO3	Ich betreibe die Landwirtschaft zur richtigen Zeit
		Haltungen
13.	HCA1	Wir müssen die natürlichen Ressourcen für die nächste Generation schützen, auch wenn dies kurzfristig zu Einbußen bei unserem Ergebnis führt.
14.	HCA3	Intensiver Einsatz von Chemikalien in der Landwirtschaft beeinträchtigt die Gesundheit von Mensch und Tier

S N	Indikator	Messindikatoren Beschreibung
		Überzeugungen und Werte
15.	HCBAV1	Ich glaube, dass die Minimierung des Einsatzes von Chemikalien eine zeitgemäße Notwendigkeit ist
16.	HCBAV3	Der durch weniger Chemikalien erzeugte Ertrag ist gesünder
17.	HCBAV6	Meine Kinder/Kinder werden unsere bäuerlichen Traditionen weiterführen
	Soziales Kapital	
	(SA-Praktiken Beispiele: Auswahl von besserem Saatgut zur Ertragssteigerung, Minimierung des Einsatzes von chemischen Düngemitteln, Verbesserung der Bodenfruchtbarkeit, minimaler Einsatz von Chemikalien zur Schädlings- und Unkrautbekämpfung, Minimierung von Wasserverschwendung und -verschmutzung usw.)	
	Soziales Kapital - Allgemeine reflektierende Indikatoren	
18.	SCGRQ1	Ich lebe in einer Gesellschaft, in der ich durchaus ermutigt werde, SA-Praktiken zu übernehmen.
19.	SCGRQ2	Ich lebe in einer Gesellschaft, in der ich bei der Übernahme von SA-Praktiken voll unterstützt werde.
20.	SCGRQ3	Ich lebe in einer Gesellschaft, in der die SA als ein wichtiger
21.	SCGRQ4	Ich werde mehr soziale Anerkennung erhalten, wenn ich SA-Praktiken anwende
	Sozialkapital - Zusammengesetzte formative Indikatoren	
		Netzwerke und Verbundenheit, a) Bonding -ähnliche Individuen innerhalb eines Netzwerks, b) Bridging - Schützer, c) Linkage -politische Entscheidungsträger
22.	SCNBBL1	Die Organisation der Landwirte bietet mir wichtige Hilfe für meine landwirtschaftlichen Tätigkeiten
23.	SCNBBL2	Ich erhalte erhebliche Unterstützung von den Gemeindeverbänden, in denen ich Mitglied bin
24.	SCNBBL6	Ich erhalte erhebliche Unterstützung von Agrarforschern für meine landwirtschaftlichen Tätigkeiten
		Vertrauen und Gegenseitigkeit
25.	SCTAR1	Ich vertraue auf den Rat und die Unterstützung meiner Landwirtskollegen zu den oben genannten Praktiken

S N	Indikator	Messindikatoren Beschreibung
26.	SCTAR4	Ich vertraue auf den Rat und die Unterstützung, die ich von Banken und anderen Finanzinstituten zu den oben genannten Praktiken erhalte
27.	SCTAR5	Ich vertraue auf den Rat und die Unterstützung, die ich von den Versicherungsgesellschaften zu den oben genannten Praktiken erhalte
28.	SCTAR6	Ich vertraue auf die Beratung und Unterstützung, die ich von Verkäufern von Agrochemikalien bei den oben genannten Aktivitäten erhalte
		Normen und Werte
29.	SCNAV1	Einige Landwirtskollegen zwingen mich zu naturverträglicheren Anbaumethoden
30.	SCNAV2	Ich freue mich immer, wenn ich eine Ernte mit höheren Standards produzieren kann.
31.	SCNAV3	Ich erhalte mehr soziale Anerkennung, wenn ich mich auf umweltfreundlichere Anbaumethoden umstelle
32.	SCNAV4	Ich erhalte bessere Preise/Nachfrage, wenn ich Paddy mit organischem Material und mit weniger Chemikalien anbaue
		Strom
33.	SCP1	Die Anpassung der oben genannten Praktiken ist eine Bedingung für meine Landnutzung
34.	SCP2	Paddy-Käufer bieten Landwirten, die diese Praktiken anwenden, bessere Preise
35.	SCP3	Agro-Input-Verkäufer gewähren Landwirten, die die oben genannten Praktiken anwenden, Rabatte und Kreditmöglichkeiten
36.	SCP4	Ich habe das Gefühl, dass die Regierungsbeamten die Landwirte, die die oben genannten Praktiken anwenden, immer mehr unterstützen.
37.	SCP5	Ich finde, dass wohlhabende Landwirte in unserer Gesellschaft uns bei der Anpassung der oben genannten Praktiken unterstützen
		Finanzielles Kapital
	Finanzielles Kapital - Allgemeine reflektierende Indikatoren	
38.	FCGRQ1	Ich bin wirtschaftlich stark genug, um den Reisanbau fortzusetzen

S N	Indikator	Messindikatoren Beschreibung
39.	FCGRQ2	Finanzielle Unterstützung für meine landwirtschaftlichen Bedürfnisse zu erhalten, ist nicht schwierig
40.	FCGRQ3	Mein Reisanbau ist im Allgemeinen rentabel.
	Finanzkapital - Zusammengesetzte formative Indikatoren	
		Einsparungen und Cashflow
41.	FCSACF1	Die Gewährleistung der Ernährungssicherheit im Haushalt ist für mich keine Herausforderung
42.	FCSACF2	Die Befriedigung der finanziellen Bedürfnisse meiner Familie stellt für mich keine Herausforderung dar
43.	FCSACF3	Ich mache in jeder Saison einen guten Überschuss.
44.	FCSACF4	Die Re-Investition in den Reisanbau ist für mich keine Herausforderung
		Finanzielle Kredite
45.	FCFC3	Ich kann mir bei lokalen Anbietern problemlos Geld zu einem angemessenen Zinssatz leihen
46.	FCFC1	Einen Kredit von einer staatlichen Bank zu bekommen, ist für mich keine Herausforderung
47.	FCFC2	Ein Darlehen von einer Privatbank zu erhalten, ist für mich keine Herausforderung
		Überweisungen
48.	FCR1	Ich erhalte ein erhebliches Einkommen aus meinen anderen Geschäften
49.	FCR3	Obwohl der Reisanbau meine Hauptbeschäftigung ist, habe ich Nebenjobs mit gutem Verdienst.
50.	FCR4	Neben dem Reisanbau betreibe ich noch andere landwirtschaftliche Tätigkeiten, die mir ein beträchtliches Einkommen verschaffen
51.	FCR5	Ich erhalte ein regelmäßiges Einkommen aus meinen Ersparnissen auf der Bank
		Rentabilität
52.	FCP1	Ich erhalte einen fairen Preis für meine Ernte, und das Einkommen ist im Allgemeinen rentabel.
53.	FCP2	Der Verkaufspreis steigt parallel zum Anstieg der Kosten für landwirtschaftliche Betriebsmittel
54.	FCP3	Der Gewinn, den ich erziele, steigt mit dem Preisanstieg anderer Haushaltswaren
		Physisches Kapital

S N	Indikator	Messindikatoren Beschreibung
	Physisches Kapital - Allgemeine reflektierende Indikatoren	
55.	PCGRQ1	Ich verfüge über die für den Reisanbau erforderlichen Maschinen und Geräte
56.	PCGRQ2	Ich kann es mir leisten, bei Bedarf die entsprechenden Maschinen zu mieten.
57.	PCGRQ3	Ich habe Zugang zum landwirtschaftlichen Wissen der SA
58.	PCGRQ4	Ich bekomme leicht Marktinformationen
59.	PCGRQ5	Ich habe leichten Zugang zu Verkaufsstellen für landwirtschaftliche Betriebsmittel
	Sachkapital - Zusammengesetzte formative Indikatoren	
		Verfügbarkeit von Maschinen
	(Beispiele für Maschinen (Sprühmaschine, Wasserpumpe, zweirädriger Traktor, vierrädriger Traktor, Pflanzmaschine, Erntemaschine usw.)	
60.	PCAOM1	Ich verfüge über die erforderlichen landwirtschaftlichen Maschinen und Geräte, die für meinen Betrieb notwendig sind
61.	PCAOM2	Die Wartung dieser Art von Maschinen ist für mich kein Thema
62.	PCAOM3	Ich kann es mir leisten, die oben genannten Maschinen bei Bedarf problemlos zu mieten.
63.	PCAOM4	Die Gebühren, die ich für die Anmietung von Maschinen zahle, sind erschwinglich
64.	PCAOM5	Die Gebühren, die ich für die Anmietung von Maschinen zahle, sind angemessen
		Zugang zu Informations- und Beratungsdiensten und Marktinformationen
65.	PCAIS1	Ich höre Radiosendungen über den Reisanbau, und sie sind nützlich
66.	PCAIS2	Ich sehe mir Fernsehsendungen über den Reisanbau an, und sie sind nützlich
67.	PCAIS6	Ich lese Zeitungsartikel über den Reisanbau, und sie sind nützlich
68.	PCAIS7	Ich lese regelmäßig die Broschüren und Faltblätter, die über den Reisanbau verteilt werden, und sie sind nützlich.

S N	Indikator	Messindikatoren Beschreibung
69.	PCAIS3	Im Internet und in den sozialen Medien finde ich hilfreiche Videos zum Thema Landwirtschaft, und sie sind nützlich
		Zugang zur Infrastruktur und Verfügbarkeit von Arbeitskräften
70.	PCAIAL1	Der Zugang zu den Paddy-Käufern ist einfach
71.	PCAIAL2	Der Zugang zu landwirtschaftlichen Lieferanten und Verkäufern ist einfach
72.	PCAIAL3	Die für den Reisanbau erforderlichen Arbeitskräfte sind leicht zu finden
		Natürliches Kapital
	Naturkapital - Allgemeine reflektierende Indikatoren	
73.	NCGRQ1	Die Bodenbeschaffenheit meiner Parzelle kann für den Einsatz organischer Düngemittel verbessert werden
74.	NCGRQ2	Ich bekomme eine ausreichende Wasserversorgung für meine Landwirtschaft
75.	NCGRQ3	Der Standort meiner Parzelle ist weniger anfällig für Naturkatastrophen
	Naturkapital - Zusammengesetzte formative Indikatoren	
		Die Bodenfruchtbarkeit des Landes
76.	NCSFL1	Ich denke, die Bodenfruchtbarkeit meiner Parzelle ist in gutem Zustand
77.	NCSFL2	Ich denke, ich kann den Boden in meinem landwirtschaftlichen Betrieb für die Verwendung von organischem Dünger verbessern.
		Verfügbarkeit von kohlenstoffhaltigen Substanzen zur Verbesserung der Bodenfruchtbarkeit
78.	NCACS3	Ich kann den für meine Parzelle benötigten Kompost herstellen
79.	NCACS4	Ich kann in der Nähe meines Grundstücks eine gute Menge an Gründüngungspflanzen finden
80.	NCACS2	Ich kann in der Nähe meines Grundstücks angemessene Mengen an Geflügel- oder Kuhmist finden.
		Effektivität der Wasserwerke und Angemessenheit der Wasserversorgung
81.	NCEWAW1	Die Wasserleitungen zu meinem Grundstück sind gut gewartet

S N	Indikator	Messindikatoren Beschreibung
82.	NCEWAW2	Ich bin zufrieden mit dem Zeitplan für die Wasserabgabe in der Landwirtschaft
83.	NCEWAW3	Auch auf Regenwasser kann ich mich in vernünftigem Maße verlassen
84.	NCEWAW4	Ich kann bei Bedarf Wasser zu meinem Grundstück pumpen
		Häufigkeit von Extremfällen und Tierangriffen
85.	NCFWA1	Ich habe keine schweren Ernteschäden aufgrund der Dürre
86.	NCFWA2	Ich habe keine schweren Ernteschäden aufgrund von Überschwemmungen
87.	NCFWA3	Ich habe keine schweren Ernteschäden durch Tierangriffe
	Die von den Landwirten wahrgenommene Wirksamkeit staatlicher Interventionen	
	Von den Landwirten wahrgenommene Wirksamkeit staatlicher Interventionen - Generische reflektierende Indikatoren	
88.	PEIIGRQ1	Die von der Regierung eingeführten Finanzierungsprogramme zur Förderung von organischem Dünger sind nützlich
89.	PEIIGRQ2	Die Ausbildungsprogramme zur Förderung des Einsatzes organischer Düngemittel sind nützlich
90.	PEIIGRQ3	Die materielle Unterstützung, die wir von der Regierung während dieses Übergangs erhalten, ist nützlich
91.	PEIIGRQ4	Die Regierung trifft politische Entscheidungen zur Unterstützung der Landwirte bei der Verwendung von organischem Dünger
	Von den Landwirten wahrgenommene Wirksamkeit staatlicher Interventionen - Zusammengesetzte formative Indikatoren	
		Verfügbarkeit von organischem Dünger für die Landwirtschaft
92.	PEIIAOF1	Organische Düngemittel sind auf dem Markt erhältlich
93.	PEIIAOF2	Ich bin zuversichtlich, dass ich den auf dem Markt erhältlichen organischen Dünger in meinem Reisanbau verwenden kann.
		Finanzielle Unterstützung beim Kauf von organischem Dünger
94.	PEIIFAFOF1	Das finanzielle Unterstützungsprogramm der Regierung zur Förderung von organischem Dünger funktioniert gut

S N	Indikator	Messindikatoren Beschreibung
95.	PEIIFAFOF2	Ich denke, dass die staatlichen Finanzhilfen für organischen Dünger auch in den kommenden Saisons fortgesetzt werden.
96.	PEIIFAFOF3	Wir alle erhalten diese Finanzhilfe mit weniger Papieraufwand und Verfahren
		Bereitstellung von Ausgleichszahlungen für den Fall, dass die Landwirte aufgrund der Umstellung Ernteausfälle erleiden
97.	PEIIPOC1	Die von der Regierung angekündigte Entschädigungsregelung für mögliche Ernteeinbußen aufgrund des Einsatzes organischer Düngemittel ist ermutigend.
98.	PEIIPOC2	Wir können solchen Versprechungen der Regierung einigermaßen vertrauen
99.	PEIIPOC3	Ich habe in der Vergangenheit erlebt, dass uns solche Ausgleichsbeihilfen bei Ernteverlusten gewährt wurden
		Bereitstellung von besser geeignetem Saatgut für organischen Dünger
100.	PEIIPSFOF1	Es gibt ein staatliches Programm zur Bereitstellung von besser geeignetem Saatgut für die Verwendung von Kohlenstoffdünger
101.	PEIIPSFOF2	Die Preise für Saatgut, das sich für kohlenstoffhaltigen Dünger eignet und von der Regierung bereitgestellt wird, sind angemessen.
102.	PEIIPSFOF4	Wir können diese Samen in nahe gelegenen Geschäften finden
	Bereitschaft der Landwirte, auf den Einsatz von chemischen Düngemitteln zu verzichten - Reflexionsindikatoren	
103.	FRTRCF1	Die Minimierung des Einsatzes von chemischen Düngemitteln ist ein Gebot der Stunde
104.	FRTRCF2	Ich bin bereit, den Einsatz von chemischen Düngemitteln auf ein Minimum zu reduzieren, auch wenn sich dies auf meinen Ertrag auswirken kann.
105.	FRTRCF3	Der Einsatz intensiver chemischer Düngemittel ist nicht der Weg in die Zukunft des Reisanbaus
106.	FRTRCF4	Ich bin bereit, organische Stoffe als Alternative zu chemischen Düngemitteln auszuprobieren.

S N	Indikator	Messindikatoren Beschreibung
	Bereitschaft der Landwirte, ihre Parzellen mit organischen Düngemitteln umzugestalten - Reflexionsindikatoren	
107.	FRTROF1	Die Verwendung der organischen Substanz im Reisanbau ist für mich nicht neu
108.	FRTROF2	Wir können mit organischen Düngemitteln rentablere Ergebnisse erzielen
109.	FRTROF3	Ich kann organische Düngemittel zur Deckung meines Bedarfs im Inland herstellen
110.	FRTROF5	Der Einsatz von organischem Dünger ist die nachhaltige Zukunft des Reisanbaus

3.14 Bewertung des strukturellen Modells

In dieser Piloterhebung wird die strukturelle Modellprüfung durchgeführt, um die Eignung der gewählten Datenanalysetechnik, Partial Least Squares Structural Equation Modelling (PLS-SEM), für die Studie zu bewerten. Obwohl die strukturelle Modellanalyse keine endgültigen Schlussfolgerungen zieht, besteht ihr Hauptziel darin, die Hypothesen innerhalb des Modells zu überprüfen. Dieser Prozess soll Erkenntnisse über die potenzielle Anwendbarkeit der Hypothesen für die Hauptstudie liefern.

In dieser Phase wird die Analyse gemäß den Literaturempfehlungen von Hair et al. (2017) durchgeführt, wobei deren Anleitungen in den folgenden Schritten integriert werden, um eine vorläufige Bewertung des Strukturmodells und der damit verbundenen Hypothesen sicherzustellen.

- Schritt 1 Bewertung des Strukturmodells auf Kollinearitätsprobleme
- Schritt 2 Bewertung der Bedeutung und Relevanz der Beziehungen im Strukturmodell
- Schritt 3 Bewertung des Niveaus von R^2
- Schritt 4 Bewertung der Effektgröße f^2

- Schritt 5 Bewertung der Vorhersagekraft von Q^2
- Schritt 6 Bewertung der q^2 Effektgröße
- Bewertung der Modellanpassungsindizes

Die Einzelheiten der in den oben genannten Schritten durchgeführten Analyse sind in Anhang 03 dieser Arbeit enthalten.

3.15 Zusammenfassung der Ergebnisse der Pilotumfrage

Das Hauptziel dieser Piloterhebung ist die Validierung und Verfeinerung des Forschungsfragebogens, die Bewertung der Eignung der gewählten Datenanalysetechnik für die Hauptstudie und die Beurteilung der Angemessenheit des für diese Untersuchung entwickelten konzeptionellen Modells. Ziel der Studie ist die Durchführung einer quantitativ-deskriptiven Forschung, bei der ein Phänomen im Kontext des Reisanbaus in Sri Lanka durch Beobachtung untersucht wird. Die Piloterhebung diente als pragmatischer Ansatz zur Fertigstellung des Fragebogens mit einer angemessenen und überschaubaren Anzahl von Fragen. Der Fragebogen, der auf der Grundlage einer Literaturrecherche erstellt und durch eine wissenschaftliche Überprüfung und die Piloterhebung validiert wurde, umfasst 110 formative und reflektierende Fragen sowie neun demografische Fragen, die in bestimmte Kategorien eingeteilt sind. Das Ausfüllen des Fragebogens dauert für einen durchschnittlichen Befragten schätzungsweise 30-40 Minuten.

Die Techniken und Bestimmungen der Partial Least Squares Structural Equation Modelling (PLS-SEM) zur Messung sowohl der Messwerte als auch der Komponenten des Strukturmodells entsprechen gut den Anforderungen dieser Studie. Die Ergebnisse des Strukturmodells wurden als einigermaßen zufriedenstellend befunden, was darauf hindeutet, dass das Modell zusammen mit den PLS-SEM-Techniken in der Lage ist, die Hypothesen zu testen. Die Variablen,

Gewichte, Ladungen und Pfadkoeffizienten entsprechen den etablierten Regeln und Bedingungen, die von verschiedenen Wissenschaftlern in der Literatur für unterschiedliche Segmente der Strukturgleichungsmodellierung (SEM) empfohlen werden.

Es ist wichtig zu betonen, dass das Hauptziel dieser Studie nicht darin besteht, die zugrunde liegende Theorie zu validieren, sondern vielmehr darin, die Theorie für die Untersuchung eines unbekannten Phänomens in einem spezifischen Kontext zu nutzen. Die Untersuchung des Strukturmodells mit einer begrenzten Stichprobengröße (64) in dieser Pilotstudie zeigt, dass die Variablen und Beziehungen innerhalb des Modells auswertbar sind und den Kriterien der Partial Least Squares Structural Equation Modelling (PLS-SEM) entsprechen

Die Möglichkeiten von PLS-SEM ermöglichen es den Forschern, die einzelnen Beiträge der Kapitalanlagen der Landwirte zu der zusammengesetzten und abhängigen Variable des Modells zu bewerten. Diese vergleichende Analyse ist für Entscheidungsträger wertvoll, da sie Einblicke in die Stärken und Schwächen der einzelnen Kapitalanlagen und ihre Verbindungen zu den realen Lebensbedingungen der Landwirte bietet. Wie in Tabelle 3-16/17 unten dargestellt, dienen diese Ergebnisse als Beispiele, die in der Hauptstudie mit einer umfangreicheren Stichprobe repliziert werden können, um repräsentativere Schlussfolgerungen zu gewährleisten.

Tabelle 3-15 Beitrag des Kapitalvermögens für die Potenziale der bäuerlichen nachhaltigen Landwirtschaft

Pfadkoeffizient	Original Muster	Stichprobe Mittelwert	Std. Abweichung	T-Wert	P-Werte
Humankapital -> Landwirte SA Potentiale	0.325	0.309	0.077	4.229	0
Soziales Kapital -> Landwirte SA-Potenziale	0.265	0.268	0.098	2.699	0.007
Finanzielles Kapital -> Landwirte SA Potentiale	0.12	0.145	0.099	1.211	0.226
Physisches Kapital -> Landwirte SA-Potenziale	0.304	0.263	0.091	3.358	0.001
Naturkapital -> Landwirte SA-Potenziale	0.077	0.091	0.095	0.808	0.419

Tabelle 3-16 Direkte Auswirkungen des Kapitalvermögens auf die Bereitschaft der Landwirte, ökologische Düngemittel zu verwenden

Einzelne Auswirkungen insgesamt	Originalprobe (O)	P-Werte
Humankapital -> Bereitschaft der Landwirte zur Übernahme von OF	0.105	0.019
Soziales Kapital -> Bereitschaft der Landwirte zur Übernahme von OF	0.085	0.088
Physisches Kapital -> Bereitschaft der Landwirte zur Übernahme von OF	0.098	0.026
Finanzielles Kapital -> Bereitschaft der Landwirte zur Übernahme von OF	0.038	0.297
Naturkapital -> Bereitschaft der Landwirte zur Übernahme von OF	0.025	0.484

Die Piloterhebung erfüllt erfolgreich alle Ziele, einschließlich der Verfeinerung des Fragebogens, der Bestätigung der Angemessenheit der Indikatoren für die Studie, der Rechtfertigung der Eignung des vorgeschlagenen Modells und der Feststellung der Anwendbarkeit der PLS-SEM-Technik (unter Verwendung der SmartPLS3-Software) für die Datenanalyse und Hypothesenprüfung. Es ist wichtig anzumerken, dass in der Piloterhebung aufgrund der begrenzten Stichprobengröße von 64 Personen keine substanziellen Schlussfolgerungen über die Ergebnisse der Datenanalyse gezogen werden können.

3.16 Stichprobenplan für die Hauptstudie

Patton (2002) stellte fest, dass in Studien verschiedene Stichprobenstrategien angewandt und unterschiedliche Datentypen einbezogen werden können, wobei die

Wahl des Ansatzes durch das Kriterium der Eignung oder Zweckmäßigkeit beeinflusst wird (Cohen et al., 2007). Stichproben können als Wahrscheinlichkeits- oder Nicht-Wahrscheinlichkeitsstichproben kategorisiert werden, die oft als Zufalls- und Nicht-Zufallsstichproben bezeichnet werden (Frankfort et al., 1996; Cooper und Schindler, 2003; Leedy und Ormrod, 2005; Somekh und Lewin, 2005; Durrheim und Painter, 2006; Gravetter und Forzano, 2009).

Im Bereich der Studien zur nachhaltigen Landwirtschaft haben die Forscher verschiedene Stichprobenverfahren angewandt. So verwendeten Mulimbi et al. (2019) in einer ähnlichen Studie geschichtete Zufallsstichproben, um die Auswirkungen konservierender Landwirtschaftsmethoden zu untersuchen. Irangani und Shiratake (2013) verwendeten eine gezielte Stichprobenmethode, um einheimische Techniken im Reisanbau in Sri Lanka zu untersuchen. Sevinç et al. (2019) hingegen verwendeten eine einfache Zufallsstichprobenmethode, um die Einstellung der Landwirte zur öffentlichen Förderpolitik zu bewerten. Mishra (2017) setzte bei der Befragung von Landwirten eine doppelt geschichtete Stichprobenmethode ein und konzentrierte sich auf die Anpassung von SA-Praktiken bei Landwirten in Kentucky. Addinsall (2017) nutzte in einer ähnlichen Studie Kriterien- und Schneeballsystem, um die Wahrnehmung von Landwirten in Bezug auf Agrotourismus zu untersuchen. Diese Erkenntnisse aus der Literatur deuten darauf hin, dass die Auswahl der Befragten in solchen Studien oft die Auswahl einflussreicher Mitglieder der untersuchten Konstrukte beinhaltet.

Vor diesem Hintergrund schlägt der Forscher für diese Studie eine geschichtete Zufallsstichprobe vor, um Landwirte zu identifizieren, die in erheblichem Maße im Reisanbau tätig sind und einen wesentlichen Beitrag zum Sektor leisten. Die Identifizierung der Befragten würde durch Bauernorganisationen und landwirtschaftliche Außendienstmitarbeiter erleichtert, die als Schlüsselinformanten in dem jeweiligen Gebiet fungieren. Es wird davon ausgegangen, dass eine geschichtete Stichprobe alle Bevölkerungssegmente angemessen repräsentiert und die Anwendung statistischer Tests zur Untersuchung der Verhaltensmuster verschiedener Schichten ermöglicht (Hani, 2011). Die Zufallsauswahl minimiert Verzerrungen, da jedes Mitglied der Population mit der gleichen Wahrscheinlichkeit in die Stichprobe aufgenommen wird.

3.16.1 Auswahl des Stichprobenumfangs

Laut Han et al. (2018) gibt es im System H von Mahaweli 225 Bauernorganisationen und 25.623 registrierte Mitglieder. Aheeyar (2007) stellte fest, dass 94 % der Landwirte im System H Reis anbauen. Israel (1992, 2013, S.3) liefert eine Referenztabelle zur Bestimmung des Stichprobenumfangs auf der Grundlage von Parametern, die sich auf die Studienpopulation und die Wahrscheinlichkeit beziehen. Nach dieser Referenztabelle würde der erforderliche Stichprobenumfang für diese Studienpopulation etwa 400 betragen. Die folgenden Parameter und Statistiken dienen der Schätzung des Stichprobenumfangs, wie unten dargestellt:

Konfidenzniveau - Konfidenzniveau 95% (P=.05)

Genauigkeitsgrad (+/-) 5 %

Größe der Grundgesamtheit - 25.623*.94 - 24.085, erforderliche Gesamtproben - 394

Krejcie und Morgan (1970) haben eine Tabelle zur Bestimmung des Stichprobenumfangs für eine bestimmte Grundgesamtheit entwickelt, die eine praktische Referenz darstellt. Da es wichtig ist, einen angemessenen

Stichprobenumfang zu wählen, um die statistische Grundgesamtheit angemessen zu repräsentieren, wird diese Referenztabelle herangezogen, um die oben ermittelte Zahl zu validieren. Nach dieser Tabelle wären 377 Stichproben für eine Grundgesamtheit von 20.000 und 379 für eine Grundgesamtheit von 30.000 ausreichend. Da die Grundgesamtheit für diese Studie etwa 25.000 Personen beträgt, ist der Referenztabelle zufolge ein Stichprobenumfang von 379 Personen angemessen.

Es ist jedoch wichtig zu beachten, dass die für diese Studie gewählte PLS-SEM-Datenanalysetechnik auch ein Faktor ist, der die gewünschte Stichprobengröße beeinflusst, um zuverlässige Ergebnisse zu erzielen. Es sollte darauf geachtet werden, dass die Stichprobengröße mit den Anforderungen der PLS-SEM-Analyse übereinstimmt.

Hair et al. (2017) behaupten, dass die Gesamtkomplexität eines Strukturmodells nur minimale Auswirkungen auf die Anforderungen an den Stichprobenumfang für die Partial Least Squares Structural Equation Modelling (PLS-SEM) hat. Darüber hinaus legt eine Simulationsstudie von Reinartz et al. (2009) nahe, dass PLS-SEM eine günstige Wahl ist, wenn es um kleine Stichprobengrößen geht. Die Forscher argumentieren, dass Überlegungen zur Stichprobengröße bei der Anwendung von PLS-SEM im Vergleich zu kovarianzbasierter Strukturgleichungsmodellierung (CB-SEM) eine weniger wichtige Rolle spielen. Zudem weist PLS-SEM in Szenarien mit komplexen Modellstrukturen oder kleineren Stichprobengrößen eine höhere statistische Aussagekraft auf. Henseler et al. (2014) zeigen, dass PLS-SEM Lösungen liefern kann, wenn andere Methoden entweder nicht konvergieren oder unzulässige Ergebnisse liefern. Nichtsdestotrotz bietet die häufig zitierte

"Zehnfachregel" (Barclay et al., 1995) Leitlinien für die Bestimmung des Mindeststichprobenumfangs für die Anwendung von PLS-SEM.

1. die zehnfache Anzahl von formativen Indikatoren, die zur Messung eines einzelnen Konstrukts verwendet werden, oder
2. Das Zehnfache der größten Anzahl von Strukturpfaden, die auf ein bestimmtes Konstrukt im Strukturmodell gerichtet sind.

Die Zehnfache-Regel dient als allgemeine Richtlinie für die Bestimmung des Mindeststichprobenumfangs; es ist jedoch wichtig zu erkennen, dass PLS-SEM, wie jede statistische Technik, von den Forschern verlangt, den Stichprobenumfang im Lichte des Modells und der Datenmerkmale zu bewerten (Hair et al., 2011; Marcoulides und Chin, 2013). In dem hier betrachteten spezifischen Strukturmodell beträgt die maximale Anzahl von Indikatoren zur Messung eines einzelnen Konstrukts 16, was den in Tabelle 3-15 dargestellten Messungen des Sozialkapitals entspricht. Folglich wird davon ausgegangen, dass die Mindeststichprobe für die Anwendung von PLS-SEM in diesem Pfadmodell mindestens 160 Stichproben betragen muss.

In früheren SA-Studien (Nachhaltige Landwirtschaft) haben verschiedene Forscher unterschiedliche Stichprobengrößen verwendet, wie Waseem et al. (2020) mit 300, Krishnankutty et al. (2021) mit 300, Mulimbi et al. (2019) mit 235, Zahra (2018) mit 623, Sevinç et al. (2019) mit 734 und Mutyasira (2018) mit 300. Ausgehend von theoretischen und statistischen Überlegungen und unter Berücksichtigung der Stichprobenmerkmale in diesen früheren Studien entscheidet sich der Forscher für eine Stichprobengröße von 380 für diese Studie.

Die für diese Studie gewählte Stichprobenstrategie ist eine geschichtete Zufallsstichprobe. Abbildung 3-6 enthält eine Aufschlüsselung der geplanten

Stichproben, die aus jeder Bevölkerungsgruppe im Verhältnis zur Anbaufläche zu entnehmen sind.

Exhibit 3-6: Anzahl der Proben in den einzelnen Abteilungen

Anbaubereiche im System H	***Gesätes Ausmaß***	***Geschätzte Anzahl von Proben***
Galnewa	9082	60
Meegalewa	5220	34
Galkiriyagama	5367	35
Madatugama	7307	48
Eppawela	8122	53
Tabuttegama	7129	47
Nochchiyagama	8257	54
Thalawa	7437	49
Mahaweli (H)-System insgesamt	57921	380

3.17 Techniken der Datenerhebung

Die Phasen der Datenerhebung und -prüfung spielen bei der Anwendung von SEM-Techniken eine entscheidende Rolle. Im Kontext moderner statistischer Methoden wie der SEM konzentriert sich die Messmodellphase darauf, die Fehlerkomponente aus den Daten zu identifizieren und während der Analyse zu entfernen. Folglich erfordern SEM-Methoden fehlerfreie quantitative Daten, die in der zeitgenössischen wissenschaftlichen Forschung typischerweise als Primärdaten erhoben werden (Hair et al., 2017). Diese Studie stützt sich vollständig auf Primärdaten, die direkt bei der Zielpopulation erhoben wurden. Primäre Datenquellen sind, wie von Cohen et al. (2007) beschrieben, solche, die aus dem untersuchten Problem stammen. Vorläufige Daten gelten als valider und liefern im Vergleich zu sekundären Daten aufschlussreichere und wahrheitsgetreuere Erkenntnisse (Leedy und Ormrod, 2005).

An der Datenerhebung werden ausgewählte Schlüsselinformanten beteiligt sein, die in erheblichem Maße am Reisanbau beteiligt sind, aktive Mitglieder von Bauernverbänden sind oder als landwirtschaftliche Angestellte direkt mit den

Reisanbauaktivitäten in den angegebenen Gebieten zu tun haben. Diese Informanten werden für die Durchführung der Datenerhebung verantwortlich sein. Ausführliche Brainstorming-Sitzungen mit den Schlüsselinformanten werden dazu beitragen, die zufällige Auswahl der Befragten aus jeder Division zu klären. Persönliche Befragungen sind die effektivste und zuverlässigste Methode der Datenerhebung, die sich auch bei der oben beschriebenen Piloterhebung bewährt hat.

3.17.1 Vermeidung von Stichprobenverzerrungen

Mishra (2017) betont, dass die Schichtung eine entscheidende Rolle bei der Minimierung von Stichprobenverzerrungen in seiner Studie spielte, in der er die Einführung nachhaltiger landwirtschaftlicher Praktiken unter den Landwirten in Kentucky und ihre Wahrnehmung der landwirtschaftlichen Nachhaltigkeit untersuchte. In diesem Zusammenhang führen die landwirtschaftlichen Außendienstmitarbeiter in jeder landwirtschaftlichen Abteilung Listen von Reisbauern, die für staatliche Subventionen in Frage kommen, unter anderem für Düngemittel. Diese Listen dienen als wertvolle Quellen für die zufällige Auswahl der Befragten und die Identifizierung ihrer Standorte. Es ist bemerkenswert, dass die Büros der landwirtschaftlichen Außendienstmitarbeiter in der Regel in derselben Gemeinde liegen und die Landwirte diese Büros häufig aufsuchen, um verschiedene Formen der Unterstützung zu erhalten. Dadurch wird die Erreichbarkeit der Landwirte verbessert und ein umfassenderes und repräsentatives Stichprobenverfahren erleichtert.

3.18 Zusammenfassung der Forschungsmethodik

Auf der Grundlage einer umfassenden Literaturrecherche erwies sich das Paradigma der quantitativen Forschung als die am besten geeignete

Forschungsmethode für diese Studie. Eine umfassende Literaturrecherche in Verbindung mit den Erkenntnissen aus einer Piloterhebung führte zur Entwicklung eines Fragebogens mit 119 Fragen zur Erhebung von Primärdaten für die Analyse des konzeptionellen Modells. Die Ergebnisse der Piloterhebung bestätigen die Angemessenheit der Anwendung der Partial Least Squares Structural Equation Modelling (PLS-SEM)-Techniken und die Einhaltung ihrer festgelegten Regeln und Bedingungen, um die Ziele des Modells zu erreichen.

Die Begründung der Auswahl der Grundgesamtheit für die Stichprobenziehung und die Festlegung des Stichprobenumfangs stützt sich auf fundierte Literaturempfehlungen. Die gewählte Stichprobenmethode und die Vorgehensweise bei der Datenerhebung stimmen mit den in der Literatur zu ähnlichen Studien gemachten Empfehlungen überein. Die Grundgesamtheit für die Stichprobenziehung wurde unter Berücksichtigung der wirtschaftlichen und soziokulturellen Bedeutung eines der führenden Reisanbaugebiete auf der Insel sorgfältig ausgewählt.

Während der Piloterhebung wurde die Anwendung von PLS-SEM-Technologien unter Verwendung der SmartPLS-Software als ausreichend erachtet, um die Vorhersagen des Modells zu analysieren, das sowohl formative als auch reflektive Indikatoren messen soll. Die Kombination von PLS-SEM und SmartPLS bietet vielseitige Optionen für die Analyse dieses gemischten Strukturgleichungsmodells (SEM), das zusammengesetzte und gemeinsame Faktorbeziehungen zwischen Konstrukten umfasst.

4 Kapitel 04 - Datenanalyse und Befunde

4.1 Einführung in die Datenanalyse und Ergebnisse

Dieses Forschungsdesign erforderte die Erhebung von Primärdaten mit Hilfe eines Forschungsinstruments, insbesondere eines Forschungsfragebogens, der nach den in den vorangegangenen Kapiteln beschriebenen Schritten entworfen wurde. Die Zielgruppe der Umfrage sind Reisbauern, die in einer der in Abbildung 3-3 erwähnten Reisanbauregionen wohnen. Zur Durchführung der Studie wurden drei Schlüsselinformanten eingesetzt, die ausreichend über die Ziele der Erhebung informiert waren. Diese Schlüsselinformanten waren für die Durchführung der Datenerhebung an bestimmten Orten im Oktober und November 2022 verantwortlich.

Die Befragungsteams gingen von Angesicht zu Angesicht vor und trafen die Reisbauern nach dem Zufallsprinzip entweder an ihren Haustüren oder auf ihren Feldern. Sie zeichneten die Antworten zu jeder Frage im Fragebogen in Echtzeit auf. Die Datenerhebungsphase war abgeschlossen, nachdem 400 Stichproben aus jeder Region des Systems H von Mahaweli gezogen worden waren, wie in Abbildung 3-3 oben dargestellt. Die Informanten verwendeten für die Datenerhebung ein systematisches Zufallsstichprobenverfahren. Die Auswahl der Landwirte für die Umfrage wurde durch die Verwendung von Düngerverteilungslisten und die Nutzung von Kontakten zu Vertretern von Bauernorganisationen in jeder Region erleichtert.

Die den einzelnen Abteilungen zugewiesenen Landwirtschaftsbeauftragten der Regierung führen Listen der Landwirte, die für Düngemittel und andere staatliche Subventionen und Unterstützung in der Landwirtschaft in Frage kommen. In ähnlicher Weise führten die Vertreter der Bauernverbände Mitgliederlisten der Landwirte in ihren jeweiligen Verbänden, die bei der zufälligen Identifizierung der Befragten für die Erhebung hilfreich waren. Wöchentliche Sitzungen wurden abgehalten, um den Fortschritt der Datenerhebung zu besprechen und alle notwendigen Anpassungen vorzunehmen, damit die Erhebung rechtzeitig abgeschlossen werden konnte. Die Erhebung war für eine Dauer von zwei Monaten geplant, beginnend zu Beginn der "Maha"-Saison, der Hauptanbausaison für Reis im Jahr.

Die Struktur des konzeptionellen Modells in dieser Studie spiegelt die Standardmodelle "Messung" und "Struktur" wider und entspricht den Grundsätzen der Theorie der Strukturgleichungsmodelle (SEM). Folglich wurde die Datenanalyse in zwei verschiedenen Phasen durchgeführt, die die Schritte während der Piloterhebungsphase widerspiegeln. In der ersten Phase wurden die äußeren Variablen (Indikatoren) des Messmodells analysiert, um ihre Gültigkeit und Relevanz zu bewerten. Anschließend wurden die Variablen, die im Messmodell als gültig erachtet wurden, in der zweiten Phase analysiert, die sich auf die Untersuchung des Strukturmodells konzentrierte. Diese letzte Phase umfasste die inneren Variablen (latente Konstrukte) und die Bewertung der Auswirkungen der Pfadkoeffizienten des Modells.

Während des gesamten Analyseprozesses hielt sich die Studie sowohl in der Mess- als auch in der Strukturmodellphase an die Literaturempfehlungen zur SEM-Analyse. Die Schlussfolgerungen, die aus dieser Analyse gezogen wurden, orientierten sich an diesen literaturbasierten Empfehlungen, um eine robuste und fundierte Interpretation des konzeptionellen Modells der Studie zu gewährleisten.

4.2 Analyse des Messmodells

Die Analyse des Messmodells beinhaltet die Bewertung der Qualität, Zuverlässigkeit und Gültigkeit der äußeren Variablen, bevor sie in die strukturelle Modellanalyse integriert werden. Wie im vorangegangenen Kapitel beschrieben, umfasst das Forschungsmodell in dieser Studie sechs formative Konstrukte, die mit Hilfe einer Reihe von Indikatoren für jedes Konstrukt kompositorisch gemessen werden. Zusätzlich wurden zwei Konstrukte mit Hilfe eines Satzes von reflektierenden Indikatoren untersucht. Der Prozess der Analyse von formativen und reflektiven Indikatoren unterscheidet sich zwischen den beiden Typen. Daher wurde die Bewertung der formativen und reflektiven Messungen sequenziell durchgeführt, wobei die Empfehlungen in der Literatur für jeden der beiden Typen befolgt wurden.

4.2.1 Analyse der formativen Variablen

Wie im vorangegangenen Abschnitt dargelegt, wird in dieser Studie PLS-SEM als Hauptmethode für die Datenanalyse verwendet. PLS-SEM empfiehlt eine sequentielle Anwendung der folgenden Schritte, um formative Indikatormodelle, wie das hier verwendete, zu bewerten. Das Modell wurde mit 386 Stichproben analysiert, die nach der ersten Datenbereinigung aus den ursprünglich 400 Stichproben der Erhebung ausgewählt wurden. Die Analyse wurde in den folgenden Verfahrensschritten durchgeführt.

Schritt 1: Bewertung der **konvergenten Validität** des formativen Messmodells

Schritt 2: Bewertung des "formativen" Messmodells auf **Kollinearitätsprobleme**

Schritt 3: Bewertung der **Bedeutung und Relevanz** der formativen Indikatoren

(Hair et al. (2017)

Konvergente Validität:

In der Literatur wird eine Methode zur Bewertung der konvergenten Validität (CV) für formative Messindikatoren vorgestellt. Bei diesem Ansatz wird die CV von formativen Konstrukten untersucht, indem die Korrelation der formativen Messung mit alternativen reflektiven Messungen desselben Konstrukts bewertet wird. Jedes Konstrukt wird als separates Untermodell behandelt, das als "konstruktiv-formativ" und "konstruktiv-reflektiv" bezeichnet wird, wie in Abbildung 4-1 unten dargestellt. In diesem linearen Rahmen tragen die formativen Indikatoren gemeinsam zum formativen latenten Konstrukt bei, und im Idealfall sollte die erklärte Varianz (R^2-Wert) des zusammengesetzten latenten Konstrukts genau 1 sein (Bollen, 2011; Bollen und Bauldry, 2011).

In der Literatur wird empfohlen, dass die Stärke des Pfadkoeffizienten, der die beiden Konstrukte (formativ und reflektiv) verbindet, mindestens 0,80 oder mindestens 0,70 betragen sollte, um eine zufriedenstellende konvergente Validität zu erreichen. Anders ausgedrückt: Der indikative R^2-Wert des Konstrukts sollte 0,64 oder mindestens 0,50 betragen, um "konvergente Validität" nachzuweisen. Nach diesen Kriterien und Leitlinien zeigt eine Analyse der sechs formativen latenten Konstrukte des Modells, dass sie den akzeptablen Standards entsprechen.

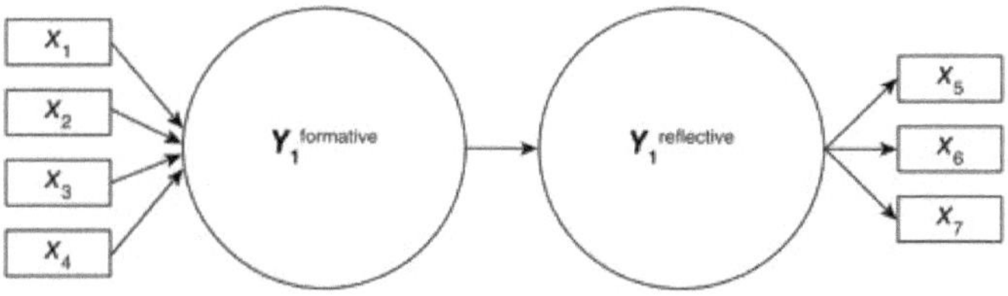

Abbildung 4-1 Modell zur Messung der konvergenten Validität der formativen Indikatoren

Quelle: (Hair et al. (2017)

Kollinearität von Indikatoren:

In PLS-SEM erfolgt die Bewertung von Kollinearitäten zwischen formativen Indikatoren über den Varianzinflationsfaktor (VIF), der der Kehrwert der Toleranz ist. Die Toleranz stellt die Varianz des formativen Indikators dar, die nicht durch andere Indikatoren desselben Konstrukts erklärt wird. Gemäß dem PLS-SEM-Rahmenwerk deuten ein Toleranzwert von 0,20 oder weniger und ein VIF-Wert von 5 oder höher auf ein potenzielles Kollinearitätsproblem hin (Hair et al., 2011). Die Kollinearitätsanalyse aller formativen Indikatoren, insbesondere der VIF-Werte, zeigt, dass sowohl die Indikatoren als auch die Konstrukte innerhalb der oben genannten akzeptablen Schwellenwerte liegen.

Signifikanz und Relevanz:

Die Bedeutung und Signifikanz des Beitrags der Indikatoren zu den Konstrukten wird durch äußere Gewichte und äußere Ladung in PLS-SEM gemessen. Diese Metriken zeigen die relative Relevanz und absolute Bedeutung jedes Indikators bei der Gestaltung des Konstrukts an. Die Bootstrapping-Technik wird in PLS-SEM eingesetzt, um die Bedeutung dieser Beiträge zu bewerten. In der Literatur finden sich folgende Regeln zur Bestimmung der Relevanz und Signifikanz von Indikatoren in diesem Zusammenhang.

- Wenn das Gewicht eines Indikators signifikant ist, gibt es empirische Unterstützung für die Beibehaltung des Indikators.
- Wenn die Gewichtung eines Indikators nicht signifikant ist, aber die entsprechende Itemladung relativ hoch (d. h. ≥0,50) oder statistisch signifikant ist, sollten Forscher solche Indikatoren im Allgemeinen beibehalten.
- Wenn das "äußere Gewicht" nicht signifikant und die "äußere Belastung" relativ niedrig ist (d. h. <0,5), sollten die Forscher dringend erwägen, den prägenden Indikator aus dem Modell zu entfernen.

Nach Anwendung dieser Regeln auf die formativ-reflexiven Modelle jedes Konstrukts zeigen die Ergebnisse, dass die Indikatoren die festgelegten Kriterien zufriedenstellend erfüllen. Die nachstehenden Tabellen und Diagramme veranschaulichen die Ergebnisse für jedes latente Konstrukt im Detail. Der folgende Abschnitt bietet eine eingehende Analyse jedes formativen Konstrukts und erläutert die Indikatoren und Subdimensionen, die zu ihrer Erklärung beitragen.

Kapitalvermögen

In diesem Modell dienen die Konstrukte Humankapital, Sozialkapital, Finanzkapital, Sachkapital und Naturkapital zur Erklärung der Variablen innerhalb des Konstrukts Potenzial für nachhaltige Landwirtschaft. Insbesondere werden diese Kapitalwerte als gruppierte Variablen konzipiert, die im Wesentlichen

Unterdimensionen bilden. Die Messung erfolgt über Indikatoren auf einer Likert-Skala, die in den Fragebogen integriert sind. Die formative Analyse wurde systematisch für jeden Vermögenswert durchgeführt, wobei die entsprechenden Indikatoren und die verschiedenen Unterdimensionen verwendet wurden. In den folgenden Abschnitten dieses Kapitels wird dieser Analyseprozess ausführlich beschrieben.

Humankapital

Das Humankapital wird durch fünf gruppierte Variablen beschrieben: Einstellungen, Gesundheit und Wohlbefinden, Wissen und Erfahrung, Planung und Organisation sowie Überzeugungen und Werte. Die Messung dieser Variablen erfolgt durch Erhebungsfragen. Das bereitgestellte Diagramm (Abbildung 4-2) und die Tabelle (Tabelle 4-1) zeigen visuell und systematisch, dass sowohl die Indikatoren als auch die gruppierten Variablen den festgelegten Regeln des PLS-SEM entsprechen. Diese Ergebnisse bestätigen die Akzeptanz dieser Variablen für den nachfolgenden Analyseschritt, der die Bewertung des Strukturmodells beinhaltet.

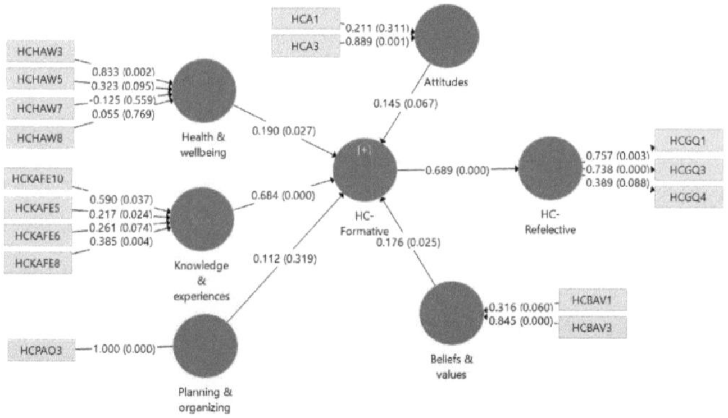

Abbildung 4-2: Pfadkoeffizient, Signifikanz und Relevanz der Humankapitalvariablen

Tabelle 4-1 VIFs der Humankapitalvariablen

Innere Variablen	***VIF***
Haltungen	1.468
Überzeugungen und Werte	1.402
Gesundheit und Wohlbefinden	1.281
Wissen und Erfahrungen	1.733
Planen und Organisieren	1.629
Äußere Variablen	***VIF***
HCPAO3	1
HCKAFE8	1.478
HCKAFE6	1.509
HCKAFE5	1.121
HCHAW8	1.245
HCHAW7	1.167
HCHAW5	1.178
HCHAW3	1.205
HCBAV3	1.138
HCBAV1	1.138
HCA3	1.244
HCA1	1.244
HCKAFE10	1.106

Die Berechnungen ergaben einen Pfadkoeffizienten von 0,7 zwischen formativen und reflektiven Konstrukten, begleitet von einem R^2-Wert von etwa 0,5. Diese Werte liegen im akzeptablen Bereich, der in der vorhandenen Literatur empfohlen wird. Auch die Werte des Varianz-Inflationsfaktors (VIF) liegen im akzeptablen Bereich. Vor allem die äußeren Gewichte der einzelnen Indikatoren sind signifikant, was auf ihre Bedeutung für die nachfolgenden Analyseschritte hinweist.

Soziales Kapital

Das Sozialkapital wird durch fünf theoretische Unterdimensionen konzeptualisiert: Macht und Einfluss, Verbindungen und Bindungen, Vertrauen und Reziprozität sowie Normen und Werte. Sowohl das Diagramm (Abbildung 4-3) als auch die dazugehörige Tabelle (Tabelle 4-2) bieten eine umfassende Darstellung, die bestätigt, dass die Indikatoren und gruppierten Variablen den Regeln und Anforderungen von PLS-SEM angemessen entsprechen. Diese Übereinstimmung bedeutet, dass diese Variablen für die nachfolgenden Analyseschritte geeignet sind.

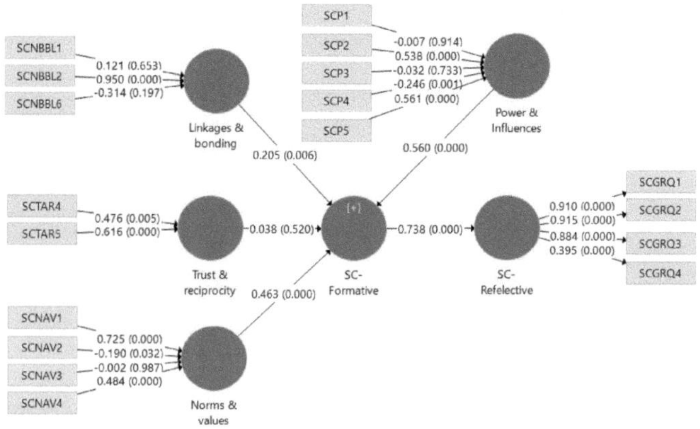

Abbildung 4-3 Pfadkoeffizient, Signifikanz und Relevanz der Sozialkapitalvariablen

Tabelle 4-2 VIFs der Sozialkapital-Variablen

Innere Variablen	***VIF***
Verflechtungen und Bindungen	1.077
Normen und Werte	1.662
Macht und Einflüsse	1.858
Vertrauen und Gegenseitigkeit	1.269
Äußere Variablen	***VIF***
SCNAV1	1.203
SCNAV2	1.265
SCNAV3	1.419
SCNAV4	1.211
SCNBBL1	1.362
SCP1	1.239
SCP2	2.816
SCP3	2.591
SCP4	1.016
SCP5	2.088
SCTAR4	2.351

SCTAR5	1.998
SCNBBL2	1.372
SCNBBL6	1.051

Finanzielles Kapital

Ähnlich wie die anderen Variablen des Kapitalvermögens ist das Finanzkapital durch eine Reihe gruppierter Variablen gekennzeichnet, nämlich Ersparnisse und Cashflow, Finanzkredite und Rentabilität. Das beigefügte Diagramm (Abbildung 4-4) stellt diese Struktur visuell dar und skizziert die Wechselbeziehung dieser Variablen innerhalb des Konstrukts des Finanzkapitals.

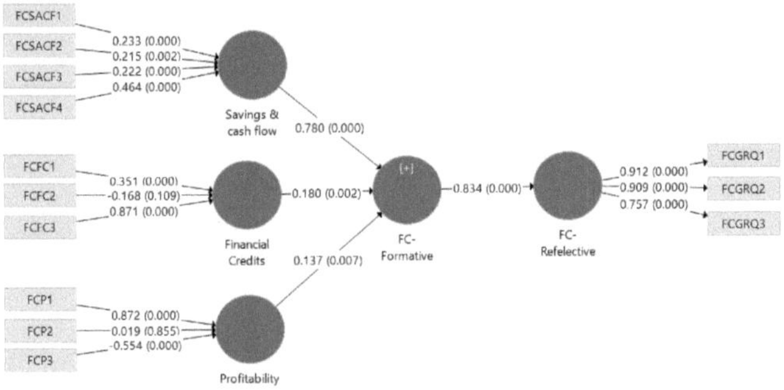

Abbildung 4-4 Pfadkoeffizient, Signifikanz und Relevanz der Finanzkapitalvariablen

Tabelle 4-3 VIFs der Finanzkapitalvariablen

Innere Variable	***VIF***
Finanzielle Kredite	1.99
Rentabilität	1.512
Einsparungen und Cashflow	2.169
Äußere Variablen	***VIF***
FCFC1	2.711
FCFC2	2.49
FCFC3	1.344
FCP3	1.334
FCSACF1	2.2

Innere Variable	*VIF*
FCSACF2	2.659
FCSACF3	2.777
FCSACF4	2.582
FCP1	1.134
FCP2	1.487

Physisches Kapital

Das physische Kapital wurde durch die Bewertung von gruppierten Variablen bewertet: Zugang zu Informationen, Verfügbarkeit und Erschwinglichkeit von Maschinen sowie Infrastruktur und Verfügbarkeit von Arbeitskräften. Die visuelle Darstellung im Diagramm (Abbildung 4-5) und die entsprechende Tabelle (Tabelle 4-4) verdeutlichen die Relevanz der Indikatoren und Variablen für die nachfolgende Analysephase.

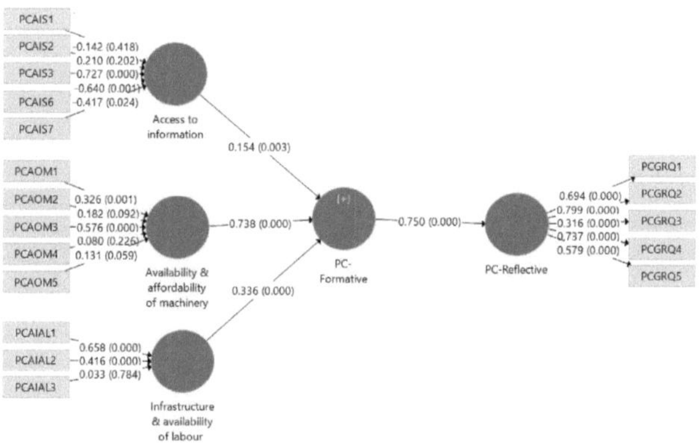

Abbildung 4-5 Pfadkoeffizient, Signifikanz und Relevanz der Sachkapitalvariablen

Tabelle 4-4 VIFs der Sachkapitalvariablen

Innere Variable	*VIF*	*VIF*
Zugang zu Informationen	1.141	
Verfügbarkeit und Erschwinglichkeit von Maschinen	1.273	
Infrastruktur und Verfügbarkeit von Arbeitskräften	1.286	
Äußere Variable	*VIF*	
PCAIAL1	2.114	
PCAIAL2	1.77	

Innere Variable	*VIF*	*VIF*
PCAIAL3	1.705	
PCAIS1	2.152	
PCAIS2	2.01	
PCAIS6	2.35	
PCAIS7	1.992	
PCAOM1	1.933	
PCAOM2	2.543	
PCAOM3	1.78	
PCAOM4	1.426	
PCAOM5	1.381	
PCAIS3	1.294	

Natürliches Kapital

Die Bewertung des Naturkapitals umfasste die Untersuchung von vier gruppierten Variablen: Bodenfruchtbarkeit, Vorhandensein von kohlenstoffhaltigen Substanzen, Wasserinfrastruktur und -versorgung sowie Schutz vor Naturkatastrophen und tierischen Bedrohungen. Abbildung 4-6 und Tabelle 4-5 veranschaulichen die Indikatoren und gruppierten Variablen, die das Konstrukt des Naturkapitals effektiv charakterisieren.

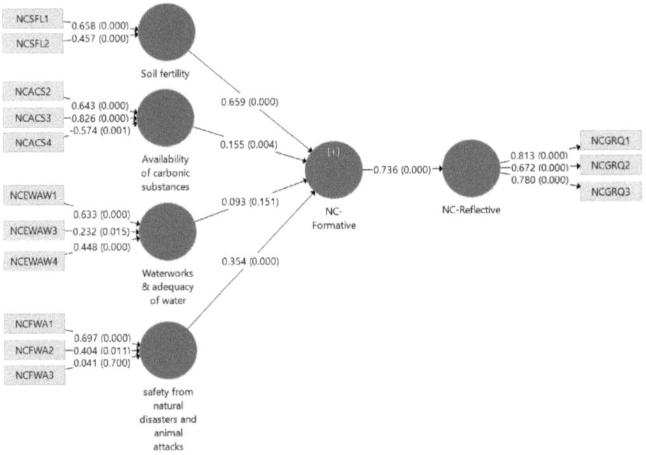

Abbildung 4-6 Pfadkoeffizient, Signifikanz und Relevanz der Naturkapitalvariablen

Tabelle 4-5 VIFs der Naturkapital-Variablen

Innere Variable	***VIF***
Verfügbarkeit von kohlensäurehaltigen Substanzen	1.347
Sicherheit vor Natur- und Tierangriffen Sicherheit vor Naturkatastrophen und Tierangriffen	1.413
Fruchtbarkeit des Bodens	1.5
Wasserwerke und angemessene Wasserversorgung	1.627
Äußere Variablen	***VIF***
NCACS2	2.17
NCACS3	2.658
NCACS4	2.33
NCEWAW4	1.16
NCFWA1	1.556
NCFWA2	1.582
NCFWA3	1.035
NCSFL1	1.542
NCSFL2	1.542
NCEWAW3	1.206
NCEWAW1	1.21

Wahrgenommene Effektivität staatlicher Anreize

Die gruppierten Variablen innerhalb dieses Konstrukts wurden durch eine umfassende Literaturrecherche ermittelt, die staatliche Veröffentlichungen, Sitzungsprotokolle der Regierung, Bekanntmachungen im Amtsblatt der Regierung, Rundschreiben, Richtlinien sowie verschiedene wissenschaftliche und themenrelevante Online-Artikel umfasste. Das nachstehende Diagramm (Abbildung 4-7) veranschaulicht die gruppierten Variablen, die zur Erklärung der primären Variable (PEoGI) verwendet wurden. Die Indikatoren und Variablen weisen eine akzeptable Validität für die nachfolgenden Analyseschritte auf.

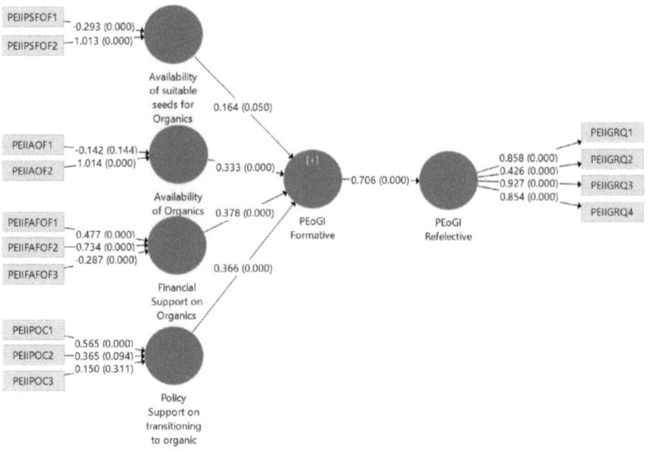

Abbildung 4-7 Pfadkoeffizient, Signifikanz und Relevanz der PEoGI-Variablen

Tabelle 4-6 VIFs von PEoGI Variablen

Innere Variablen	***VIF***
Verfügbarkeit von organischen Stoffen	1.344
Verfügbarkeit von geeignetem Saatgut für Organics	1.709
Finanzielle Unterstützung für Organics	1.96
Politische Unterstützung bei der Umstellung auf Bio	1.98
Äußere Variablen	***VIF***
PEIIAOF1	1.028
PEIIAOF2	1.028
PEIIFAFOF1	1.761
PEIIPOC1	2.54
PEIIPOC2	4.095
PEIIPOC3	3.084
PEIIPSFOF1	1.356
PEIIPSFOF2	1.123
PEIIPSFOF4	1.468
PEIIFAFOF2	1.608

Ergebnisse der formativen Indikatorenanalyse

Bei der Analyse des Messmodells wurden, wie bereits erwähnt, 71 produktive formative Indikatoren (Variablen) aus den 80 ursprünglich in der Umfrage abgefragten Indikatoren ermittelt. Wie in den nachfolgenden Abschnitten dieses

Kapitels erläutert, wurden diese Indikatoren in der endgültigen Analyse beibehalten und zur Bewertung der latenten Konstrukte und Pfadkoeffizienten innerhalb des Strukturmodells verwendet.

4.2.2 Analyse der Reflexionsvariablen

Das Messmodell umfasst acht Reflexionsvariablen (Indikatoren), die zwei latente Konstrukte im Zusammenhang mit der Bereitschaft der Landwirte zur Einführung des ökologischen Landbaus (OF) und der Umstellung auf die konservierende Landwirtschaft (CF) aufzeigen. Die Kriterien für die Analyse von reflektiven Daten in der Partial Least Squares Structural Equation Modelling (PLS-SEM) weichen von denen der formativen Analyse ab. Im Bereich der PLS-SEM halten sich die Forscher an bestimmte Regeln und statistische Parameter, wenn sie die Analyse reflektierender Messungen durchführen, wie unten dargestellt.

- Interne Konsistenz (Cronbachs Alpha, zusammengesetzte Reliabilität)
- Konvergente Validität (Zuverlässigkeit der Indikatoren, durchschnittliche extrahierte Varianz)
- Zuverlässigkeit der Indikatoren
- Diskriminante Validität

Die Reliabilität der internen Konsistenz wird anhand des zusammengesetzten Reliabilitätsparameters bewertet, wobei in der Literatur ein Schwellenwert von mehr als 0,70 für explorative Forschung empfohlen wird, während Werte zwischen 0,60 und 0,70 als akzeptabel gelten. Die zusammengesetzte Reliabilität reicht von 0 bis 1, wobei höhere Werte auf eine höhere Reliabilität hindeuten und im Allgemeinen mit Cronbachs Alpha-Werten übereinstimmen.

Für die Zuverlässigkeit der Indikatoren wird die äußere Ladung des Indikators untersucht, und Werte über 0,70 gelten als zuverlässig. Äußere Ladungswerte zwischen 0,40 und 0,70 werden jedoch nur dann zum Ausschluss in Betracht gezogen, wenn diese Ausschlüsse sowohl die zusammengesetzte Zuverlässigkeit als auch die "durchschnittlich erklärte Varianz" (AVE) verbessern.

Die konvergente Validität wird anhand des AVE gemessen, wobei ein Wert von mehr als 0,50 gemäß den PLS-SEM-Empfehlungen allgemein befürwortet wird. Die diskriminante Validität wird anhand des "Heterotrait-Monotrait"-Verhältnisses (HTMT) bewertet, das für alle Kombinationen von Konstrukten nicht gleich 1 sein sollte. Das Fornell-Larcker-Kriterium legt nahe, dass die äußeren Ladungen eines Indikators auf ein Konstrukt alle seine Kreuzladungen mit anderen Konstrukten übertreffen sollten. Außerdem sollte die Quadratwurzel des AVE für jedes Konstrukt dessen höchste Korrelation mit einem anderen Konstrukt übersteigen.

Das Modell umfasst zwei latente Konstrukte, die dazu dienen, die Bereitschaft der Landwirte zur Einführung des ökologischen Landbaus (ÖL) und der konservierenden Landwirtschaft (KL) zu untersuchen (siehe Abbildung 4-8).

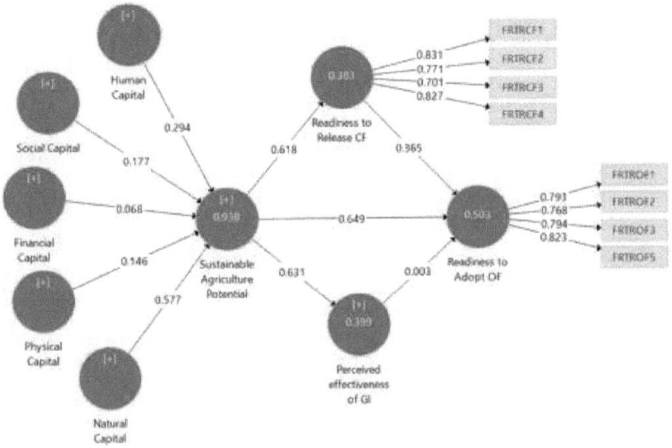

Abbildung 4-8 Pfadkoeffizienten und äußere Belastung der reflektierenden Indikatoren

Die Ergebnisse der Anwendung der oben genannten Regeln zur Bewertung der konvergenten Validität, der Zuverlässigkeit der Indikatoren und der diskriminanten Validität der beiden Variablen, die durch reflektive Indikatoren definiert werden, sind in den Tabellen 4-7, 4-8 und 4-9 dargestellt. Die externen Ladungen, die mit jedem reflektiven Indikator verbunden sind, bestätigen zusammen mit anderen Schätzungen, die aus dem PLS-SEM-Algorithmus abgeleitet wurden, die Zuverlässigkeit und Gültigkeit der Indikatoren für die nachfolgenden Analyseschritte.

Tabelle 4-7 Analyse der internen Konsistenz und der zusammengesetzten Reliabilität

Indikator	Cronbachs Alpha	Zusammengesetzte Zuverlässigkeit(rho_A)	Komposit-Zuverlässigkeit	Durchschnittliche extrahierte Varianz (AVE)
FRAOF	0.806	0.810	0.864	0.615
FRRCF	0.791	0.811	0.873	0.631

Tabelle 4-8 Diskriminanzvalidität Heterotrait-Monotrait"-Analyse

Konstruieren Sie	Bereitschaft der Landwirte zur Übernahme von OF
Bereitschaft der Landwirte zur Übernahme von OF	
Bereitschaft der Landwirte zur Freigabe von CF	0.772

Tabelle 4-9 Fornell-Larcker-Analyse

Konstruieren Sie	Wahrgenommene Wirksamkeit der GI	Bereitschaft zur Adoption OF	Bereitschaft zur Freigabe von CF
Wahrgenommene Wirksamkeit der GI			
Bereitschaft zur Adoption OF	0.399	0.795	
Bereitschaft zur Freigabe von CF	0.357	0.627	0.784
Potenzial für nachhaltige Landwirtschaft	0.631	0.649	0.618

Die Analyse des Messmodells, das sowohl formative als auch reflektive Variablenbewertungen umfasst, ist abgeschlossen. Die Ergebnisse zeigen, dass von den insgesamt 110 Indikatoren 71 formative und 8 reflektive Indikatoren für die weitere Analyse im Strukturmodell als geeignet erachtet werden.

4.2.3 Deskriptive Analyse der ausgewählten Variablen

Laut Hair et al. (2016) kann das Fehlen von Normalität in den Verteilungen der Variablen zu Verzerrungen in den Ergebnissen der multivariaten Analyse führen. Obwohl dieses Problem bei PLS-SEM weniger ausgeprägt ist, wird den Forschern empfohlen, die PLS-SEM-Ergebnisse bei Abweichungen von der Normalverteilung sorgfältig zu prüfen. Die Daten gelten als nicht normal, wenn die absoluten Werte für Schiefe und Kurtosis 1 überschreiten. Die beschreibende Analyse von 79 ausgewählten Variablen für die nächste Phase ist in der nachstehenden Tabelle dargestellt. Aus Tabelle 4-10 geht hervor, dass es in der Analyse keine Fälle gibt, in denen sowohl die Schiefe als auch die Wölbung den Wert 1 überschreiten. Es ist wichtig anzumerken, dass die signifikante Anzahl fehlender Werte für den SCP1-Indikator kein Fehler ist, sondern die Antworten genau wiedergibt.

Tabelle 4-10 Deskriptive Analyse der ausgewählten Variablen für die strukturelle Modellanalyse

Nein.	Variable Name	Fehlende Werte	Mittlere	Median	Beobachtete min.	Beobachtete max.	Standardabweichung	Überschüssige Kurtosis	Schrägheit
1	HCHAW3	5	3.861	4	1	5	0.884	0.048	-0.64
2	HCHAW5	2	3.799	4	1	5	0.668	1.611	-0.899
3	HCHAW7	1	1.992	2	1	5	1.005	0.391	0.955
4	HCHAW8	0	2.705	3	1	5	1.109	-0.885	0.1
5	HCKAFE10	2	4.185	4	1	5	0.649	2.349	-0.833
6	HCKAFE5	1	3.732	4	1	5	0.867	1.645	-1.181
7	HCKAFE6	0	3.365	3	1	5	0.878	-0.171	-0.414
8	HCKAFE8	0	3.756	4	2	5	0.646	0.778	-0.644
9	HCPAO3	0	4.184	4	2	5	0.598	2.308	-0.676
10	HCA1	2	3.919	4	1	5	0.655	2.476	-0.867
11	HCA3	4	4.11	4	1	5	0.733	3.868	-1.335

12	HCBAV1	1	3.6	4	1	5	0.835	0.765	-0.938
13	HCBAV3	1	3.953	4	1	5	0.606	4.073	-1.106
14	SCNBBL1	2	3.497	4	0	5	0.878	1.312	-1.313
15	SCNBBL2	1	3.021	3	1	5	0.975	-0.738	-0.38
16	SCNBBL6	1	2.618	2	1	5	1.043	-0.853	0.235
17	SCTAR4	1	2.462	2	1	5	0.969	-0.711	0.339
18	SCTAR5	2	2.065	2	1	5	0.877	0.735	0.873
19	SCNAV1	0	2.951	3	1	5	0.992	-0.989	-0.268
20	SCNAV2	0	3.894	4	1	5	0.669	2.459	-0.97
21	SCNAV3	3	3.653	4	1	5	0.713	1.757	-1.243
22	SCNAV4	3	2.561	2	1	5	1.216	-1.138	0.241
23	SCP1	232	2.377	2	1	4	1.026	-1.082	0.21
24	SCP2	1	2	2	1	5	0.967	0.118	0.882
25	SCP3	2	1.924	2	1	5	0.903	0.555	0.939
26	SCP4	1	2.977	3	1	5	1.007	-0.794	-0.244
27	SCP5	0	1.99	2	1	5	0.899	0.441	0.901
28	FCSACF1	3	3.621	4	1	5	0.92	0.064	-0.775
29	FCSACF2	0	3.244	3	1	5	0.973	-0.755	-0.419
30	FCSACF3	0	3.352	4	1	5	0.936	-0.665	-0.318
31	FCSACF4	1	3.242	3	1	5	0.932	-0.642	-0.402
32	FCFC3	1	3.449	4	1	5	0.977	-0.206	-0.831
33	FCFC1	0	2.826	3	1	5	1.06	-0.918	0.141
34	FCFC2	0	2.746	3	1	5	1.004	-0.699	0.218
35	FCP1	0	2.868	3	1	5	0.882	-0.822	-0.057
36	FCP2	0	2.51	2	1	5	0.825	-0.154	0.621
37	FCP3	1	2.288	2	1	5	1.058	-0.149	0.764
38	PCAOM1	0	3.334	4	1	5	0.899	-0.749	-0.495
39	PCAOM2	0	3.212	3	1	5	0.92	-1.03	-0.334
40	PCAOM3	2	3.401	4	1	5	0.896	-0.611	-0.704
41	PCAOM4	0	2.609	2	1	5	0.902	-0.441	0.406
42	PCAOM5	1	2.444	2	1	5	1.01	-0.994	0.206
43	PCAIS1	0	2.907	3	1	5	0.998	-1.002	-0.33
44	PCAIS2	0	3.189	3	1	5	0.935	-0.233	-0.729
45	PCAIS6	0	2.679	2	1	4	1.018	-1.263	0.055
46	PCAIS7	1	2.504	2	1	5	0.994	-0.919	0.324
47	PCAIS3	4	3.319	4	1	5	1.012	-0.059	-0.764
48	PCAIAL1	0	3.769	4	1	5	0.849	1.436	-1.144
49	PCAIAL2	0	3.79	4	1	5	0.705	2.129	-1.235
50	PCAIAL3	1	3.67	4	1	5	0.801	1.534	-1.19
51	NCSFL1	0	3.549	4	1	5	0.81	1.418	-1.259
52	NCSFL2	0	3.492	4	1	5	0.882	1.012	-1.249
53	NCACS3	1	3.153	3	1	5	1.191	-0.913	-0.289
54	NCACS4	0	3.402	4	1	5	1.037	0.19	-1.087
55	NCACS2	0	3.236	4	1	5	1.065	-0.71	-0.559
56	NCEWAW 1	0	3.521	4	1	5	0.861	1.419	-1.225
57	NCEWAW 3	0	3.093	3	1	5	0.871	-0.489	-0.489

58	NCEWAW 4	3	3.125	4	1	5	1.055	-1.083	-0.427
59	NCFWA1	0	3.427	4	1	5	0.888	0.038	-0.993
60	NCFWA2	0	3.567	4	1	5	0.871	0.673	-1.212
61	NCFWA3	0	2.596	2	1	5	1.027	-1.075	0.209
62	PEIIAOF1	0	3.477	4	1	5	0.861	0.374	-1.137
63	PEIIAOF2	0	2.194	2	1	5	1.046	-1.059	0.341
64	PEIIFAFOF 1	0	2.13	2	1	5	0.869	-0.011	0.626
65	PEIIFAFOF 2	0	2.142	2	1	5	0.926	-0.41	0.538
66	PEIIPOC1	0	1.922	2	1	5	0.938	-0.081	0.836
67	PEIIPOC2	4	1.924	2	1	5	0.905	-0.253	0.704
68	PEIIPOC3	0	2.158	2	1	5	1.131	-0.739	0.658
69	PEIIPSFOF 1	5	2.622	2	1	5	1.115	-1.206	0.113
70	PEIIPSFOF 2	1	1.813	2	1	5	0.797	0.959	0.967
71	PEIIPSFOF 4	1	2.886	3	1	5	1.026	-0.906	-0.465
72	FRTRCF1	0	3.422	4	1	5	0.971	0.419	-1.082
73	FRTRCF2	0	2.754	3	1	5	1.002	-1.078	0.028
74	FRTRCF3	0	3.681	4	1	5	0.863	1.359	-1.177
75	FRTRCF4	0	2.961	3	1	5	0.993	-0.874	-0.241
76	FRTROF1	0	3.479	4	1	5	1.003	0.287	-0.886
77	FRTROF2	0	2.738	3	1	5	0.964	-0.857	0.056
78	FRTROF3	0	3.376	4	1	5	1.031	0.053	-0.972
79	FRTROF5	2	3.326	4	1	5	0.979	0.362	-1.108

Diese Analyse ergab die Gültigkeit der Indikatoren, die für die nächste Phase der Analyse ermittelt wurden. Im folgenden Abschnitt dieses Kapitels werden die unternommenen Schritte und die aus der Bewertung des Strukturmodells abgeleiteten Ergebnisse näher erläutert.

4.3 Strukturelle Modellanalyse

Das für diese Studie entwickelte konzeptionelle Modell beinhaltet die Untersuchung von Strukturen höherer Ordnung, die zwei Ebenen von Konstrukten aufweisen. Solche Modelle werden im Rahmen der Partial Least Squares Structural Equation Modelling (PLS-SEM), die 1989 von Lohmöller eingeführt wurde, als hierarchische Komponentenmodelle (HCMs) bezeichnet. Innerhalb dieses Modells setzt sich das Konstrukt zweiter Ordnung, SAP (Sustainable Agricultural

Practices), aus fünf formativen Konstrukten zusammen, die fünf verschiedene Kapitalwerte darstellen. Jedes dieser formativen Konstrukte erfasst spezifische Attribute, die mit SAP verbunden sind. Auf der ersten Ebene oder ersten Ordnung bilden diese Komponenten des Kapitalvermögens gemeinsam die abstraktere Komponente der zweiten Ebene, die die SAP der Landwirte darstellt.

Dieser hierarchische Ansatz wird verwendet, um die Struktur des konzeptionellen Modells im analytischen Modell genau widerzuspiegeln. Er ermöglicht eine Bewertung der einzelnen Beiträge der fünf Kapitalwerte zum übergreifenden Konzept der SAP. Ähnliche hierarchische Ansätze wurden von früheren Forschern bei der Analyse komplexer Modelle verwendet, wie die Studien von Jarvis et al. (2003), Wetzels et al. (2009) und Ringle et al. (2012) zeigen.

Hierarchische Komponentenmodelle bestehen aus zwei Schlüsselelementen: der übergeordneten Komponente (HOC), die die abstraktere Einheit erfasst, und den untergeordneten Komponenten (LOCs), die die Unterdimensionen oder Komponenten der übergeordneten Einheit erfassen. In dieser speziellen Studie wird die HOC als SAP der Landwirte identifiziert, während die LOCs die fünf Kapitalwerte umfassen, nämlich Human-, Sozial-, Finanz-, Sach- und Naturkapital.

Das in dieser Studie verwendete hierarchische Komponentenmodell (HCM) ist formativ-formativ, wobei sowohl die Komponente höherer Ordnung (HOC) als auch die Komponenten niedrigerer Ordnung (LOCs) mit formativen Indikatoren gemessen werden. Bei solchen Modellen verwenden Forscher üblicherweise den in der Literatur beschriebenen Ansatz der wiederholten Indikatoren, bei dem alle Indikatoren aus den LOCs der HOC zugeordnet werden (Hair et al., 2016). Bei diesem Ansatz werden formative Indikatoren, die die fünf Kapitalwerte repräsentieren, wiederholt eingesetzt, um die nachhaltigen landwirtschaftlichen Praktiken (SAP) innerhalb des Modells zu messen.

Während der Ansatz der wiederholten Indikatoren eine gängige Praxis ist, werden in der Literatur auch potenzielle Probleme im Zusammenhang mit der Modellierung von formativ-formativen und reflexiv-formativen hierarchischen Komponentenmodellen (HCMs) unter Verwendung dieses Ansatzes hervorgehoben. Es ist wichtig, diese potenziellen Herausforderungen zu berücksichtigen und zu bewältigen, um die Robustheit und Gültigkeit der Analyseergebnisse zu gewährleisten.

In solchen Szenarien wird die Varianz der Konstrukte höherer Ordnung (HOC) durch ihre Konstrukte niedrigerer Ordnung (LOC) erklärt, was zu einem R^2-Wert nahe eins führt. Folglich können alle zusätzlichen Pfadkoeffizienten, die über die mit den LOCs verbundenen hinausgehen, äußerst klein und statistisch unbedeutend werden (Ringle et al., 2012). Um dieses Problem zu lösen, wird den Forschern empfohlen, eine zweistufige Hierarchical Component Model (HCM)-Analyse durchzuführen, die eine Kombination aus dem Ansatz der wiederholten Indikatoren und latenten Variablen-Scores verwendet. In der ersten Phase wird der Ansatz der wiederholten Indikatoren verwendet, um "latente Variable"-Scores für die LOCs abzuleiten. In der folgenden Phase dienen diese LOC-Werte als manifeste Variablen im Messmodell für die HOC.

Die zweistufige Methodik hat sich für die Analyse dieses Modells als geeignet erwiesen und wurde folglich angenommen. Zunächst wurde das Modell durch einen Ansatz mit wiederholten Indikatoren untersucht. Die Indikatoren, die zur Bewertung der fünf Kapitalgüter verwendet wurden, wurden auch für die Messung des SAP verwendet. Die nachstehende Abbildung 4-9 veranschaulicht die

Ergebnisse der ersten Stufe der Modellanalyse. Um mögliche Verzerrungen in den Beziehungen zwischen den Konstrukten niedrigerer Ordnung (LOCs) und den Konstrukten höherer Ordnung (SAP) zu vermeiden, wurde in diesem Modell für beide derselbe Satz von Indikatoren verwendet. Diese Wahl wurde getroffen, um eine ungleiche Verteilung der Indikatoren zu vermeiden, da eine Ungleichheit zu Verzerrungen in den Beziehungen führen könnte (Becker et al., 2012). Zur besseren Veranschaulichung der LOCs und HOC sind die formativen Indikatoren der latenten Konstrukte im nachstehenden Diagramm verborgen.

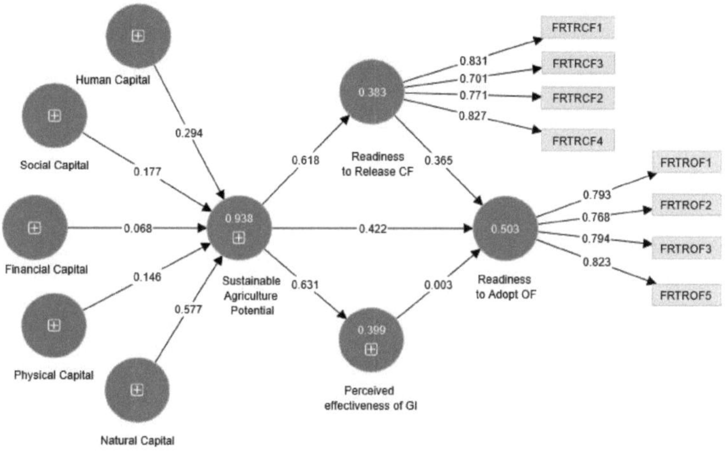

Abbildung 4-9 Modellanalyse Stufe 1

Anschließend wurden die Werte der Lower-Order Constructs (LOCs), die die Werte der fünf Kapitalwerte darstellen, aus dem von "SmartPLS" generierten Output gewonnen. Diese abgeleiteten Werte der fünf Kapitalwerte wurden dann als manifeste Variablen für die Analyse des Konstrukts zweiter Ordnung (SAP) in der zweiten Stufe verwendet. Dieser Ansatz steht im Einklang mit den Empfehlungen in der Literatur, insbesondere von Hair et al. (2016). Die Ergebnisse der zweiten Stufe der Analyse sind in Abbildung 4-10 unten dargestellt.

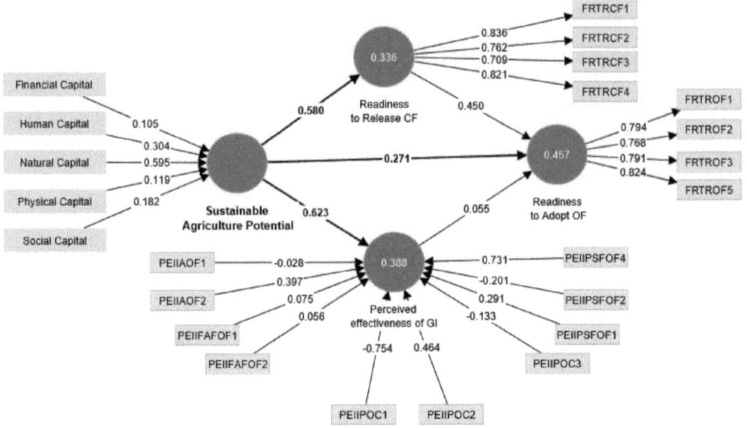

Abbildung 4-10 Modellanalyse Stufe 2

Die im Modell der zweiten Stufe ermittelten Pfadkoeffizienten sind weniger anfällig für Fehlinterpretationen als in der ersten Stufe, wo es aufgrund der wiederholten Verwendung von Indikatoren zu Fehlinterpretationen kommen kann. Um die Validität und Signifikanzbewertung des Strukturmodells zu verbessern, werden die in der Literatur von Hair et al. (2017) dargelegten Empfehlungen in der nachfolgenden Phase der Analyse umgesetzt.

- Schritt 1 Bewertung des Strukturmodells auf Kollinearitätsprobleme
- Schritt 2 Bewertung der Bedeutung und Relevanz der Beziehungen im Strukturmodell
- Schritt 3 Bewertung des Niveaus von R^2
- Schritt 4 Bewertung der Effektgröße f^2
- Schritt 5 Bewertung der Vorhersagekraft von Q^2
- Schritt 6 Bewertung der q^2 Effektgröße

4.3.1 Prüfung des Kollinearitätsindex

Die Kollinearität zwischen den Konstrukten in diesem Modell wurde anhand der "Variance Inflation Factors" (VIF)-Werte bewertet. In der Literatur wird empfohlen, dass die Toleranzwerte (VIF) für jedes Prädiktorenkonstrukt größer als 0,20 und kleiner als 5 sein sollten, um Kollinearitätsprobleme zu vermeiden. Wenn die Werte außerhalb dieses Bereichs liegen, schlägt die Literatur mögliche Lösungen vor, wie z. B. die Eliminierung von Konstrukten, die Konsolidierung von Prädiktoren zu einem einzigen Konstrukt oder die Schaffung von Konstrukten höherer Ordnung. Die Ergebnisse dieses Modells zeigen, dass die Indikatoren ein zufriedenstellendes Niveau der VIF-Werte aufweisen. Tabelle 4-10 und 4-11 veranschaulichen die Ergebnisse der VIF-Tests für jede Variable und die Konstrukte innerhalb des Modells.

Tabelle 4-11 Ergebnisse der VIF-Tests - Äußeres Modell

Variable/Konstrukt	VIF
FRTRCF1	1.676
FRTRCF2	2.013
FRTRCF3	1.434
FRTRCF4	2.098
FRTROF1	1.835
FRTROF2	1.625
FRTROF3	1.861
FRTROF5	1.754
Finanzielles Kapital	1.365
Humankapital	1.405
Natürliches Kapital	1.617
Physisches Kapital	1.279
Soziales Kapital	1.435
PEIIAOF1	1.145
PEIIAOF2	1.438
PEIIFAFOF1	1.853
PEIIFAFOF2	2.084
PEIIPOC1	3.062
PEIIPOC2	4.357
PEIIPOC3	3.233

Variable/Konstrukt	VIF
PEIIPSFOF1	1.450
PEIIPSFOF2	1.927
PEIIPSFOF4	1.734

Tabelle 4-12 Ergebnisse der VIF-Tests - Inneres Modell

Konstruieren Sie	Wahrgenommene _Wirksamkeit der GI	Bereitschaft _ zur Adoption von	Bereitschaft zur Freigabe von CF	Nachhaltiges _Landwirtschafts potenzial
Wahrgenommene _Wirksamkeit der GI		1.634		
Bereitschaft_ zur Adoption von				
Bereitschaft zur Freigabe von CF		1.507		
Nachhaltiges _Landwirtschafts potenzial	1.000	2.163	1.000	

4.3.2 Prüfung von Signifikanz und Relevanz Pfadkoeffizienten

Die Pfadbeziehungen im Strukturmodell spiegeln die in dieser Studie aufgestellten Hypothesen genau wider. Zur Bewertung der Signifikanz der Pfadkoeffizienten sowie ihrer jeweiligen t- und p-Werte wurde die in der Partial Least Squares Structural Equation Modelling (PLS-SEM) empfohlene Bootstrapping-Methode verwendet. Gemäß den Leitlinien von Hair et al. (2017) sind akzeptable Bereiche für t-Werte in einem zweiseitigen Test größer als 1,65 (Signifikanzniveau = 10 %), 1,96 (Signifikanzniveau = 5 %) bzw. 2,57 (Signifikanzniveau = 1 %). Entsprechend sollten die p-Werte kleiner als 0,10 (Signifikanzniveau = 10 %), 0,05 (Signifikanzniveau = 5 %) oder 0,01 (Signifikanzniveau = 1 %) sein. In Anwendungen wie dieser Studie nehmen die Forscher üblicherweise ein Signifikanzniveau von 5 % an. Die Ergebnisse des Pfadkoeffiziententests, der mit der Bootstrapping-Technik durchgeführt wurde, sind in Abbildung 4-11 und Tabelle 4-12 unten dargestellt.

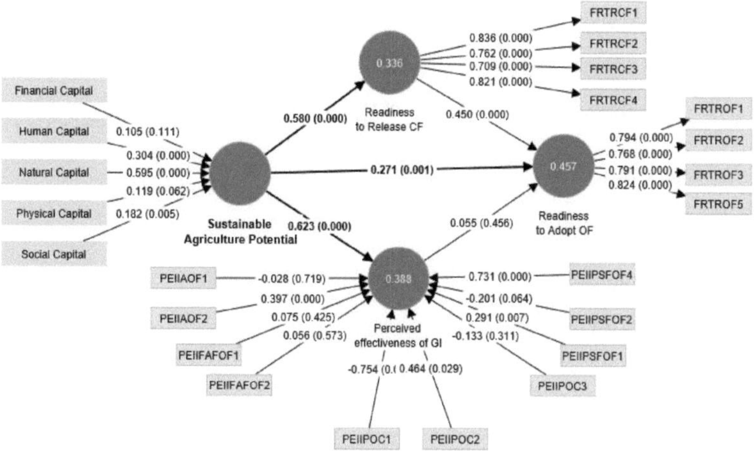

Abbildung 4-11 Modell-Pfadkoeffizienten und R^2 Werte

Anmerkung: Die "p"-Werte der Pfadkoeffizienten sind in Klammern angegeben.

Tabelle 4-13 Signifikanz und Relevanz des Modells Pfadkoeffizienten

Mittelwert, STDEV, T-Werte, p-Werte	**Ursprüngliche Probe (O)**	**Mittelwert der Stichprobe (M)**	**Standardabweichung (STDEV)**	**T-Statistik (|O/STDEV|)**	**P-Werte**
Wahrgenommene _Wirksamkeit von GI -> Bereitschaft_ zur Übernahme von OF	0.055	0.065	0.074	0.746	0.456
Bereitschaft zur Freigabe von CF -> Bereitschaft zur Übernahme von OF	0.450	0.447	0.065	6.939	0.000
Potenzial für nachhaltige _Landwirtschaft -> Wahrgenommene _Wirksamkeit der GI	0.623	0.618	0.143	4.340	0.000
Nachhaltige _Landwirtschaft Potential -> Bereitschaft_ zur Übernahme von OF	0.271	0.269	0.085	3.183	0.001
Nachhaltige _Landwirtschaftliches Potenzial -> Bereitschaft zur Freisetzung von CF	0.580	0.585	0.037	15.600	0.000

4.3.3 Test Bestimmungskoeffizient (R^2-Wert)

Der R^2-Koeffizient quantifiziert die Vorhersagekraft des Modells und wird als das Quadrat der Korrelation zwischen den tatsächlichen und den vorhergesagten

Werten eines bestimmten endogenen Konstrukts berechnet. Er spiegelt die kumulative Auswirkung der exogenen latenten Variablen auf die endogene latente Variable wider. R^2-Werte reichen von 0 bis 1, wobei höhere Werte eine höhere Vorhersagegenauigkeit bedeuten. Im Allgemeinen werden R^2-Werte von 0,75, 0,50 oder 0,25 als erheblich, mäßig bzw. schwach angesehen. Die angemessene Interpretation des R^2-Wertes hängt jedoch von der Art und dem Kontext der Studie ab, die im folgenden Kapitel erörtert werden.

Tabelle 4-14 R^2 Werte der Konstrukte

R^2 Werte		
Konstruieren Sie	R-Quadrat	R-Quadrat bereinigt
Wahrgenommene _Wirksamkeit der GI	0.388	0.386
Bereitschaft_ zur Adoption von	0.457	0.452
Bereitschaft zur Freigabe von CF	0.336	0.334

4.3.4 Prüfung der Effektgröße f^2

Bei der Bewertung der Effektgröße f^2 wird die Veränderung des R^2-Wertes eines endogenen Konstrukts untersucht, wenn ein bestimmtes exogenes Konstrukt ausgeschlossen wird. Diese Analyse hilft bei der Bestimmung des wesentlichen Einflusses des exogenen Konstrukts auf die endogenen Konstrukte. Die Effektgröße f^2-Wert quantifiziert den Beitrag eines exogenen Konstrukts zum R^2-Wert einer endogenen latenten Variable. Effektgrößen f^2-Werte von 0,02, 0,15 und 0,35 bedeuten einen kleinen, mittleren bzw. signifikanten Einfluss eines exogenen Konstrukts auf ein endogenes Konstrukt. In Tabelle 4-14 sind die Effektgrößen für dieses Modell dargestellt, die die unterschiedlichen Beiträge der einzelnen Konstrukte zu den jeweiligen R^2-Werten veranschaulichen, die von groß bis klein reichen.

Tabelle 4-15 Effektgrößen der Konstrukte

Konstruieren Sie	Wahrgenomme ne _Wirksamkeit der GI	Bereitschaft _ zur Adoption von	Bereitschaft zur Freigabe von CF	Nachhaltiges _Landwirtschafts potenzial
Wahrgenommene _Wirksamkeit der GI		0.003		
Bereitschaft_ zur Adoption von				
Bereitschaft zur Freigabe von CF		0.248		
Nachhaltiges _Landwirtschafts potenzial	0.633	0.062	0.506	

4.3.5 Prüfung der prädiktiven Relevanz

Die Blindfolding-Methode in PLS-SEM dient als Kreuzvalidierungstechnik zur Bewertung des Modells auf Redundanzmaße für jedes endogene Konstrukt. Neben der Bewertung der R^2-Werte als Indikator für die Vorhersagegenauigkeit wird in der Literatur empfohlen, den Q^2-Wert von Stone-Geisser (Geisser, 1974; Stone, 1974) zu untersuchen. Dieses Maß spiegelt die Vorhersagekraft außerhalb der Stichprobe oder die prädiktive Relevanz des Modells wider. Die Q^2-Werte wurden mit dem Verfahren "PLSpredict" im Softwareprogramm "SmartPLS4" berechnet. Alle resultierenden Q^2-Werte, die größer als 0 sind, bedeuten, dass die exogenen Konstrukte eine prädiktive Relevanz für das angegebene endogene Konstrukt besitzen. Die nachstehende Tabelle 4-15 zeigt die zufriedenstellenden Q^2-Werte, die für dieses Modell erzielt wurden.

Tabelle 4-16 Die Q^2 Werte des Modells

Konstruieren Sie	Q^2Vorhersage	RMSE	MAE
Wahrgenommene _Wirksamkeit der GI	0.338	0.818	0.615
Bereitschaft_ zur Adoption von	0.307	0.838	0.642
Bereitschaft zur Freigabe von CF	0.322	0.828	0.644

4.3.6 Testen der Effektgröße q2

Der q^2-Wert bietet ein Mittel zur Bewertung des Beitrags eines exogenen Konstrukts zum Q^2-Wert einer endogenen latenten Variable. Als relatives Maß für die prädiktive Relevanz bedeuten q^2-Werte von 0,02, 0,15 und 0,35, dass ein exogenes Konstrukt ein geringes, mittleres oder erhebliches Maß an prädiktiver Relevanz für ein bestimmtes endogenes Konstrukt besitzt. Die in Tabelle 4-15 dargestellten Ergebnisse zeigen, dass die prädiktive Relevanz der Konstrukte in diesem Modell von gering bis groß reicht und damit innerhalb des akzeptablen Bereichs liegt.

4.3.7 Modell-Fit-Maße des Modells

Im Zusammenhang mit PLS-SEM-Modellen wird der SRMR-Wert (Standardized Root Mean Square Residual), der üblicherweise zur Beurteilung der Passung in CB-SEM verwendet wird, in der PLS-SEM-Literatur als nicht anwendbar angesehen. Dieses Modell kombiniert sowohl zusammengesetzte als auch gemeinsame Faktoren. Die aktuelle PLS-SEM-Literatur bietet jedoch keine theoretischen Anhaltspunkte dafür, wie Forscher die Modellanpassung zwischen Konstrukten, die durch gemeinsame und zusammengesetzte Faktoren innerhalb desselben Modells dargestellt werden, unterscheiden sollten. Die gemischte Verwendung dieser Faktoren und die Notwendigkeit, die Modellanpassung in solchen Szenarien anzugeben, werden nicht gut unterstützt.

In diesem Zusammenhang wird davon ausgegangen, dass Modellanpassungsmaße wie SRMR, RMStheta und der exakte Anpassungstest von begrenztem Wert sind. Vor ihrer Anwendung wird gewarnt, da Forscher versucht sein könnten, die Vorhersagekraft zu beeinträchtigen, um eine scheinbar bessere "Anpassung" zu erreichen. Hair et al. (2016) raten von der Verwendung solcher Statistiken bei der

Analyse von PLS-SEM-Modellen ähnlich dem in dieser Studie vorgestellten ab. Obwohl einige frühere Forscher vorschlagen, dass ein SRMR-Wert unter 0,08 auf eine gute Anpassung hindeutet, beträgt der SRMR-Wert in diesem Modell 0,095.

4.3.8 Prüfung der moderierenden Wirkung demografischer Faktoren

In der Studie wird außerdem untersucht, ob die Beziehungen innerhalb des Modells zur abhängigen Variable (RAOF) je nach Alter, Bildung, Geschlecht und anderen soziodemografischen Faktoren, die während der Erhebung erhoben wurden, Unterschiede aufweisen. Pfadkoeffizienten für verschiedene Gruppen, wie z. B. jünger versus älter oder weiblich versus männlich, können signifikante Unterschiede aufweisen, wenn sie auf der Grundlage von Stichprobensegmenten innerhalb jeder Gruppe berechnet werden. Es ist jedoch unerlässlich, solche Unterschiede zu validieren und auf ihre statistische Signifikanz hin zu überprüfen, bevor man irgendwelche Schlussfolgerungen zieht.

Daher bietet die Multigruppenanalyse die Möglichkeit, Unterschiede in den Pfadkoeffizienten zu berechnen und ihre statistische Signifikanz durch P-Werte zu bewerten. Dieser Ansatz ermöglicht eine nuancierte Untersuchung, wie die Modellbeziehungen zwischen verschiedenen demografischen Segmenten variieren können, was wertvolle Erkenntnisse zu den Gesamtergebnissen der Studie beiträgt.

Forscher haben verschiedene Ansätze für die Mehrgruppenanalyse vorgestellt, wie von Sarstedt et al. (2011) dargelegt. Beim Vergleich zweier Datengruppen ist es entscheidend, zwischen dem parametrischen Ansatz und mehreren nichtparametrischen Alternativen zu unterscheiden. Frühere Untersuchungen haben gezeigt, dass der parametrische Ansatz relativ liberal und anfällig für Fehler vom Typ I (falsch positive Ergebnisse) sein kann (Sarstedt, Henseler und Ringle, 2011). Der parametrische Ansatz hat auch konzeptionelle Einschränkungen, da er auf

Verteilungsannahmen beruht, die auf den PLS-SEM-Ansatz aufgrund seiner nichtparametrischen Natur nicht anwendbar sind.

Als Reaktion auf diese Herausforderungen haben Forscher nicht-parametrische Alternativen für die Mehrgruppenanalyse vorgeschlagen (Sarstedt et al., 2011), wobei ein Beispiel der Permutationstest ist. Bei dieser Methode werden die Beobachtungen zwischen den Gruppen zufällig ausgetauscht (d. h. permutiert), und das Modell wird für jede Permutation neu geschätzt (Chin und Dibbern, 2010; Dibbern und Chin, 2005). Diese nichtparametrische Alternative bietet eine robuste Möglichkeit, die Signifikanz von Unterschieden zwischen Pfadkoeffizienten in verschiedenen Datengruppen zu bewerten.

Durch die Berechnung der Unterschiede zwischen den gruppenspezifischen Pfadkoeffizienten pro Permutation kann geprüft werden, ob sich diese Unterschiede auf die gesamte Population erstrecken. Frühere Untersuchungen deuten jedoch darauf hin, dass der Permutationstest zwar ähnliche Ergebnisse wie der parametrische Ansatz liefert, aber bei der Bestimmung der Signifikanz dieser Unterschiede tendenziell weniger großzügig ist. Außerdem setzt seine Anwendung voraus, dass die Gruppen eine ähnliche Größe haben. Um diesen Einschränkungen zu begegnen, führten Henseler et al. (2009) einen weiteren nichtparametrischen Ansatz für die Mehrgruppenanalyse ein, der die Bootstrapping-Ergebnisse durch PLS-Techniken nutzt.

Der PLS-MGA-Ansatz vergleicht jede Bootstrap-Schätzung einer Gruppe mit allen anderen Schätzungen desselben Parameters in der anderen Gruppe. Durch die Zählung der Fälle, in denen die Bootstrap-Schätzung der ersten Gruppe die der zweiten Gruppe übertrifft, leitet der Ansatz einen Wahrscheinlichkeitswert sowohl für einseitige als auch für zweiseitige Tests ab und erleichtert so die

Hypothesenprüfung. In Anbetracht des nichtparametrischen Charakters der Analyse und der unterschiedlichen Größe der Gruppen in Bezug auf die Anzahl der Stichproben erwies sich PLS-MGA als die am besten geeignete Technik zur Bewertung der Unterschiede in den Pfadkoeffizienten des Modells zwischen den Gruppen.

Die für diese Studie erhobene Datenstichprobe umfasst Segmente mit beträchtlichen Stichprobenumfängen, was die Berücksichtigung mehrerer Gruppen ermöglicht. In Tabelle 4-16 sind die wesentlichen Untergruppen aufgeführt, in die die Stichproben segmentiert wurden.

Deskriptive Analyse der demografischen Faktoren

Tabelle 4-17 Deskriptive Analyse der demografischen Faktoren

Gruppe	Verteilung der Stichprobe auf die Gruppen
Religion	
Buddhisten	366 (95%)
Muslim	20 (5%)
Alter	
Alter <=45 Jahre	141(36%)
Alter >45 Jahre	242 (64%)
Geschlecht	
Männlich	330 (85%)
Weiblich	56 (15%)
Bildung	
<Ordentliche Ebene	154 (40%)
Gewöhnliches Niveau oder > Gewöhnliches Niveau	232 (60%)
Beschaffung von Arbeitskräften	
Gemischt (selbst und ausgelagert)	190 (49%)
Selbst	118 (30%)
Vollständig outgesourct	74 (21%)
Mitgliedschaft in einer Bauernorganisation (FO)	
Mitglied der FO	343 (89%)
Nicht Mitglied bei FO	43(11%)
Soziale Bindungen	
Verknüpfung mit anderen Landwirten	256 (66%)
Verknüpfung mit anderen (Außendienstmitarbeiter, Forscher, Käufer, Verkäufer)	130 (44%)
Einsatz von Agro-Inputs	

Gruppe	Verteilung der Stichprobe auf die Gruppen
Gemischt (mehr Chemikalien)	232 (60%)
Andere (nur Bio, nur Chemie, mehr Bio)	154 (40%)
Einsatz von Bewirtschaftungsmethoden	
Gemischt (Modernere Methoden)	217 (56%)
Gemischt (modern und traditionell)	169 (44%)
Größe der landwirtschaftlichen Grundstücke	
Ausmaß - 2,5 Acres	124 (32%)
Ausmaß andere Acres	262 (68%)
Einbehaltung von Stroh in der Ablage	
Behalten Sie	364 (94%)
Nicht beibehalten	22 (6%)
Die Bedrohung durch Tierangriffe	
Gegenüber	330 (85%)
Nicht gegenüber	56 (15%)

Auswirkungen der Religion der Landwirte auf die Anpassung an den ökologischen Landbau

In dieser Datenstichprobe gibt es keine nennenswerte Segmentierung der Antworten auf der Grundlage der Religion; 366 von 386 Fällen (95 %) entsprechen Antworten von buddhistischen Landwirten, während die übrigen Befragten sich als Muslime identifizieren. Diese Beobachtung ist spezifisch für die für diese Studie ausgewählte Stichprobenpopulation im System H von Mahaweli.

Auswirkungen des Alters der Landwirte bei der Anpassung an den ökologischen Landbau

Tabelle 4-17 zeigt einen Vergleich zwischen zwei Altersgruppen in der Datenanalyse: Landwirte, die älter als 45 Jahre sind, was 62 % der Stichprobe ausmacht, und Landwirte, die jünger als 45 Jahre sind. Die Modell-Pfadkoeffizienten lassen keine signifikanten Unterschiede zwischen diesen beiden Gruppen erkennen. Es ist jedoch bemerkenswert, dass jüngere Landwirte, die bereit sind, CF freizugeben, und eine Neigung zur Umstellung auf ökologische Verfahren haben, niedrigere Werte aufweisen als ihre älteren Kollegen. Diese Beobachtung ist statistisch signifikant, mit einem p-Wert von 0,17 in diesem Datensatz.

Tabelle 4-18 Pfadkoeffizient, Gesamteffektunterschiede, basierend auf dem Alter der Landwirte

Pfadkoeffizienten	Differenz (Alter <=45) - (Alter >45)	1-tailed (Alter <=45 vs. Alter >45) p-value	2-tailed (Alter <=45 vs. Alter >45) p-value
Wahrgenommene _Wirksamkeit von GI -> Bereitschaft_ zur Übernahme von OF	0.082	0.292	0.584
Bereitschaft zur Freigabe von CF -> Bereitschaft zur Übernahme von OF	-0.186	0.915	0.170
Potenzial für nachhaltige _Landwirtschaft -> Wahrgenommene _Wirksamkeit der GI	-0.071	0.855	0.289
Nachhaltige _Landwirtschaft Potential -> Bereitschaft_ zur Übernahme von OF	0.070	0.336	0.673
Nachhaltige _Landwirtschaftliches Potenzial -> Bereitschaft zur Freisetzung von CF	-0.027	0.637	0.726

Auswirkungen des Geschlechts der Landwirte auf die Anpassung an den ökologischen Landbau

Bei der geschlechtsspezifischen Zusammensetzung dieses Datensatzes entfallen 85 % auf Männer und 15 % auf Frauen. Das bemerkenswerte Ergebnis in Bezug auf das Geschlecht der Landwirte ist, dass weibliche Landwirte im Vergleich zu ihren männlichen Kollegen eine größere Bereitschaft zur Umstellung auf ökologische Verfahren zeigen. Diese Beobachtung ist statistisch signifikant, mit einem p-Wert von 0,07, der nahe an dem in dieser Studie akzeptierten Schwellenwert von 0,05 liegt. Darüber hinaus ist es interessant festzustellen, dass Landwirtinnen, die bereit sind, CF freizugeben, im Vergleich zu männlichen Landwirten eine geringere Neigung zur Umstellung auf ökologische Verfahren zeigen. Darüber hinaus nehmen männliche Landwirte die staatliche Unterstützung als vorteilhafter wahr als ihre weiblichen Kollegen und erreichten ein Signifikanzniveau von 0,07. Weitere Einzelheiten zu diesen Ergebnissen sind in Tabelle 4-18 unten aufgeführt.

Tabelle 4-19 Pfadkoeffizienten, Gesamteffektunterschiede, basierend auf dem Geschlecht der Landwirte

Pfadkoeffizienten	Differenz (Geschlecht= M - Gruppe=F)	1-tailed (Geschlecht=M vs. Gruppe=F) p-Wert	2-tailed (Geschlecht=M vs. Gruppe=F) p-Wert
Wahrgenommene _Wirksamkeit von GI -> Bereitschaft_ zur Übernahme von OF	0.099	0.371	0.743
Bereitschaft zur Freigabe von CF -> Bereitschaft zur Übernahme von OF	0.329	0.024	0.048
Potenzial für nachhaltige _Landwirtschaft -> Wahrgenommene _Wirksamkeit der GI	1.433	0.032	0.064
Nachhaltige _Landwirtschaft Potential -> Bereitschaft_ zur Übernahme von OF	-0.166	0.966	0.068
Nachhaltige _Landwirtschaftliches Potenzial -> Bereitschaft zur Freisetzung von CF	-0.012	0.573	0.854

Auswirkungen der Ausbildung von Landwirten zur Anpassung an den ökologischen Landbau

In dieser Stichprobeneinheit haben 41 % der Landwirte ihre Ausbildung bis zur allgemeinen Hochschulreife abgeschlossen, 40 % haben die allgemeine Hochschulreife nicht erreicht, und die übrigen Personen haben ein höheres Bildungsniveau. Die beiden vergleichbaren Gruppen in Bezug auf die Bildung der Landwirte in dieser Stichprobe sind diejenigen, die keinen Bildungsabschluss erworben haben, und diejenigen, die einen Bildungsabschluss haben. Der Vergleich wird in Tabelle 4-19 detailliert dargestellt.

Landwirte mit einem Bildungsniveau unter O/L zeigen eine günstigere Rate bei der Umwandlung ihrer nachhaltigen landwirtschaftlichen Praktiken (SAP) in die Bereitschaft zur Übernahme des ökologischen Landbaus (RAOF), ein wichtiges Ergebnis dieser Studie. Darüber hinaus ist es bemerkenswert, dass Landwirte mit geringerer Bildung im Vergleich zu gebildeten Landwirten Widerstand gegen die Freisetzung von chemischen Düngemitteln (CF) zeigen (d.h. die Umwandlungsrate von Widerstand gegen die Freisetzung von CF in RAOF ist gering). Diese Beobachtung ist mit einem p-Wert von 0,15 statistisch signifikant.

Tabelle 4-20 Pfadkoeffizient, Gesamteffektunterschiede, basierend auf der Ausbildung der Landwirte

Pfadkoeffizienten	Abweichung (<O/L - OL oder >OL)	1-tailed (<O/L vs. OL oder >OL) p-Wert	2-tailed (<O/L vs. OL oder >OL) p-Wert
Wahrgenommene _Wirksamkeit von GI -> Bereitschaft_ zur Übernahme von OF	0.145	0.172	0.344
Bereitschaft zur Freigabe von CF -> Bereitschaft zur Übernahme von OF	-0.197	0.923	0.153
Potenzial für nachhaltige _Landwirtschaft -> Wahrgenommene _Wirksamkeit der GI	-0.001	0.41	0.821
Nachhaltige _Landwirtschaft Potential -> Bereitschaft_ zur Übernahme von OF	0.194	0.019	0.038
Nachhaltige _Landwirtschaftliches Potenzial -> Bereitschaft zur Freisetzung von CF	0.082	0.158	0.315

Auswirkungen der Mittel der Landwirte zur Beschaffung von Arbeitskräften für die Anpassung an den ökologischen Landbau

Die Art und Weise, wie die Landwirte ihre Arbeitskräfte beschaffen, ob durch Selbstbeschaffung, Unterstützung durch die Familie, Fremdbeschaffung oder einen gemischten Ansatz, ist in der Studie von Bedeutung. In der Stichprobe beschaffen 5 % der Landwirte ihre Arbeitskräfte selbst, 24 % beschaffen sie mit Unterstützung der Familie selbst, 19 % vergeben sie vollständig an Dritte und 49 % verfolgen einen gemischten Ansatz.

Bei dieser Segmentierung ergeben sich zwei vergleichbare Gruppen: Landwirte, die ihre Arbeitskräfte über einen gemischten Ansatz beziehen, und solche, die sich selbst versorgen. Tabelle 4-20 vergleicht die Werte der Pfadkoeffizienten dieser beiden Gruppen, insbesondere im Hinblick auf die Umwandlung der staatlichen Unterstützung in die Bereitschaft zur Übernahme des ökologischen Landbaus (RAOF). Bemerkenswert ist, dass Landwirte, die Arbeitskräfte über den hybriden Ansatz beziehen, eine höhere Umwandlungsrate von staatlicher Unterstützung in RAOF aufweisen als die anderen. Dieser Befund ist mit einem p-Wert von 0,06 statistisch signifikant und liegt damit nahe an der in dieser Studie akzeptierten Wahrscheinlichkeitsschwelle von 0,05.

Tabelle 4-21 Pfadkoeffizient, Gesamteffekte - Unterschiede aufgrund der Art der Beschaffung von Arbeitskräften

Pfadkoeffizienten	Differenz (Arbeit-gemischt - Arbeit-selbst)	1-tailed (Arbeit-gemischt vs. Arbeit-selbst) p-value	2-tailed (Arbeit-gemischt vs. Arbeit-selbst) p-value
Wahrgenommene _Wirksamkeit von GI -> Bereitschaft_ zur Übernahme von OF	0.291	0.031	0.063
Bereitschaft zur Freigabe von CF -> Bereitschaft zur Übernahme von OF	-0.151	0.843	0.314
Potenzial für nachhaltige _Landwirtschaft -> Wahrgenommene _Wirksamkeit der GI	-0.028	0.718	0.564
Nachhaltige _Landwirtschaft Potential -> Bereitschaft_ zur Übernahme von OF	-0.049	0.683	0.633
Nachhaltige _Landwirtschaftliches Potenzial -> Bereitschaft zur Freisetzung von CF	-0.092	0.85	0.300

Auswirkungen der Mitgliedschaft von Landwirten in Bauernverbänden auf die Anpassung an den ökologischen Landbau

Von der Gesamtstichprobe sind dreihundertdreiundvierzig Befragte, d. h. 88 %, Mitglieder von Bauernverbänden, und bei diesem Faktor ist keine nennenswerte Segmentierung zwischen den Gruppen festzustellen. Dieses Ergebnis unterstreicht das hohe Maß an Aktivität und Beteiligung der Landwirte in diesen Anbauregionen in den Bauernverbänden.

Auswirkungen der Zusammenarbeit der Landwirte mit anderen bei der Anpassung an den ökologischen Landbau

Die Landwirte tauschen sich über landwirtschaftliche Aktivitäten aus und suchen Rat bei verschiedenen Interessengruppen, darunter Regierungsbeamte, Agrarforscher, Käufer von Reis, Verkäufer von landwirtschaftlichen Betriebsmitteln und andere Landwirte. In dieser Umfrage tauschen sich 66 % der Landwirte mit anderen Landwirten aus, während nur 16 % mit Regierungsbeamten in Kontakt stehen. Ein kleinerer Prozentsatz, nämlich 7 %, arbeitet mit Agrarforschern zusammen und weitere 7 % mit Verkäufern von Agro-Inputs. Die Interaktion mit Käufern von Reis für solche Bedürfnisse ist vernachlässigbar.

Tabelle 4-21 veranschaulicht die Unterschiede in den Modell-Pfadkoeffizienten zwischen den beiden Hauptgruppen: Landwirte, die sich mit anderen Landwirten zusammenschließen, und der Rest. Landwirte, die sich mit anderen Landwirten zusammengeschlossen haben, nutzen ihre nachhaltigen landwirtschaftlichen Praktiken (SAP) häufiger, um von der staatlichen Unterstützung zu profitieren, und halten diese Unterstützung für effektiver als andere. Diese Beobachtung ist statistisch signifikant. Bei anderen Modell-Pfadkoeffizienten gibt es jedoch keine signifikanten Unterschiede zwischen diesen beiden Gruppen.

Tabelle 4-22 Pfadkoeffizient, Gesamteffektunterschiede auf der Grundlage der sozialen Bindungen

Pfadkoeffizienten	Differenz (Bindung - Mitlandwirte - Bindung - andere)	1-tailed (Verknüpfung - Mitlandwirte vs. Verknüpfung - andere) p-value	2-tailed (Verknüpfung - Mitlandwirte vs. Verknüpfung - andere) p-value
Wahrgenommene _Wirksamkeit von GI -> Bereitschaft_ zur Übernahme von OF	0.1	0.274	0.548
Bereitschaft zur Freigabe von CF -> Bereitschaft zur Übernahme von OF	0.016	0.46	0.919
Potenzial für nachhaltige _Landwirtschaft -> Wahrgenommene _Wirksamkeit der GI	1.378	0	0.001
Nachhaltige _Landwirtschaft Potential -> Bereitschaft_ zur Übernahme von OF	0.064	0.271	0.542
Nachhaltige _Landwirtschaftliche s Potenzial -> Bereitschaft zur Freisetzung von CF	0.015	0.44	0.88

Auswirkungen der Art der verwendeten landwirtschaftlichen Betriebsmittel auf die Anpassung der organischen Landwirtschaft

Die Studie befasste sich mit der Art der von den Landwirten verwendeten landwirtschaftlichen Betriebsmittel und deren Auswirkungen auf die ökologische Anpassung. Den Antworten zufolge gab die Mehrheit der Landwirte an, sowohl ökologische als auch chemische Betriebsmittel zu verwenden, wobei eine deutliche Tendenz zum Einsatz von Chemikalien festzustellen war. Keiner der Landwirte wendet ausschließlich ökologische Anbaumethoden an. 21 % der Landwirte gaben an, intensiv chemische Mittel zu verwenden, während 17 % eine gemischte Verwendung angaben, mit einer stärkeren Tendenz zu ökologischen Mitteln. Etwa

60 % der Landwirte verwenden sowohl ökologische als auch chemische Stoffe, wobei der Schwerpunkt auf den chemischen Mitteln liegt.

Die Beobachtung ist, dass Landwirte, die auf chemische Betriebsmittel setzen, eine niedrige Umwandlungsrate von nachhaltigen landwirtschaftlichen Praktiken (SAP) in die Bereitschaft zur Übernahme des ökologischen Landbaus (RAOF) aufweisen. Dieses Ergebnis ist statistisch signifikant.

Tabelle 4-23 Pfadkoeffizient, Effektunterschiede auf der Grundlage der verwendeten Agro-Inputs

Pfadkoeffizienten	Differenz (Inputs - Gemischt (mehr Chemikalien) - Inputs - Sonstige)	1-tailed (Inputs - gemischt (mehr Chemikalien) vs. Inputs - andere) p-value	2-tailed (Inputs - gemischt (mehr Chemikalien) vs. Inputs - andere) p-value
Wahrgenommene _Wirksamkeit von GI -> Bereitschaft_ zur Übernahme von OF	0.148	0.212	0.423
Bereitschaft zur Freigabe von CF -> Bereitschaft zur Übernahme von OF	-0.191	0.86	0.279
Potenzial für nachhaltige _Landwirtschaft -> Wahrgenommene _Wirksamkeit der GI	0.103	0.201	0.402
Nachhaltige _Landwirtschaft Potential -> Bereitschaft_ zur Übernahme von OF	-0.185	0.974	0.053
Nachhaltige _Landwirtschaftliches Potenzial -> Bereitschaft zur Freisetzung von CF	-0.122	0.944	0.112

Auswirkungen der Art der Bewirtschaftungsmethoden auf die Anpassung der ökologischen Landwirtschaft

Die Studie untersuchte die Auswirkungen verschiedener Anbaumethoden auf die Anpassung der ökologischen Praktiken im Kontext des Reisanbaus in Sri Lanka, der sich von traditionellen zu modernen Anbaumethoden mit mehr Chemikalien und Maschinen entwickelt hat.

Aus den Antworten ging hervor, dass 56 % der Landwirte, die gemischte Methoden anwenden, eher zu modernen Anbaumethoden neigen, während 20 % der Landwirte mit gemischten Methoden eher zu traditionellen Methoden tendieren. Drei Prozent der Landwirte wenden weiterhin traditionelle Methoden an, und keiner hat die konventionellen Methoden vollständig aufgegeben, um auf moderne Landwirtschaft umzustellen.

Die Landwirte, die modernere Methoden anwenden, weisen eine geringere Rate bei der Umwandlung ihrer nachhaltigen landwirtschaftlichen Praktiken (SAP) in Bereitschaft zur Übernahme des ökologischen Landbaus (RAOF) und Widerstand gegen die Freisetzung von chemischen Düngemitteln (RRCF) auf, wie in Tabelle 4-23 dargestellt. Diese Ergebnisse sind statistisch signifikant, mit p-Werten von 0,06 bzw. 0,07.

Tabelle 4-24 Pfadkoeffizient, Unterschiede in den Gesamteffekten, basierend auf der verwendeten Bewirtschaftungsmethode

Pfadkoeffizienten	Differenz (Methode - (gemischt - moderner) - Methode - andere)	1-tailed (Methode- (Gemischt- moderner) vs. Methode-andere) p-Wert	2-tailed (Methode - (gemischt - moderner) vs. Methode - andere) p-Wert
Wahrgenommene _Wirksamkeit von GI -> Bereitschaft_ zur Übernahme von OF	0.173	0.126	0.252
Bereitschaft zur Freigabe von CF -> Bereitschaft zur Übernahme von OF	0.136	0.152	0.304
Potenzial für nachhaltige _Landwirtschaft -> Wahrgenommene _Wirksamkeit der GI	0.112	0.057	0.113

Pfadkoeffizienten	Differenz (Methode - (gemischt - moderner) - Methode - andere)	1-tailed (Methode- (Gemischt- moderner) vs. Methode-andere) p-Wert	2-tailed (Methode - (gemischt - moderner) vs. Methode - andere) p-Wert
Nachhaltige _Landwirtschaft Potenzial -> Bereitschaft_ zur Übernahme von OF	-0.163	0.966	0.068
Nachhaltige _Landwirtschaftliches Potenzial -> Bereitschaft zur Freisetzung von CF	-0.135	0.969	0.062

Auswirkungen der Größe der landwirtschaftlichen Parzellen auf die Anpassung des ökologischen Landbaus

Die Studie untersucht auch den potenziellen Einfluss der Parzellengröße auf nachhaltige landwirtschaftliche Praktiken (SAP) und die Umwandlung von SAP in die Bereitschaft zur Übernahme des ökologischen Landbaus (RAOF). Die Größe der Reisanbauparzellen variiert von Saison zu Saison, wobei es in der Region zwei dominierende Reisanbausaisonen gibt, nämlich "Maha" und "Yala".

Während der "Maha"-Saison beträgt die durchschnittliche Größe der Reisfelder etwa 2,6 Acres, während sie in der "Yala"-Saison etwa 2 Acres beträgt. Die Zahlen für die "Maha"-Saison werden in der Multigruppenanalyse verwendet, um die Unterschiede in den Modell-Pfadkoeffizienten zwischen den verschiedenen Gruppen zu untersuchen. Sechsundvierzig Prozent (46%) der Landwirte bauen in dieser Saison 2 oder 2,5 Hektar Reis an, während etwa 20% der Landwirte Parzellen mit mehr als 2,5 Hektar bewirtschaften. Neun Prozent (9%) bauen Reis auf 1-Hektar-Parzellen an und 5% auf 0,5-Hektar-Parzellen.

Tabelle 4-24 zeigt die Ergebnisse der Gruppenanalyse, die darauf hinweisen, dass Landwirte, die weiterhin 2,5 Morgen Reisanbaufläche bewirtschaften, im Vergleich zu anderen eine höhere Rate der Umwandlung von SAP in RAOF aufweisen. Dieses Ergebnis ist statistisch signifikant mit einem p-Wert von 0,08.

Tabelle 4-25 Pfadkoeffizient, Gesamteffektunterschiede, basierend auf der Größe der landwirtschaftlichen Parzelle

Pfadkoeffizienten	Differenz (Ausmaß - 2,5 Acre - Ausmaß andere Acres)	1-tailed (Ausmaß - 2,5 Acre vs. Ausmaß andere Acres) p-value	2-tailed (Ausmaß - 2,5 Acre vs. Ausmaß andere Acres) p-value
Wahrgenommene _Wirksamkeit von GI -> Bereitschaft_ zur Übernahme von OF	0.194	0.131	0.263
Bereitschaft zur Freigabe von CF -> Bereitschaft zur Übernahme von OF	-0.038	0.617	0.766
Potenzial für nachhaltige _Landwirtschaft -> Wahrgenommene _Wirksamkeit der GI	0.029	0.183	0.366
Nachhaltige _Landwirtschaft Potential -> Bereitschaft_ zur Übernahme von OF	0.149	0.041	0.081
Nachhaltige _Landwirtschaftliches Potenzial -> Bereitschaft zur Freisetzung von CF	-0.037	0.674	0.651

Auswirkungen der Strohlagerung im Feld auf die angepassten organischen Stoffe

Vierundneunzig Prozent (94 %) der Landwirte entscheiden sich dafür, die Strohhalme auf ihren Parzellen zu belassen, und es gibt keine signifikante Segmentierung der Stichproben in dieser Kategorie für weitere Vergleiche. Die Verbreitung moderner Erntemaschinen ist der Hauptgrund für diesen hohen Prozentsatz, da diese Maschinen die Halme während der Ernte auf dem Feld belassen. Diese Praxis steht jedoch im Gegensatz zur traditionellen Methode der Nutzung von Reiserntерückständen als Bodennährstoffe, bei der die Landwirte die

Strohhalme für eine bestimmte Zeit in der Nähe der Dreschplätze stapelten, bevor sie sie für die nächste Saison auf dem Feld ausbrachten.

Auswirkungen der Bedrohung durch Tiere auf Adapt Organics

Aus den Antworten geht hervor, dass fünfundachtzig Prozent (85 %) der Landwirte von verschiedenen Tierangriffen berichten, wobei Elefanten, Pfauen und Ratten die häufigsten Tiere sind, die den Reisanbau bedrohen. In dieser Kategorie ist jedoch keine klare Gruppensegmentierung erkennbar. Die Ergebnisse der Multigruppenanalyse schließen dieses Kapitel mit dieser Feststellung ab.

4.4 Prüfung der Hypothesen

Das konzeptionelle Modell der Studie umfasst eine Reihe von Hypothesen, darunter fünf, die die Pfadkoeffizienten des Modells darstellen, und zwei, die indirekte Vermittlungseffekte zwischen den Variablen FRRCF und PEoGI widerspiegeln. Darüber hinaus untersucht die achte Hypothese die möglichen moderierenden Effekte bestimmter demografischer Faktoren.

1. H1: Es besteht ein positiver Zusammenhang zwischen dem **SA-Potenzial der** Landwirte und ihrer **Bereitschaft zur Anpassung** an OF.
2. H2: Es besteht ein positiver Zusammenhang zwischen den **SA-Potenzialen der** Landwirte und ihrer **Bereitschaft,** CF **freizugeben**.
3. H3: Es besteht ein positiver Zusammenhang zwischen dem **SA-Potenzial** der Landwirte und ihrer **wahrgenommenen Wirksamkeit** staatlicher Anreize.
4. H4: Es besteht ein positiver Zusammenhang zwischen der **Bereitschaft der** Landwirte, CF **freizugeben**, und ihrer **Bereitschaft,** OF **anzupassen**.
5. H5: Es besteht ein positiver Zusammenhang zwischen der **von den** Landwirten **wahrgenommenen Effektivität** staatlicher Anreize und ihrer **Bereitschaft, sich an die** OF **anzupassen.**

6. H6: Die **Bereitschaft** der Landwirte, CF **freizugeben, hat einen** ***positiven*** **Einfluss auf** die Beziehung zwischen den **SA-Potenzialen** der Landwirte und ihrer **Bereitschaft,** OF **anzupassen**.
7. H7: Die von den Landwirten **wahrgenommene Wirksamkeit** staatlicher Anreize hat einen ***positiven*** **Einfluss auf** die Beziehung zwischen den **SA-Potenzialen** der Landwirte und ihrer **Bereitschaft zur Anpassung der** OF.
8. Einige demografische Faktoren moderieren die Beziehung zwischen den **SA-Potenzialen** und ihrer **Bereitschaft, sich** an die OF **anzupassen**.

Die Diagramme in den Abbildungen 4-12 und 4-13 veranschaulichen die Pfadkoeffizienten und die Gesamteffekte des Modells nach der Implementierung des PLS-SEM-Algorithmus durch die Softwareanwendung SmartPLS4. Die Pfadkoeffizienten des Modells entsprechen den ersten fünf Hypothesen der Studie. Darüber hinaus entspricht die Diskrepanz zwischen dem Wert des Pfadkoeffizienten und dem Gesamteffekt in der Beziehung zwischen SAP und RAOF der sechsten und siebten Hypothese, was auf die vorhergesagten vermittelnden Effekte der Konstrukte RRCF und PEoGI auf die Beziehung zwischen SAP und RAOF hinweist.

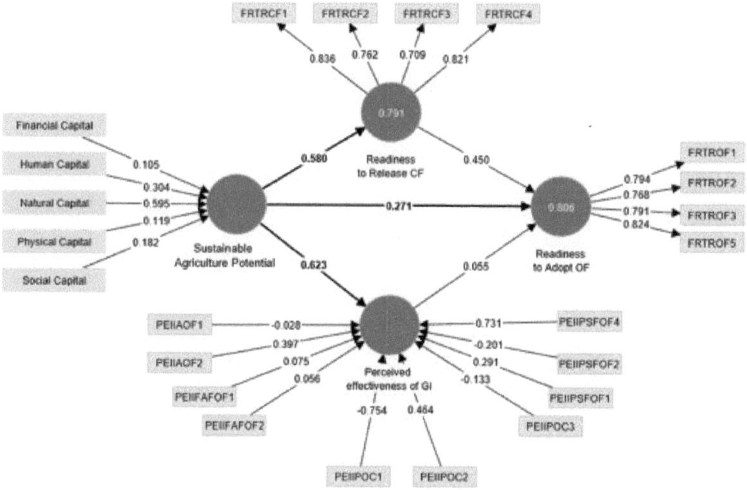

Abbildung 4-12 Modell mit Pfadkoeffizienten

Tabelle 4-26 Hypothesentest - Pfadkoeffizient s

Hypothese	**Ursprüngliche Probe (O)**	**Mittelwert der Stichprobe (M)**	**Standardabweichung (STDEV)**	**T-Statistik (|O/STDEV|)**	**P-Werte**
Wahrgenommene _Wirksamkeit von GI -> Bereitschaft_ zur Übernahme von OF	0.055	0.066	0.074	0.749	0.454
Bereitschaft zur Freigabe von CF -> Bereitschaft zur Übernahme von OF	0.450	0.446	0.065	6.890	0.000
Potenzial für nachhaltige _Landwirtschaft -> Wahrgenommene _Wirksamkeit der GI	0.623	0.613	0.163	3.815	0.000
Nachhaltige _Landwirtschaft Potential -> Bereitschaft_ zur Übernahme von OF	0.271	0.269	0.083	3.257	0.001
Nachhaltige _Landwirtschaftliches Potenzial -> Bereitschaft zur Freisetzung von CF	0.580	0.584	0.037	15.605	0.000

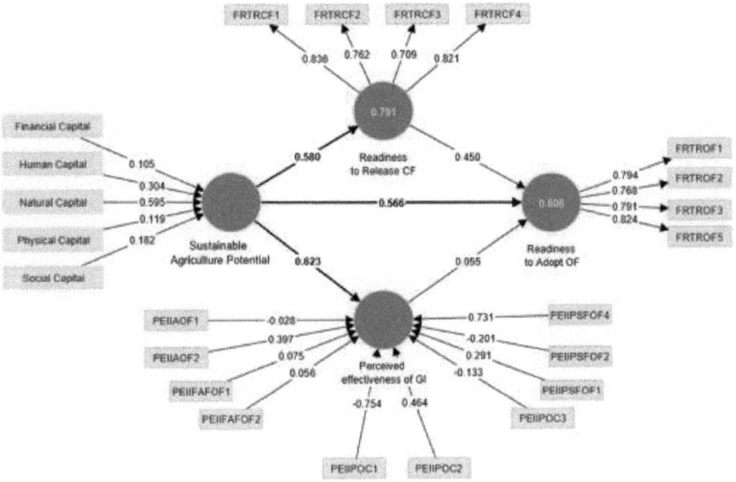

Abbildung 4-13 Modell mit Pfadgesamteffekten

Tabelle 4-27 Hypothesentests - Gesamteffekte

Hypothese	Ursprüngliche Probe (O)	Mittelwert der Stichprobe (M)	Standardabweichung (STDEV)	T-Statistik (|O/STDEV|)	P-Werte
Wahrgenommene _Wirksamkeit von GI -> Bereitschaft_ zur Übernahme von OF	0.055	0.066	0.074	0.749	0.454
Bereitschaft zur Freigabe von CF -> Bereitschaft zur Übernahme von OF	0.45	0.446	0.065	6.89	0
Potenzial für nachhaltige _Landwirtschaft -> Wahrgenommene _Wirksamkeit der GI	0.623	0.613	0.163	3.815	0
Nachhaltige _Landwirtschaft Potential -> Bereitschaft_ zur Übernahme von OF	0.566	0.57	0.046	12.199	0
Nachhaltige _Landwirtschaftliches Potenzial -> Bereitschaft zur Freisetzung von CF	0.58	0.584	0.037	15.605	0

Tabelle 4-26 zeigt vier der fünf vorhergesagten Hypothesen, die alle eine statistische Signifikanz mit einer Wahrscheinlichkeit von 0,05 aufweisen. Die 5.

Hypothese, die sich auf die von den Landwirten wahrgenommene Wirksamkeit staatlicher Interventionen bezieht, ist jedoch schwach und mit einem Wert von 0,454 statistisch nicht signifikant.

In der folgenden Tabelle 4-27 sind die indirekten Effekte dargestellt, die die 6. und 7. Die 6. Hypothese wird bestätigt, was auf ein statistisch signifikantes Ergebnis hinweist. Die 7. Hypothese ist jedoch schwach und hat keine statistische Signifikanz. Es ist erwähnenswert, dass die 7. Hypothese des Modells mit der 5. Hypothese verbunden ist, die ebenfalls schwach ist und zu diesen Ergebnissen beiträgt.

Tabelle 4-28 Hypothesentests - Indirekte Auswirkungen

Hypothese	Ursprüngliche Probe (O)	Mittelwert der Stichprobe (M)	Standardabweichung (STDEV)	T-Statistik (|O/STDEV|)	P-Werte
Nachhaltige _Landwirtschaft Potenzial -> Bereitschaft zur Freisetzung von CF -> Bereitschaft_ zur Übernahme von OF	0.261	0.259	0.038	6.852	0.000
Potenzial für nachhaltige _Landwirtschaft -> Wahrgenommene _Wirksamkeit von GI -> Bereitschaft_ zur Einführung von OF	0.034	0.042	0.046	0.743	0.458

Die achte Hypothese dieser Studie untersuchte die moderierenden Effekte demografischer Faktoren. Die in Tabelle 4-28 dargestellten Ergebnisse zeigen, dass fünf demografische Faktoren die Beziehung zwischen den nachhaltigen landwirtschaftlichen Praktiken (SAP) der Landwirte und der Bereitschaft zur Übernahme des ökologischen Landbaus (RAOF) signifikant moderieren. Die

Ergebnisse zeigen statistische Signifikanz mit einem Wahrscheinlichkeitswert von 95% oder näher.

Tabelle 4-29 Hypothesentests - Moderierende Effekte der demografischen Faktoren

Pfadkoeffizienten	Unterschied	1-schwänzig	2-stufig
	(Geschlecht=M - Gruppe=F)	(Geschlecht=M vs. Gruppe=F) p-Wert	(Geschlecht=M vs. Gruppe=F) p-Wert
Nachhaltige _Landwirtschaft Potential -> Bereitschaft_ zur Übernahme von OF	-0.166	0.966	0.068
	(<O/L - OL oder >OL)	(<O/L vs. OL oder >OL) p-Wert	(<O/L vs. OL oder >OL) p-Wert
Nachhaltige _Landwirtschaft Potential -> Bereitschaft_ zur Übernahme von OF	0.194	0.019	0.038
	(Eingänge - Gemischt (mehrere Chemikalien) - Eingänge - Sonstige)	(Inputs - gemischt (mehr Chemikalien) vs. Inputs - andere) p-Wert	(Inputs - gemischt (mehr Chemikalien) vs. Inputs - andere) p-Wert
Nachhaltige _Landwirtschaft Potenzial -> Bereitschaft_ zur Übernahme von OF	-0.185	0.974	0.053
	(Methode - (gemischt - moderner) - Methode - andere)	(Methode - (gemischt - moderner) vs. Methode - andere) p-Wert	(Methode - (gemischt - moderner) vs. Methode - andere) p-Wert
Nachhaltige _Landwirtschaft Potenzial -> Bereitschaft_ zur Übernahme von OF	-0.163	0.966	0.068
	(Ausmaß - 2,5 Acre - Ausmaß andere Acres)	(Ausmaß - 2,5 Acre vs. Ausmaß zusätzliche Acres) p-value	(Ausmaß - 2,5 Acre vs. Ausmaß andere Acres) p-value
Nachhaltige _Landwirtschaft Potential -> Bereitschaft_ zur Übernahme von OF	0.149	0.041	0.081

Zusammenfassend führte die Analyse zur Annahme von sechs der acht in der Studie aufgestellten Hypothesen. Die vorhergesagte positive Beziehung zwischen der von den Landwirten wahrgenommenen Wirksamkeit der staatlichen Anreize und ihrer Bereitschaft, den ökologischen Landbau einzuführen (5. Hypothese), besteht nicht. Diese Nichtexistenz führt auch zur Ablehnung der 7. Hypothese, die, wie oben hervorgehoben, mit der 5.

4.5 Leistungen und die Bedeutung von latenten Konstrukten

Die Importance-Performance Map Analysis (IPMA), eine Technik aus der Partial Least Squares Structural Equation Modelling (PLS-SEM), wurde eingesetzt, um den individuellen Beitrag latenter Konstrukte zu ihren Vorgängervariablen zu bewerten. Dieser Ansatz wurde verwendet, um die individuellen Beiträge der Kapitalanlagen zu nachhaltigen landwirtschaftlichen Praktiken (SAP), die Beiträge jeder Messvariablen zur von den Landwirten wahrgenommenen Wirksamkeit staatlicher Interventionen (PEoGI) und den Beitrag jeder Messvariablen zu den fünf Kapitalanlagen zu bestimmen.

Die IPMA-Methode erweitert die Standard-PLS-SEM-Ergebnisse, indem sie eine zweidimensionale Perspektive bietet, bei der die Durchschnittswerte der latenten Variablenwerte und die Auswirkungen der Variablen verglichen werden. Bei diesem Ansatz werden die Gesamteffekte der Konstrukte des Strukturmodells auf ein bestimmtes Zielkonstrukt den durchschnittlichen Werten der latenten Variablen der Vorgängerkonstrukte dieses Konstrukts gegenübergestellt. Die Gesamteffekte geben die Bedeutung der Vorgängerkonstrukte für die Gestaltung des Zielkonstrukts an, während ihre durchschnittlichen Werte für latente Variablen ihre Leistung darstellen.

Das Ziel des Einsatzes von IPMA in dieser Analyse ist die Identifizierung von Kapitalanlagen mit relativ hoher Bedeutung für die Zielkonstrukte (solche mit einem starken Gesamteffekt) und relativ geringer Leistung (niedrige durchschnittliche Werte für latente Variablen). Diese Identifizierung kann Konstrukte hervorheben, die potenzielle Verbesserungsbereiche darstellen und mehr Aufmerksamkeit verdienen als andere. Zu den Referenzen für diesen Ansatz gehören Fornell et al. (1996), Höck, Ringle und Sarstedt (2010), Kristensen, Martensen und Grønholdt (2000) sowie Slack (1994).

Bei der IPMA-Analyse ist es entscheidend, dass die Gesamteffekte und die Werte der latenten Variablen auf einer standardisierten Skala gemessen werden. Wenn Variablen in unterschiedlichen Skalen gemessen werden, wird außerdem empfohlen, sie neu zu skalieren (Höck et al., 2010; Kristensen et al., 2000). In dieser Studie besteht jedoch keine Notwendigkeit für eine Neuskalierung, da alle Variablen auf einer einheitlichen Skala von (1-5) gemessen werden. Die folgenden Abbildungen veranschaulichen die IPMA der Konstrukte des Strukturmodells und ihre Beziehungen.

4.5.1 Auswirkungen der Variablen auf die Bereitschaft der Landwirte, organische Düngemittel zu verwenden

Die Diagramme in Abbildung 4-14 zeigen die Leistungen und die Bedeutung der drei latenten Konstrukte für die Vorläufervariable Bereitschaft der Landwirte zur Einführung des ökologischen Landbaus (RAOF). Die Analyse stellt die Stärke der Konstrukte und ihre Gesamtwirkung visuell dar.

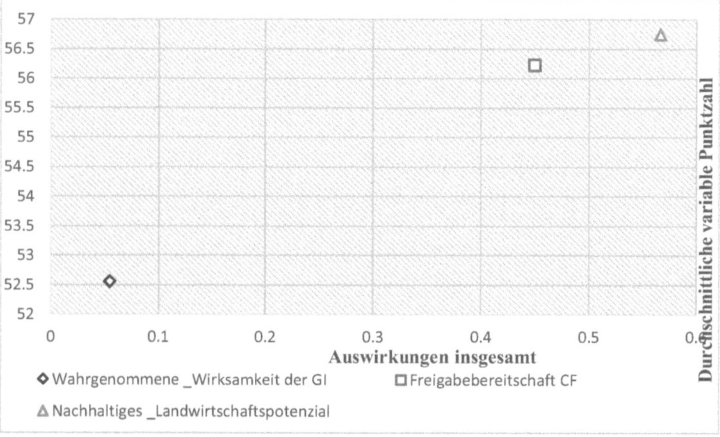

Abbildung 4-14 IPMA-Analyse der Konstrukte zur Bereitschaft der Landwirte zur Einführung von organischem Dünger

4.5.2 Auswirkungen von Kapitalanlagen auf das Potenzial der Landwirte für eine nachhaltige Landwirtschaft

In dieser Studie wird das Potenzial der Landwirte für eine nachhaltige Landwirtschaft anhand von fünf latenten Konstrukten umfassend gemessen: Human-, Sozial-, Finanz-, Sach- und Naturkapital. Abbildung 4-15 veranschaulicht die Bedeutung und Leistung der Beiträge der Kapitalanlagen zur Gestaltung des Potenzials der Landwirte für eine nachhaltige Landwirtschaft. Die Analyse zeigt, dass das Naturkapital den größten Einfluss auf das Potenzial der Landwirte für eine nachhaltige Landwirtschaft hat, was wiederum einen Einfluss auf eine ökologisch orientierte Landwirtschaft hat. Das Sozialkapital weist die höchste Leistung (variable Punktzahl) unter den Kapitalwerten auf. Allerdings ist sein Einfluss auf das SAP im Vergleich zum Human- und Naturkapital geringer. Obwohl die Landwirte über ein relativ umfangreiches finanzielles Kapital verfügen, ist dessen Auswirkung sowohl auf die SAP als auch auf die Bereitschaft zur Übernahme des ökologischen Landbaus (RAOF) am geringsten. Das physische Kapital weist die schwächste Leistung auf, mit relativ geringen Auswirkungen auf die Gestaltung des SAP.

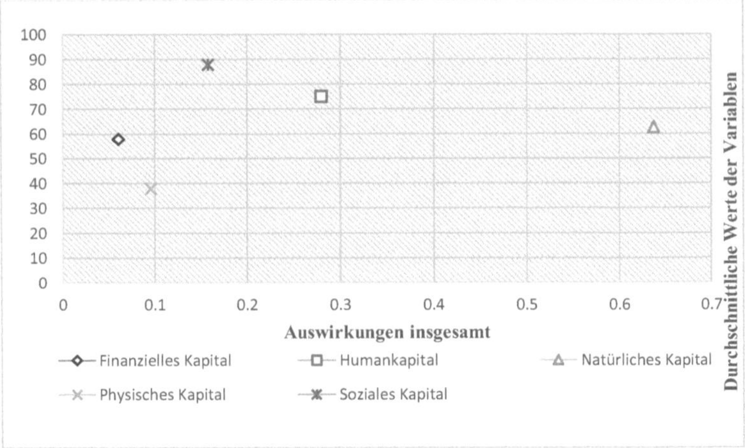

Abbildung 4-15 Bedeutung und Leistung von Kapitalanlagen

4.5.3 Auswirkungen staatlicher Anreize auf die Umstellung auf ökologische Produkte

Es besteht eine positive Korrelation zwischen den Stärken der nachhaltigen landwirtschaftlichen Praktiken (SAP) der Landwirte und ihrer Wahrnehmung der Wirksamkeit der staatlichen Unterstützung, die sie für die Landwirtschaft erhalten. Eine Veränderung der SAP um eine Einheit würde zu einer 62%igen Veränderung in der Wahrnehmung der staatlichen Unterstützung führen, was darauf hindeutet, dass sie diese Unterstützung effektiv nutzen können. Die Umwandlung dieser Unterstützung in eine Anpassung des Einsatzes organischer Düngemittel findet jedoch nicht statt. Die Ergebnisse deuten darauf hin, dass die Landwirte die staatliche Unterstützung für chemische Düngemittel (CF) zwar weiterhin als positiv ansehen, die Bemühungen um die Förderung des ökologischen Landbaus (OF) jedoch nach wie vor erfolglos sind.

Die Wahrnehmung der Landwirte in Bezug auf die Wirksamkeit der staatlichen Unterstützung wurde anhand der in Tabelle 4-29 aufgeführten Indikatoren gemessen, und Abbildung 4-16 zeigt die Bedeutung und Leistung der gemessenen Indikatoren.

Tabelle 4-30 Indikatoren zur Messung der Wahrnehmung der Landwirte von staatlichen Interventionen

Variabel	Indikator
PEIIAOF1	Organische Düngemittel sind auf dem Markt erhältlich
PEIIAOF2	Ich bin zuversichtlich, dass ich den auf dem Markt erhältlichen organischen Dünger in meinem Reisanbau verwenden kann.
PEIIFAFOF 1	Die finanzielle Unterstützung durch die Regierung für den Kauf von organischem Dünger ist ausreichend
PEIIFAFOF 2	Ich denke, dass die finanzielle Unterstützung auch in den kommenden Spielzeiten fortgesetzt werden würde.
PEIIPSFOF 1	Das von der Regierung bereitgestellte Saatgut ist für den ökologischen Landbau geeignet.
PEIIPSFOF 2	Die Preise für Saatgut sind angemessen
PEIIPSFOF 4	Wir können Saatgut in nahe gelegenen Geschäften finden
PEIIPOC1	Die von der Regierung angekündigte Entschädigungsregelung für mögliche Ernteeinbußen aufgrund des Einsatzes organischer Düngemittel ist ermutigend.
PEIIPOC2	Wir können solchen Versprechungen der Regierung einigermaßen vertrauen
PEIIPOC3	Ich habe in der Vergangenheit erlebt, dass uns solche Ausgleichsbeihilfen bei Ernteverlusten gewährt wurden

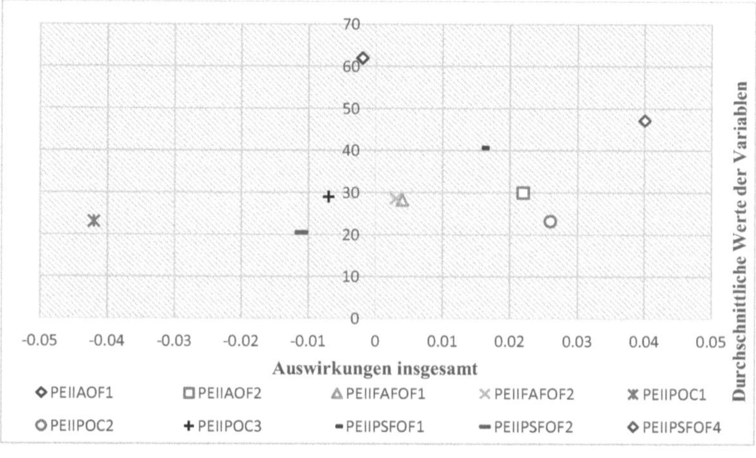

Abbildung 4-16 Bedeutung und Leistungsanalyse der Indikatoren für staatliche Anreize

Die Landwirte nehmen die staatlichen Anreize insgesamt sehr ungünstig wahr. Die Verfügbarkeit von organischem Dünger ist ein wichtiges Anliegen der Landwirte. Einige Landwirte äußerten sich jedoch positiv über die Eignung der auf dem Markt erhältlichen organischen Düngemittel für den Einsatz auf ihren Anbauflächen. Die politische Unterstützung durch die Regierung und der Glaube der Landwirte an staatliche Hilfen wirken sich negativ auf ihre Bereitschaft zu einer stärker ökologisch ausgerichteten Landwirtschaft aus. Einige Landwirte halten die finanzielle Unterstützung durch die Regierung für wirksam und hoffen, dass die Unterstützung auch in Zukunft fortgesetzt wird. Die Verfügbarkeit von Saatgutsorten, die sich besser für den ökologischen Landbau eignen, wird von einigen Landwirten positiv wahrgenommen, doch äußern sie sich negativ über die Preise für solches Saatgut.

Wie aus Abbildung 4-16 hervorgeht, ist die Verfügbarkeit von Saatgut in nahe gelegenen Verkaufsstellen der wirksamste Indikator, sowohl was die Leistung als auch die Bedeutung angeht. Obwohl die Verfügbarkeit von organischem Dünger auf dem Markt die höchste Leistung aufweist, ist seine Bedeutung negativ. Das Vertrauen der Landwirte in künftige finanzielle Unterstützung durch die Regierung und in politische Entscheidungen zu ihren Gunsten zeigt ebenfalls positive Ergebnisse und eine hohe Bedeutung. Bemerkenswert ist, dass die von der Regierung angekündigte Entschädigungsregelung für mögliche Mindererträge aufgrund der Umstellung auf den ökologischen Landbau als am wenigsten wichtig angesehen wird, was auf das derzeitige Misstrauen der Landwirte gegenüber staatlichen Versprechungen hinweist. Der Indikator, der die bisherigen Erfahrungen der Landwirte mit staatlichen Ausgleichszahlungen widerspiegelt, ist nicht besonders auffällig, da er eine negative Bedeutung und eine relativ geringe Leistung aufweist. Die Preise für Saatgut zeigen eine geringe Leistung, und ihre Bedeutung ist ebenfalls relativ gering.

4.5.4 Auswirkungen der Indikatoren des Humankapitals

Die Stärken des von den Landwirten aufgebauten Humankapitals werden anhand von 14 Indikatoren gemessen, die in der nachstehenden Tabelle 4-30 aufgeführt sind. Abbildung 4-17 veranschaulicht die Bedeutung und die Leistungen der einzelnen Indikatoren bei der Bildung von Humankapital.

Tabelle 4-31 Indikatoren zur Messung des Humankapitals

Humankapital - Zusammengesetzte formative Indikatoren	
Variabel	***Gesundheit und Wohlbefinden***
HCHAW3	Es kommt selten vor, dass unsere Gesundheitsprobleme unseren Reisanbau beeinträchtigen
HCHAW5	Ich bin mit meinen Beziehungen zu Freunden sehr zufrieden
HCHAW7	Ich bin überhaupt nicht besorgt über alles, was in diesen Tagen passiert.
HCHAW8	Ich bin optimistisch für die nächsten 12 Monate
	Wissen und Erfahrungen in der Landwirtschaft
HCKAFE1 0	Ich kenne die wirksamste Methode, um Unkraut zu bekämpfen
HCKAFE5	Ich weiß, wie wichtig die Verwendung von organischem Kompost ist.
HCKAFE6	Ich kenne die unabwendbaren Folgen einer nicht rechtzeitig durchgeführten Bewässerung
HCKAFE8	Ich kenne biologische Methoden zur wirksamen Schädlingsbekämpfung
	Planen und Organisieren
HCPAO3	Ich betreibe die Landwirtschaft zur richtigen Zeit
	Haltungen
HCA1	Wir müssen die natürlichen Ressourcen für die nächste Generation schützen, auch wenn dies kurzfristig zu Einbußen bei unserem Ergebnis führt.

HCA3	Intensiver Einsatz von Chemikalien in der Landwirtschaft beeinträchtigt die Gesundheit von Mensch und Tier
	Überzeugungen und Werte
HCBAV1	Ich glaube, dass die Minimierung des Einsatzes von Chemikalien eine zeitgemäße Notwendigkeit ist
HCBAV3	Der durch weniger Chemikalien erzeugte Ertrag ist gesünder
HCBAV6	Meine Kinder/Kinder werden unsere bäuerlichen Traditionen weiterführen

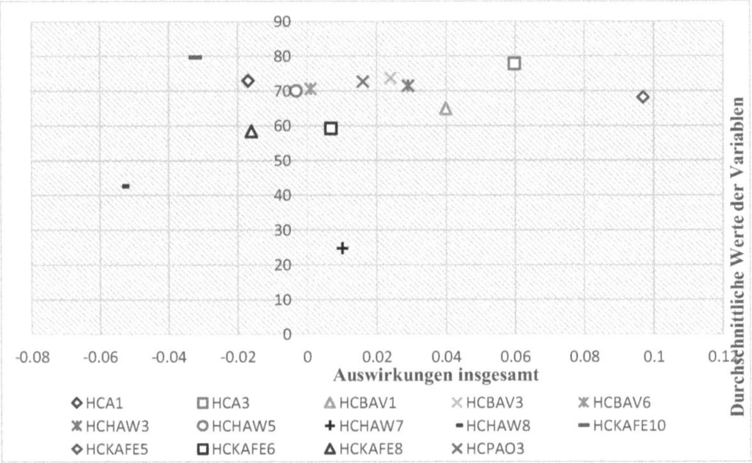

Abbildung 4-17 Bedeutung und Leistungsanalyse der Humankapitalindikatoren

Das obige Diagramm veranschaulicht die durchschnittlichen latenten Werte (Leistungen) und die Wirksamkeit (Wichtigkeit) der einzelnen Indikatoren für RAOF. Der relativ gute Gesundheitszustand der Landwirte trägt positiv zu ihrer Bereitschaft bei, organischen Dünger zu verwenden. Ihre guten Beziehungen zu Freunden wirken sich positiv aus; allerdings ist diese Stärke unwirksam. Die meisten Landwirte äußern sich besorgt über das, was um sie herum geschieht, und diese Sorgen wirken sich zwar noch nicht negativ auf den RAOF aus, sind aber bemerkenswert. Das optimistische Denken der Landwirte über die Zukunft ist besorgniserregend, und diese Zukunftsunsicherheiten wirken sich negativ auf den RAOF aus. Die meisten Landwirte wissen, wie sie Unkräuter wirksam bekämpfen können. Dieses Wissen wirkt sich jedoch negativ auf die RAOF aus, was möglicherweise darauf zurückzuführen ist, dass diese Praktiken nach dem Übergang von der traditionellen Unkrautbekämpfung zu den im Laufe der Jahre eingeführten chemiebetonten Methoden nicht mehr angewendet werden.

Das Verständnis für die Bedeutung der Verwendung von Kompost ist ausgeprägt, und dieser Faktor wirkt sich positiv auf RAOF aus. Darüber hinaus ist das Fachwissen der Landwirte über die rechtzeitige Bewässerung ihrer Parzellen vergleichsweise groß und trägt in gewissem Maße zu ihrer Bereitschaft für den ökologischen Landbau bei. Nur wenige Landwirte haben Kenntnisse über biologische Methoden zur Schädlingsbekämpfung, und dieser Indikator wirkt sich negativ auf den RAOF aus. Dieser Befund deutet darauf hin, dass die traditionellen Schädlingsbekämpfungsmethoden unter den heutigen landwirtschaftlichen Bedingungen, die sich im Laufe der Jahre verändert haben, keine positiven Ergebnisse bringen. Die meisten Landwirte führen ihre Anbaumaßnahmen zur richtigen Zeit durch, und diese Kompetenz steht in einem positiven Zusammenhang mit ihrer Bereitschaft zur Umstellung auf den ökologischen Landbau. Die Einstellung der Landwirte zu sozialen und gesundheitlichen Bedenken im Zusammenhang mit dem intensiven Einsatz von Chemikalien in der Landwirtschaft ist relativ stark ausgeprägt und entscheidend für die Verbesserung des RAOF. Im Gegensatz dazu sind die Landwirte, die der Erhaltung der Umwelt für die Zukunft Priorität einräumen, weniger stark, was einen negativen Einfluss auf die Einführung von organischem Dünger hat. Die meisten von ihnen glauben, dass ihre Kinder die landwirtschaftlichen Traditionen fortsetzen werden, aber diese zeigen weniger Bereitschaft, sich auf organischen Dünger einzustellen.

4.5.5 Auswirkungen der Indikatoren des Sozialkapitals

Die folgenden Indikatoren, die in Tabelle 4-31 aufgeführt sind, werden verwendet, um die Stärke des Sozialkapitals im Zusammenhang mit der landwirtschaftlichen Existenzsicherung und seinen Beitrag zum RAOF der Landwirte zu messen. Abbildung 4-18 veranschaulicht die Bedeutung und Leistung der einzelnen Indikatoren bei der Bildung von Sozialkapital.

Tabelle 4-32 Indikatoren zur Messung des Sozialkapitals

Sozialkapital - Zusammengesetzte formative Indikatoren	
Variabel	***Netzwerke und Verbundenheit, a) Bonding -ähnliche Individuen innerhalb eines Netzwerks, b) Bridging -Schützer, c) Linkage -politische Entscheidungsträger***
SCNBBL 1	Der Bauernverband bietet mir wichtige Hilfe für meine landwirtschaftliche Tätigkeit
SCNBBL 2	Ich erhalte erhebliche Unterstützung von den Gemeindeverbänden, in denen ich Mitglied bin
SCNBBL 6	Ich erhalte erhebliche Unterstützung von Agrarforschern für meine landwirtschaftlichen Tätigkeiten
	Vertrauen und Gegenseitigkeit
SCTAR1	Ich vertraue auf den Rat und die Unterstützung meiner Landwirtskollegen zu den oben genannten Praktiken
SCTAR4	Ich vertraue auf den Rat und die Unterstützung, die ich von Banken und anderen Finanzinstituten zu den oben genannten Praktiken erhalte
SCTAR5	Ich vertraue auf den Rat und die Unterstützung, die ich von den Versicherungsgesellschaften zu den oben genannten Praktiken erhalte
SCTAR6	Ich vertraue auf die Beratung und Unterstützung, die ich von Verkäufern von Agrochemikalien bei den oben genannten Aktivitäten erhalte
	Normen und Werte
SCNAV1	Einige Landwirtskollegen zwingen mich zu naturverträglicheren Anbaumethoden

SCNAV2	Ich freue mich immer, wenn ich eine Ernte mit höheren Standards produzieren kann.
SCNAV3	Ich erhalte mehr soziale Anerkennung, wenn ich mich auf umweltfreundlichere Anbaumethoden umstelle
SCNAV4	Ich erhalte bessere Preise/Nachfrage, wenn ich Paddy mit organischem Material und mit weniger Chemikalien anbaue
	Strom
SCP1	Die Anpassung der oben genannten Praktiken ist eine Bedingung für meine Landnutzung
SCP2	Paddy-Käufer bieten Landwirten, die diese Praktiken anwenden, bessere Preise
SCP3	Agro-Input-Verkäufer gewähren den Landwirten, die die oben genannten Praktiken anwenden, Rabatte und Kreditmöglichkeiten
SCP4	Ich habe das Gefühl, dass die Regierungsbeamten die Landwirte, die die oben genannten Praktiken anwenden, immer mehr unterstützen.
SCP5	Ich finde, dass wohlhabende Landwirte in unserer Gesellschaft uns bei der Anpassung der oben genannten Praktiken unterstützen

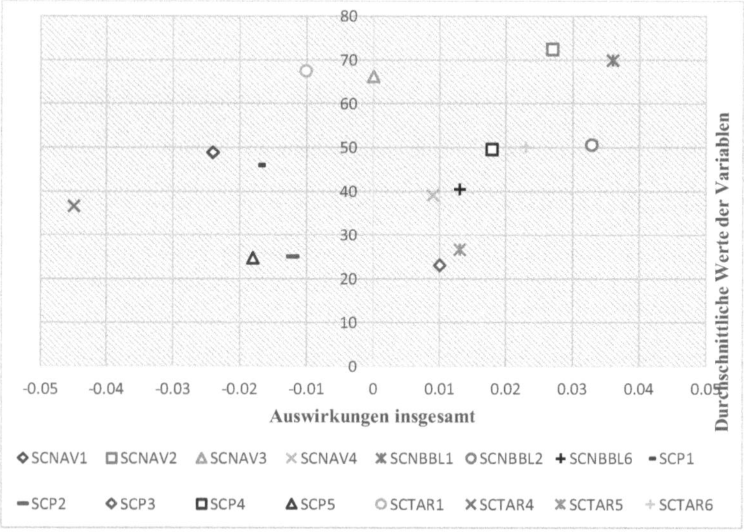

Abbildung 4-18 Bedeutungs- und Leistungsanalyse der Sozialkapitalindikatoren

Soziale Netzwerke und Verbundenheit scheinen die wichtigsten Indikatoren des Sozialkapitals zu sein, die die Bereitschaft der Landwirte zur Umstellung auf den ökologischen Landbau beeinflussen (OF). Die Unterstützung durch landwirtschaftliche Organisationen ist der einflussreichste Faktor für die Bereitschaft zum ökologischen Landbau (RAOF). Die Zugehörigkeit zu anderen Gemeinschaftsorganisationen und die Unterstützung durch solche Engagements sowie die Unterstützung durch Agrarforscher wirken sich positiv auf die Anpassung an den ökologischen Landbau aus. Die Ergebnisse deuten darauf hin, dass das Vertrauen der Landwirte in andere Landwirte solide ist, aber dieses Vertrauen wirkt sich negativ auf die RAOF aus. Das Vertrauen in die Beratung und Unterstützung durch Verkäufer von landwirtschaftlichen Betriebsmitteln ist gut und trägt zur ökologischen Anpassung bei. Das Vertrauen der Landwirte in die Unterstützung und Beratung durch Banken und Finanzinstitute ist schwach und wirkt sich negativ auf den RAOF aus. Umgekehrt wirkt sich das Vertrauen in Versicherungsunternehmen positiv aus, auch wenn es schwach ist. Bemerkenswert ist, dass das Vertrauen der Landwirte in andere Landwirte unter den anderen Indikatoren zwar relativ stark ist, sich aber negativ auf den RAOF auswirkt. Die Wahrnehmung, dass Landwirte einen besseren Preis erhalten, wenn sie ein ökologisches Produkt erzeugen, trägt positiv zum RAOF bei. Die Zufriedenheit der Landwirte mit der Produktion von hohen Standarderträgen trägt positiv zum RAOF bei, und ihre Wahrnehmung, dass sie bei einer stärkeren Anpassung an den ökologischen Landbau mehr soziale Anerkennung erhalten würden, wirkt sich ebenfalls positiv auf den RAOF aus. Auch wenn andere Landwirte andere Landwirte in gewissem Maße beeinflussen können, einen ökologischeren Ansatz zu wählen, haben solche Einflüsse keine positiven Auswirkungen auf den RAOF.

Die ermutigende Aufmerksamkeit von Regierungsbeamten für Landwirte, die den ökologischen Landbau bevorzugen, findet vor Ort nicht wirklich statt; dennoch wirken sich solche vorherrschenden Einflüsse positiv auf RAOF aus. Einige Agro-Input-Verkäufer spielen eine einflussreiche Rolle bei der Ermutigung der Landwirte zur ökologischen Anpassung, was sich positiv auf den RAOF auswirkt. Der Einfluss von Grundbesitzern, Reiseinkäufern und wohlhabenden Landwirten wirkt sich in der gegenwärtigen Situation negativ auf RAOF aus.

4.5.6 Auswirkungen der Indikatoren für Finanzkapital

Die folgenden, in Tabelle 4-32 dargestellten Indikatoren werden verwendet, um die Stärke des Finanzkapitals zu messen, das die Landwirte im Laufe der Jahre in diesem Ökosystem des Reisanbaus aufgebaut haben. Abbildung 4-19 veranschaulicht die Bedeutung und die Leistung der einzelnen Indikatoren, indem sie ihren Beitrag zum Finanzkapital und zur Bereitschaft zur Einführung des ökologischen Landbaus darstellt.

Tabelle 4-33 Indikatoren zur Messung des Finanzkapitals

Finanzkapital - Zusammengesetzte formative Indikatoren	
Variabel	***Einsparungen und Cashflow***
FCSACF1	Die Gewährleistung der Ernährungssicherheit im Haushalt ist für mich keine Herausforderung
FCSACF2	Die Befriedigung der finanziellen Bedürfnisse meiner Familie stellt für mich keine Herausforderung dar
FCSACF3	Ich mache in jeder Saison einen guten Überschuss.
FCSACF4	Die Re-Investition in den Reisanbau ist für mich keine Herausforderung
	Finanzielle Kredite
FCFC3	Ich kann mir bei lokalen Anbietern problemlos Geld zu einem angemessenen Zinssatz leihen

FCFC1	Einen Kredit von einer staatlichen Bank zu bekommen, ist für mich keine Herausforderung
FCFC2	Ein Darlehen von einer Privatbank zu erhalten, ist für mich keine Herausforderung
	Überweisungen
FCR1	Ich erhalte ein erhebliches Einkommen aus meinen anderen Geschäften
FCR3	Obwohl der Reisanbau meine Hauptbeschäftigung ist, habe ich Nebenjobs mit gutem Verdienst.
FCR4	Neben dem Reisanbau betreibe ich noch andere landwirtschaftliche Tätigkeiten, die mir ein beträchtliches Einkommen verschaffen
FCR5	Ich erhalte ein regelmäßiges Einkommen aus meinen Ersparnissen auf der Bank
	Rentabilität
FCP1	Ich erhalte einen fairen Preis für meine Ernte, und das Einkommen ist im Allgemeinen rentabel.
FCP2	Der Verkaufspreis steigt parallel zum Anstieg der Kosten für landwirtschaftliche Betriebsmittel
FCP3	Der Gewinn, den ich erziele, steigt mit dem Preisanstieg anderer Haushaltswaren

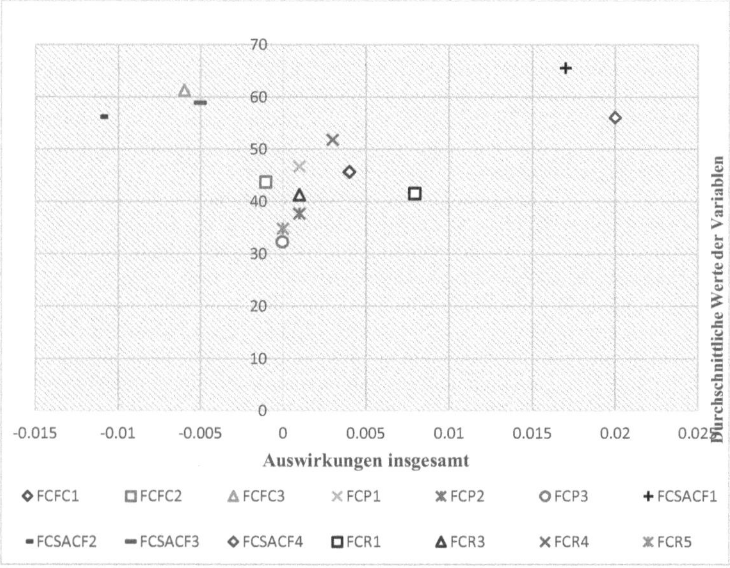

Abbildung 4-19 Bedeutung und Leistungsanalyse von Finanzkapitalindikatoren

Die Analyse des Finanzkapitals zeigt, dass die Fähigkeit der Landwirte, in den Reisanbau zu reinvestieren, der wichtigste Indikator für ihre Bereitschaft zum ökologischen Landbau ist. Die Landwirte zeigen Stärke bei der Deckung des Nahrungsmittelbedarfs ihres Haushalts, was sich positiv auf ihre Bereitschaft für den ökologischen Landbau auswirkt. Die Fähigkeit, andere finanzielle Bedürfnisse des Haushalts zu befriedigen, wirkt sich jedoch negativ auf die Bereitschaft für den ökologischen Landbau aus. Im Durchschnitt erwirtschaften die Landwirte einen guten Produktionsüberschuss, was sich jedoch nicht positiv auf ihre Bereitschaft für den ökologischen Landbau auswirkt.

Die Fähigkeit der Landwirte, ein Bankdarlehen von einer staatlichen Bank zu erhalten, ist höher als von Banken des Privatsektors. Der Zugang zu institutionellen Finanzkrediten (außer Banken) ist in den Bauerngemeinschaften nicht sehr ausgeprägt, aber diese Indikatoren wirken sich in geringem Maße positiv auf die

Bereitschaft zum ökologischen Landbau aus. Die Verfügbarkeit von Geldverleih- oder Kreditfazilitäten innerhalb der Gemeinden ist gut, wirkt sich aber negativ auf die Anpassung an den ökologischen Landbau aus. Die Mittel für Geldüberweisungen sind in diesen Bauerngemeinschaften schwach, aber Landwirte mit umfangreicheren Geldüberweisungen wirken sich positiv auf ihre Bereitschaft zur Anpassung an den ökologischen Landbau aus. Das stärkste Mittel für Rücküberweisungen sind die zusätzlichen Einkünfte der Landwirte aus anderen landwirtschaftlichen Tätigkeiten neben dem Reisanbau. Keiner der Indikatoren, die die Rentabilität der bäuerlichen Produktion untersuchen, ist stark ausgeprägt; allerdings wirken sich diese Indikatoren nicht negativ auf die Bereitschaft zur Umstellung auf den ökologischen Landbau aus.

Landwirte, die neben dem Reisanbau noch andere Tätigkeiten ausüben, sind eher bereit, den ökologischen Landbau zu übernehmen als andere.

4.5.7 Auswirkungen der Indikatoren des Sachkapitals

Die Stärken des Sachkapitals der Landwirte werden anhand der in Tabelle 4-33 aufgeführten Indikatoren bewertet. Die Leistung und die Auswirkungen der einzelnen Indikatoren auf RAOF sind in Abbildung 4-20 dargestellt.

Tabelle 4-34 Indikatoren zur Messung des Sachkapitals

Verfügbarkeit von Maschinen	
Variabel	***(Beispiele für Maschinen (Sprühmaschine, Wasserpumpe, zweirädriger Traktor, vierrädriger Traktor, Pflanzmaschine, Erntemaschine usw.)***
PCAOM1	Ich verfüge über die erforderlichen landwirtschaftlichen Maschinen und Geräte, die für meinen Betrieb notwendig sind
PCAOM2	Die Wartung dieser Art von Maschinen ist für mich kein Thema
PCAOM3	Ich kann es mir leisten, die oben genannten Maschinen bei Bedarf ohne Probleme zu mieten.
PCAOM4	Die Gebühren, die ich für die Anmietung von Maschinen zahle, sind erschwinglich

PCAOM5	Die Gebühren, die ich für die Anmietung von Maschinen zahle, sind angemessen
	Zugang zu Informations- und Beratungsdiensten und Marktinformationen
PCAIS1	Ich höre Radiosendungen über den Reisanbau, und sie sind nützlich
PCAIS2	Ich sehe mir Fernsehsendungen über den Reisanbau an, und sie sind nützlich
PCAIS6	Ich lese Zeitungsartikel über den Reisanbau, und sie sind nützlich
PCAIS7	Ich lese regelmäßig die Broschüren und Faltblätter, die über den Reisanbau verteilt werden, und sie sind nützlich.
PCAIS3	Ich finde hilfreiche Videos zur Landwirtschaft im Internet und in den sozialen Medien
	Zugang zur Infrastruktur und Verfügbarkeit von Arbeitskräften
PCAIAL1	Der Zugang zu den Paddy-Käufern ist einfach
PCAIAL2	Der Zugang zu landwirtschaftlichen Lieferanten und Verkäufern ist einfach
PCAIAL3	Die für den Reisanbau erforderlichen Arbeitskräfte sind leicht zu finden

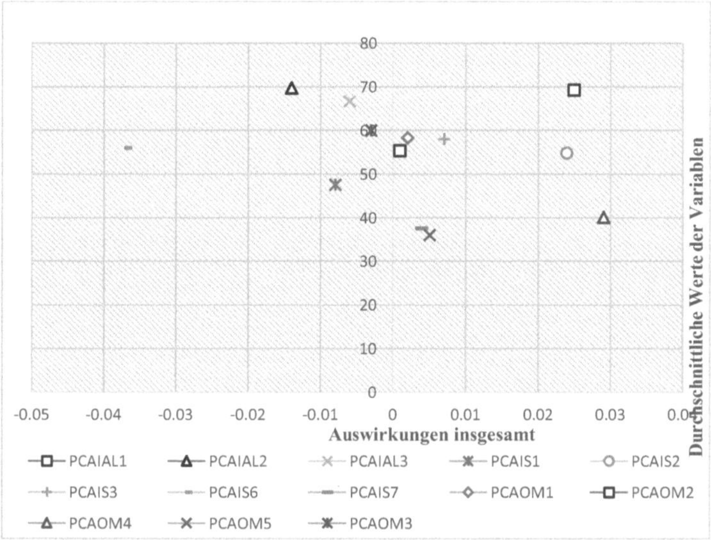

Abbildung 4-20 Bedeutung und Leistungsanalyse von Sachkapitalindikatoren

Die Leistung der Erschwinglichkeitsindikatoren für die Miete von Landmaschinen ist relativ gering. Der Einfluss dieses Erschwinglichkeitsfaktors hat jedoch die größte Auswirkung auf die Bereitschaft, ökologische Verfahren einzuführen. Die

Untersuchung der Frage, ob die Landwirte die erforderlichen Maschinen besitzen und in der Lage sind, sie zu warten, zeigt gute Ergebnisse. Auch der Indikator, der die Wahrnehmung der Landwirte hinsichtlich der Angemessenheit der Mietgebühren für Maschinen misst, zeigt positive Ergebnisse. Der Einfluss dieser beiden Indikatoren auf den RAOF ist jedoch vergleichsweise gering.

Das Fernsehen erweist sich als das effektivste Medium für den Erhalt von Informationen und Wissen über die Landwirtschaft, gefolgt von Mobiltelefonen. Überraschenderweise hat das Radio als Informationskanal einen negativen Einfluss. Zeitungen werden als die am wenigsten effektiven Medien angesehen, da ihre Informationen einen negativen Einfluss auf die RAOF haben. Broschüren und Faltblätter, die in den Gemeinden verteilt werden, haben im Vergleich zu anderen gedruckten Kommunikationsmitteln eine recht positive Wirkung.

Der leichte Zugang zu Verkäufern von landwirtschaftlichen Betriebsmitteln wirkt sich negativ auf RAOF aus. Der Zugang zu Käufern von Reis weist dagegen gegenteilige Merkmale auf und hat einen stärkeren Einfluss auf die Bereitschaft der Landwirte, ökologische Verfahren anzuwenden. Die Leichtigkeit, mit der Landwirte Arbeitskräfte für die Landwirtschaft finden können, wirkt sich nicht auf den Übergang zu ökologischen Praktiken aus.

4.5.8 Auswirkungen der Indikatoren des Naturkapitals

Die Bewertung der Stärken des Naturkapitals der Landwirte, die zum SAP beitragen, ist in Tabelle 4-34 dargestellt, wobei die zu diesem Zweck verwendeten Indikatoren hervorgehoben werden. Die relative Bedeutung und Leistung dieser Indikatoren ist in Abbildung 4-21 dargestellt.

Tabelle 4-35 Indikatoren zur Messung des Sachkapitals

Variabel	*Die Bodenfruchtbarkeit des Landes*
NCSFL1	Ich denke, die Bodenfruchtbarkeit meiner Parzelle ist in gutem Zustand
NCSFL2	Ich denke, ich kann den Boden in meinem landwirtschaftlichen Betrieb für die Verwendung von organischem Dünger verbessern.
	Verfügbarkeit von kohlenstoffhaltigen Substanzen zur Verbesserung der Bodenfruchtbarkeit
NCACS3	Ich kann den für meine Parzelle benötigten Kompost herstellen
NCACS4	Ich kann in der Nähe meines Grundstücks eine gute Menge an Gründüngungspflanzen finden
NCACS2	Ich kann in der Nähe meines Grundstücks angemessene Mengen an Geflügel- oder Kuhmist finden.
	Effektivität der Wasserwerke und Angemessenheit der Wasserversorgung
NCEWAW1	Die Wasserleitungen zu meinem Grundstück sind gut gewartet
NCEWAW2	Ich bin zufrieden mit dem Zeitplan für die Wasserabgabe in der Landwirtschaft
NCEWAW3	Ich kann mich auch auf Regenwasser verlassen, in einem vernünftigen Umfang
NCEWAW4	Ich kann bei Bedarf Wasser zu meinem Grundstück pumpen
	Häufigkeit von Extremfällen und Tierangriffen
NCFWA1	Ich habe keine schweren Ernteschäden aufgrund der Dürre
NCFWA2	Ich habe keine schweren Ernteschäden aufgrund von Überschwemmungen
NCFWA3	Ich habe keine schweren Ernteschäden aufgrund von Tierangriffen

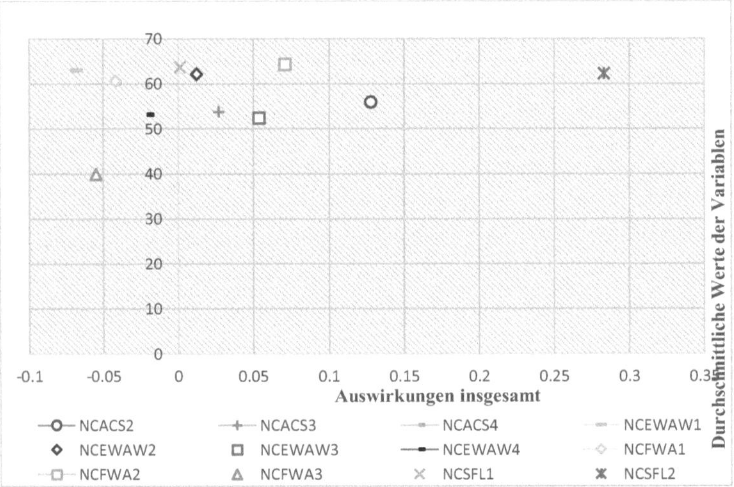

Abbildung 4-21 Bedeutung und Leistungsanalyse von Naturkapitalindikatoren

Eine beträchtliche Anzahl von Landwirten ist der Meinung, dass ihre Parzellen über eine hohe Bodenfruchtbarkeit verfügen. Überraschenderweise ist der Beitrag dieser Landwirte zur Bereitschaft für die Umstellung auf den ökologischen Landbau (ÖLN) unbedeutend. Umgekehrt zeigen Landwirte, die Vertrauen in ihre Fähigkeit haben, ihre landwirtschaftlichen Flächen für eine ökologischere Bewirtschaftung zu verbessern, eine hohe Leistung und Effektivität im Hinblick auf die Bereitschaft für den ökologischen Landbau (RAOF).

Einige Landwirte sind in der Lage, organische Stoffe wie Geflügelmist oder Kuhmist in ihrer Umgebung zu finden. Diese Landwirte zeigen relativ hohe Leistungen bei der Umstellung auf eine stärker ökologisch ausgerichtete Landwirtschaft. Die Fähigkeit der Landwirte, Gründünger in ihrer Umgebung zu finden und zu verwerten, scheint jedoch weniger ausschlaggebend für die Umstellung auf ökologische Verfahren zu sein.

Landwirte, die auf Regenwasser angewiesen sind, weisen im Vergleich zu anderen ein relativ hohes Potenzial für RAOF auf. Unerwarteterweise haben Landwirte, die mit den Wasserwerken zufrieden sind und es sich leisten können, Wasser zu pumpen, einen negativen Einfluss auf den RAOF. Auch Landwirte, die mit dem saisonalen Zeitpunkt der Wasserabgabe aus den Tanks für den Anbau zufrieden sind, zeigen keinen positiven Trend beim RAOF.

Die Landwirte bleiben von Dürren oder Überschwemmungen weitgehend verschont, so dass diese Faktoren die Stärke von RAOF nicht wesentlich beeinflussen. Obwohl die meisten Landwirte mit Angriffen von Tieren (Elefanten, Pfauen, Ratten) konfrontiert sind, hat dieser Faktor keinen nennenswerten Einfluss auf die Wirksamkeit von RAOF.

4.6 Häufigkeitsanalyse der Konstrukte der Bereitschaft der Landwirte

Zur weiteren Prüfung der im Modell vorgeschlagenen Hypothesen werden in der Studie die Häufigkeitsverteilungen der Indikatoren untersucht, die die beiden Konstrukte der Bereitschaft, nämlich RAOF und RRCF, erklären. Diese Konstrukte stehen für die absolute Bereitschaft der Landwirte, den ökologischen Landbau zu übernehmen. Die endgültige Bereitschaft wird in dieser Studie anhand von vier Dimensionen gemessen: technisch, wirtschaftlich, physisch und psychosozial. Die Indikatoren innerhalb jeder Bereitschaftsdimension werden auf einer fünfstufigen Likert-Skala bewertet.

Die Untersuchung der Häufigkeitsverteilungen für die einzelnen Bereitschaftsfaktoren beinhaltet die Analyse des Auftretens von Skalenwerten. Diese Untersuchung zielt darauf ab, die Merkmale, Stärken und Schwächen jedes

Bereitschaftsfaktors aufzudecken und Einblicke in die allgemeine Bereitschaft der Landwirte zur Einführung ökologischer Verfahren zu geben.

4.6.1 Bereitschaft der Landwirte zur Freigabe von chemischen Düngemitteln

Die Bereitschaft der Landwirte zur Freisetzung von Kunstdünger wurde anhand der in Tabelle 4-35 dargestellten Indikatoren gemessen. Diese Indikatoren wurden so gestaltet, dass sie die vier zuvor erwähnten Bereitschaftsfaktoren widerspiegeln. Die Verteilung der Antworten für jeden Indikator ist in Abbildung 4-22 unten visuell dargestellt.

Tabelle 4-36 Indikatoren für die Bereitschaft der Landwirte zur Freigabe von Chemikalien

Bereitschaft der Landwirte, chemische Düngemittel freizugeben - Indikatoren	**Variabel**
Die Minimierung des Einsatzes von chemischen Düngemitteln ist ein Gebot der Stunde	FRTRCF1
Ich bin bereit, den Einsatz von chemischen Düngemitteln auf ein Minimum zu reduzieren, auch wenn sich dies auf meinen Ertrag auswirken kann.	FRTRCF2
Der Einsatz intensiver chemischer Düngemittel ist nicht der Weg in die Zukunft des Reisanbaus	FRTRCF3
Ich bin bereit, organische Stoffe als Alternative zu chemischen Düngemitteln auszuprobieren.	FRTRCF4

Faktoren der Bereitschaft	**Häufigkeit der Antworten**									
	SDA[4]	%	DA[5]	%	N[6]	%	A[7]	%	SA[8]	%
Phykologisch (FRTRCF1)	25	6%	44	11%	76	20%	225	58%	16	4%
Wirtschaftlich (FRTRCF2)	35	9%	144	37%	92	24%	111	29%	4	1%
Technisch (FRTRCF3)	10	3%	36	9%	57	15%	247	64%	36	9%
Physisch (FRTRCF4)	28	7%	106	27%	113	29%	131	34%	8	2%
Gemeinsame	7	2%	15	4%	16	4%	68	18%	3	1%

[4] SDA-Entschiedener Widerspruch,
[5] DA=Nicht einverstanden
[6] N=Neutral
[7] A=Abstimmen
[8] SA=Streng zustimmen

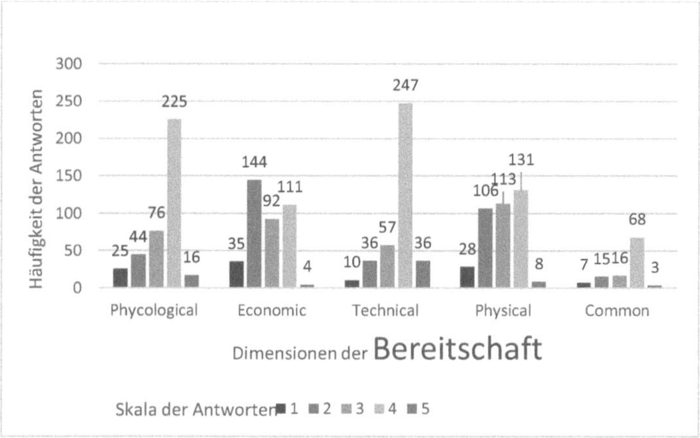

Abbildung 4-22 - Häufigkeiten der Bereitschaftsfaktoren - Bereitschaft zur Freisetzung von chemischen Düngemitteln

Die deskriptive Analyse der RRCF-Indikatoren zeigt, dass 73 % der Landwirte technisch bereit sind, chemische Düngemittel freizugeben, wobei 64 % ihre Zustimmung (A) und weitere 9 % ihre starke Zustimmung (SA) zum Ausdruck bringen. Psychologisch gesehen sind 62% der Landwirte bereit, wobei 58% zustimmen (A) und 4% stark zustimmen (SA). Die physische Bereitschaft ist jedoch geringer, denn nur 36 % sind bereit (A=34 %, SA=2 %). Die wirtschaftliche Bereitschaft stellt eine große Herausforderung dar, denn sie liegt bei nur 30 %.

Der Forscher geht davon aus, dass Landwirte, die auf alle vier Bereitschaftsfaktoren vorbereitet sind, nicht nur bereit, sondern auch in der Lage sind, Mukoviszidose freizusetzen, was ihren Eintritt in die Freisetzungsphase des adaptiven Resilienzzyklus signalisiert. Umgekehrt ist es unwahrscheinlich, dass Landwirte, die bei allen Bereitschaftsfaktoren anderer Meinung sind, in die Freigabephase des Anpassungszyklus eintreten. Nach der deskriptiven Analyse sind nur 19 % der Landwirte (A=18 %, SA=1 %) bei allen Bereitschaftsfaktoren vollständig bereit, CF freizugeben. Im Gegensatz dazu lehnen nur 6 % (SDA=3 %, DA=2 %) den

Übergang von MKS ab, da sie mit allen Bereitschaftsfaktoren - technisch, physisch, psychologisch und wirtschaftlich - nicht einverstanden sind.

Diese Ergebnisse zeigen, dass 94 % der Landwirte in mindestens einem oder mehreren Punkten bereit sind. Wirtschaftliche und physische Bereitschaft erweisen sich als die größten Herausforderungen, die die Landwirte daran hindern, die volle Bereitschaft zur Freisetzung von Chemikalien zu erreichen.

4.6.2 Bereitschaft der Landwirte zur Anpassung von organischen Düngemitteln

Ähnlich wie bei dem oben genannten Konstrukt wurde die Bereitschaft der Landwirte, organischen Dünger einzusetzen, anhand der gleichen vier technischen Bereitschaftsfaktoren bewertet. Tabelle 4-36 zeigt die in der Umfrage verwendeten Indikatoren, und Abbildung 4-23 veranschaulicht die Häufigkeitsverteilung der Antworten für jeden Indikator sowie den gemeinsamen Faktor für alle Antworten.

Tabelle 4-37 Indikatoren für die Bereitschaft der Landwirte zur Einführung des ökologischen Landbaus

Bereitschaft der Landwirte, ihre Parzellen mit organischen Düngemitteln umzugestalten -Indikatoren	**Variabel**
Die Verwendung von organischen Stoffen im Reisanbau ist für mich nicht neu	FRTROF 1
Wir können mit organischen Düngemitteln rentablere Ergebnisse erzielen	FRTROF 2
Ich kann organische Düngemittel zur Deckung meines Bedarfs im Inland herstellen	FRTROF 3
Der Einsatz von organischem Dünger ist die nachhaltige Zukunft des Reisanbaus	FRTROF 4

Bereitschaftsindikatoren	**Häufigkeit der Antworten**									
	SDA	%	DA	%	N	%	A	%	SA	%
Technisch (FRTROF1)	23	6%	42	11%	83	22%	203	53%	35	9%
Wirtschaft (FRTROF2)	33	9%	139	36%	115	30%	94	24%	5	1%
Physisch (FRTROF3)	31	8%	48	12%	71	18%	217	56%	19	5%

Phykologisch (FRTROF4)	33	9%	35	9%	98	25%	210	54%	8	2%
Gemeinsame	13	3%	6	2%	21	5%	68	18%	4	1%

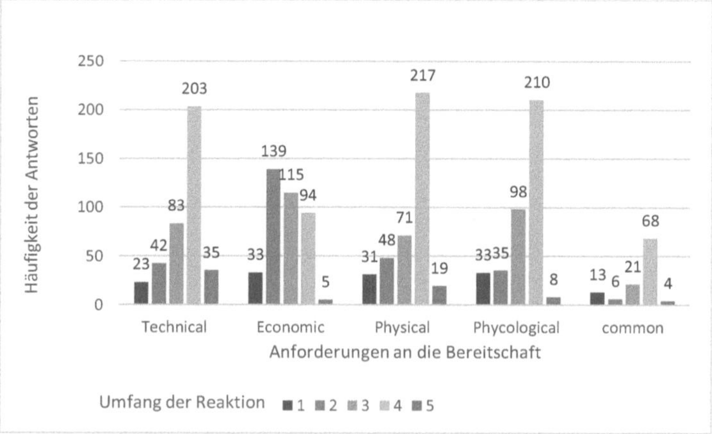

Abbildung 4-23 Häufigkeit der Bereitschaftsfaktoren - Bereitschaft zur Einführung von Bio-Produkten

Die Häufigkeitsanalyse der Indikatoren zur Bereitschaft der Landwirte, organische Düngemittel einzusetzen, zeigt, dass 62% (A=53%, SA=9%) technisch auf diese Umstellung vorbereitet sind. Darüber hinaus sind 56% (A=54%, SA=2%) psychologisch bereit, ihre Parzellen mit organischen Düngemitteln umzugestalten. Die Analyse zeigt weiter, dass 61% (A=56%, SA=5%) physisch auf diese Umstellung vorbereitet sind. Die wirtschaftliche Bereitschaft erweist sich jedoch als limitierender Faktor, denn nur 25% (A=24%, SA=1%) zeigen Bereitschaft in dieser Dimension.

Landwirte, die in allen vier Faktoren bereit sind, nahtlos in die Umstellungsphase überzugehen, machen nur 19 % (A=18 %, SA=1 %) der befragten Bevölkerung aus. Bemerkenswert ist, dass nur 5 % (SDA=3 %, DA=2 %) der Befragten allen

Bereitschaftsfaktoren nicht zustimmen, während 5 % der Landwirte in dieser Stichprobe in ihrer Bereitschaft zur Umstellung auf organische Düngemittel neutral bleiben.

4.7 Andere qualitative Ergebnisse

Zusätzlich zu ihren Antworten auf den strukturierten Fragebogen haben die Landwirte ihre Ansichten und Vorschläge sowohl schriftlich als auch mündlich mitgeteilt. Viele Landwirte sind davon überzeugt, dass eine Umstellung auf eine stärker ökologisch ausgerichtete Landwirtschaft in der Region möglich ist. Sie plädieren jedoch für ein schrittweises Vorgehen und empfehlen eine allmähliche Verringerung des Chemikalieneinsatzes, z. B. zunächst eine Verringerung um 25 % und dann eine schrittweise Erhöhung des Prozentsatzes im Laufe der Zeit.

Die Landwirte erkennen zwar an, dass strukturierte Dämme um die Felder herum für ein besseres Wassermanagement wichtig sind, sie weisen aber auch auf die arbeitsintensive und teure Instandhaltung solcher festen Dämme hin. Diese Bedenken sind in der gesamten Region verbreitet. Die Landwirte beklagen sich darüber, dass sie nicht genügend Zeit haben, um die Bodennährstoffe zu verwalten, insbesondere durch den Einsatz von Gründüngung, einem Prozess, der von einer kontinuierlichen Wasserrückhaltung in den Anbauflächen abhängt. Die Landwirte äußern sich auch frustriert über die Schwierigkeiten bei der natürlichen Unkrautbekämpfung aufgrund der unzureichenden Wasserverfügbarkeit in den entscheidenden ersten Wochen nach der Aussaat.

Unter den Landwirten herrscht Verwirrung über die Saatgutsorten, und viele wählen Typen aus, ohne sie genau zu kennen. Es werden Bedenken hinsichtlich der Kosten und der Qualität des Saatguts geäußert, die sich in den Antworten über die Wirksamkeit der staatlichen Unterstützung widerspiegeln. Die Landwirte beschuldigen die Institutionen, minderwertigen organischen Dünger zu liefern und falsche Versprechungen in Bezug auf Entschädigungsregelungen für mögliche Ertragsminderungen aufgrund von ökologischen Anpassungsmaßnahmen zu machen. Die Landwirte plädieren nachdrücklich für ihre Einbeziehung in die Entscheidungsprozesse.

Die kürzlich eingeführten Erntemaschinen, die sogenannten "Boothaya", werden von den Landwirten als kosteneffiziente Lösung angesehen, obwohl sie erhebliche Ernteverluste verursachen. Das tatsächliche Ausmaß der Ernteverluste und die Einsparungen bei den Arbeitskosten bleiben ungewiss. Die Landwirte räumen ein, dass der Einsatz dieser Maschine die Qualität des Paddy-Saatguts durch Umgehung des natürlichen Trocknungszyklus verschlechtert.

Elefanten, Pfauen und Ratten stellen zwar eine Bedrohung für die Reisbauern in der Region dar, aber die Landwirte betrachten diese Gefahren nicht als unüberwindbar. Einige äußern sich besorgt über die deutliche Zunahme der Pfauenpopulation und sehen darin eine potenzielle Bedrohung für den Reisanbau in der Region.

4.8 Zusammenfassung der Datenanalyse und der Ergebnisse

Die in der Studie durchgeführte Datenanalyse bestätigte die Übereinstimmung des Mess- und Strukturmodells mit den in der bestehenden Literatur vorgeschlagenen PLS-SEM-Anforderungen. Das konzeptionelle Modell, in dem acht Hypothesen vorgeschlagen wurden, erwies sich für sechs als akzeptabel, während zwei Hypothesen als schwach eingestuft wurden und sich auf die Wahrnehmung der Landwirte in Bezug auf staatliche Unterstützung bezogen. Ausführliche Erörterungen der mit diesen Hypothesen zusammenhängenden Ergebnisse werden im folgenden Kapitel der Arbeit vorgestellt.

Die Analyse der Leistungen und der Bedeutung zeigt, dass das Naturkapital den größten Einfluss auf die Vorbereitung der Landwirte auf den ökologischen Landbau hat. Während Sozial- und Humankapital eine höhere Leistung aufweisen, ist ihr Einfluss auf die Bereitschaft der Landwirte zur Anpassung an den ökologischen Landbau vergleichsweise geringer als der des Naturkapitals, was eine kritische Entdeckung ist. Finanzielles Kapital zeigt eine mäßig starke Leistung, übt aber einen schwachen Einfluss auf die ökologische Anpassung aus. Das physische Kapital ist sowohl in Bezug auf die Leistung als auch auf die Bedeutung schwach.

Die Häufigkeitsanalyse der Bereitschaftsfaktoren zeigt, dass nur etwa 19 % der Landwirte vollständig auf die Umstellung auf den ökologischen Landbau vorbereitet sind, wobei die wirtschaftliche und physische Bereitschaft erhebliche Hindernisse darstellen. Ein kleiner Prozentsatz, etwa 5 % der Bevölkerung, lehnt eine weitere Umstellung auf den ökologischen Landbau in allen Dimensionen der Bereitschaft entschieden ab. Ein bemerkenswertes Ergebnis ist, dass Landwirte, die ihre Ausbildung nicht mit der Note O/L abgeschlossen haben, im Vergleich zu anderen eine höhere Rate bei der Umstellung ihrer nachhaltigen landwirtschaftlichen Praktiken (SAPs) auf den ökologischen Landbau aufweisen. Außerdem zeigen Landwirtinnen eine größere Bereitschaft zur Umstellung auf ökologische Praktiken als ihre männlichen Kollegen. Die Neigung zu chemischen Betriebsmitteln und modernen Methoden erweist sich erwartungsgemäß als ein Widerstandsfaktor bei der Umstellung auf ökologische Verfahren. Interessanterweise zeigen die Landwirte, die konsequent die 2,5-Hektar-Parzellen bewirtschaften, die ihnen im Rahmen des Mahaweli-Projekts zugeteilt wurden, im Vergleich zu den anderen einen positiven Trend bei der Umstellung auf ökologische Landwirtschaft.

5 Kapitel 5 - Diskussion und Schlussfolgerungen

5.1 Einführung in die Diskussion und Auswirkungen

In diesem Kapitel werden die Forschungsergebnisse aus der oben beschriebenen Datenanalyse erörtert. Die Diskussionen und Implikationen sind nach den vorhergesagten Hypothesen des konzeptionellen Modells geordnet. Das Modell sagte vier Hauptfraktionen von Landwirten voraus, die sich während dieser Störung im Echosystem des Reisanbaus unterschiedlich verhalten würden. Es wird erwartet, dass sie unterschiedliche Resilienzniveaus aufweisen, um die Phasen des adaptiven Resilienzzyklus des Echosystems, das sich derzeit im Übergang befindet, zu bewältigen. Außerdem werden die moderierenden Auswirkungen einiger demografischer Faktoren auf die Beziehung zwischen dem SAP der Landwirte und ihrer Bereitschaft, mehr ökologische Erzeugnisse anzubauen, diskutiert. Im letzten Teil des Kapitels werden die Stärken und Schwächen der im konzeptionellen Modell bewerteten latenten Konstrukte und ihr Einfluss auf die Beziehungen zu den Vorgängerkonstrukten erörtert. Außerdem werden in diesem Kapitel einige qualitative Ergebnisse erörtert, die die Antworten der Indikatoren jedes latenten Konstrukts entfalten und die Leistungen und die Bedeutung dieser Konstrukte hervorheben. Die verschiedenen qualitativen Antworten der Landwirte, die zusätzlich zu den strukturierten Fragen der Erhebung gegeben wurden, werden in dieser Diskussion berücksichtigt.

5.2 Der Widerstand der Landwirte gegen die Abkehr von chemischen Düngemitteln

Die Studie sagte voraus, dass Landwirte, die sich in der Erhaltungsphase des Anpassungszyklus wohlfühlen, sich gegen die Freigabe des Einsatzes chemischer Düngemittel wehren würden. Das konzeptionelle Modell stellt den umgekehrten Zusammenhang zwischen der Verbundenheit der Landwirte mit dem CF und ihrem

Widerstand dar. Mit anderen Worten: Das Modell untersucht die Bereitschaft der Landwirte, chemische Düngemittel freizugeben und in die Freisetzungsphase des adaptiven Resilienzzyklus überzugehen. Das Modell sagt voraus, dass die Landwirte durch die im Laufe der Jahre angesammelten SAP-Komponenten besser als andere darauf vorbereitet sind, CF freizusetzen und sich während dieses Übergangs durch den Zyklus der adaptiven Resilienz zu bewegen. Die Vorhersage trifft zu, und eine Einheitsvariation von SAP hat einen Einfluss von 58 % auf die Bereitschaft der Landwirte, chemischen Dünger freizugeben, im vorliegenden Kontext. Dies bedeutet, dass 42 % der Landwirte sich gegen die Freisetzung von Chemikalien wehren würden, obwohl sie über eine gute SAP verfügen. Von denjenigen, die bereit sind, Chemikalien freizugeben, sind 13 % nicht vollständig bereit, den ökologischen Landbau zu übernehmen. Diese Beobachtung (13 %) deutet darauf hin, dass einige Landwirte die Notwendigkeit erkennen, den Einsatz von Chemikalien zu minimieren, obwohl sich organische Düngemittel für sie nicht als Alternative erwiesen haben.

Die starke Bindung der Landwirte an den CF über Jahrzehnte hinweg ist ein Hindernis für die Minimierung von Chemikalien in der Landwirtschaft. Wie im Einführungskapitel dieser Arbeit erwähnt, gewährte die Regierung Sri Lankas den Bauern seit den späten 1950er Jahren massive Mengen an chemischen Düngemittelimporten und stellte ihnen im Rahmen verschiedener Programme Subventionen zur Verfügung. Heute sind die Landwirte auf einen stark subventionsgetriebenen, chemiebetonten Reisanbau angewiesen. Die Ergebnisse der Umfrage belegen dies, denn nur etwa 20 % der Landwirte sind bereit, auf den ökologischen Landbau umzustellen. Die Landwirte verfügen über geringere materielle und finanzielle Mittel, als dass sie bereit wären, den Einsatz von

Chemikalien zu reduzieren. Die Subventionsprogramme der Regierungen konzentrierten sich jedoch zunehmend auf die kostenlose Bereitstellung von chemischem Dünger oder gleichwertigen Geldsubventionen für Reisbauern (Department of Census and Statistics 2012 -2020). Diese Zuschussregelungen werden die Landwirte weiter an Chemikalien binden.

Die Ergebnisse dieser Studie zeigen auch, dass die meisten Landwirte sich der schädlichen ökologischen und sozialen Auswirkungen des intensiven Einsatzes von Chemikalien im Reisanbau bewusst sind. In dieser Reisanbauregion sind sich 73 % der Landwirte darüber im Klaren, dass eine CF-zentrierte Landwirtschaft nicht der richtige Weg ist, und 63 % sind sich der schädlichen Auswirkungen des intensiven Chemikalieneinsatzes in der Landwirtschaft bewusst. Rund 80 % sind jedoch immer noch eng mit dem CF verbunden, weil sie die tatsächliche Rentabilität nicht verstehen oder weil es keine andere praktikable Alternative gibt. Rodrigo et al. (2015) belegen, dass ein höherer Düngemitteleinsatz die Paddy-Produktion erhöht hat. Der Düngemittelpreis hat jedoch nicht notwendigerweise einen Einfluss auf die Steigerung oder den Rückgang der Produktion, und er wird durch die Düngemittelsubventionsregelung fest kontrolliert. Daher ist die Annahme gerechtfertigt, dass die Bindung der Landwirte an den CF mit den staatlichen Subventionsregelungen für chemische Düngemittel zusammenhängt. Weerahewas (2021) Erörterungen und Ergebnisse zu den politischen Maßnahmen der Regierung in Bezug auf die Einfuhr von chemischen Düngemitteln und Subventionen bestätigen dieselbe Schlussfolgerung.

5.3 Die Verbundenheit der Landwirte mit organischen Düngemitteln

Das konzeptionelle Modell sagt voraus, dass Landwirte, die über ein beträchtliches Kapitalvermögen verfügen und Beziehungen zu organischen Düngemitteln unterhalten, nahtlos zu einer stärker ökologisch ausgerichteten Landwirtschaft übergehen würden. Die Vorhersage trifft zu, und eine Erhöhung des SAP um eine Einheit führt zu einem Anstieg der Bereitschaft der Landwirte, nahtlos auf ökologische Verfahren umzustellen, um 27 %. Das Wissen der Landwirte über den ökologischen Landbau und ihre Einstellung zur Einführung ökologischerer Praktiken sind mäßig (60 %). Die geringe Bereitschaft (19 %) zur nahtlosen Umstellung auf den ökologischen Landbau ist jedoch ein Hinweis auf die unzureichende Reife des Naturkapitals dieser landwirtschaftlichen Existenzgrundlage und auf die mangelnde Risikobereitschaft der Landwirte angesichts des wahrgenommenen Rückgangs des wirtschaftlichen Gewinns. Der dominierende Einfluss des Naturkapitals auf die Anpassung an den ökologischen Landbau, der weiter unten in diesem Kapitel ausführlich erörtert wird, steht im Zusammenhang mit dieser Diskussion. Die Stärkung der Risikomanagementfähigkeiten der Landwirte führt unweigerlich dazu, dass die Landwirte besser auf den ökologischen Landbau vorbereitet sind. Obwohl es vor Ort nur wenige Versicherungssysteme gibt, zeigt die Studie, dass Versicherungssysteme einen großen Einfluss auf die Bereitschaft der Landwirte zum ökologischen Landbau haben. Die Notwendigkeit umfassender Ernteversicherungssysteme und ihre Wirksamkeit bei der Stärkung der Widerstandsfähigkeit der Landwirte gegenüber Veränderungen werden auch in früheren Forschungsstudien diskutiert und vorgeschlagen (Thorbecke und Svejnar, 1987; Weerahewa, 2006).

Die Stärken des Human- und Sozialkapitals sind vergleichsweise weniger einflussreich bei der Vorbereitung der Landwirte auf den ökologischen Landbau, ebenso wie das Finanzkapital, das mäßig stark ist. Das Naturkapital ist der wirksamste Faktor, der die Landwirte zu einer stärker ökologisch ausgerichteten Landwirtschaft führt; seine positive Veränderung kann sie erheblich beeinflussen. Das schwache physische Kapital ist ein Bereich, in dem umfassendere Verbesserungen möglich sind. Die Verbesserung der Kapitalausstattung der Landwirte von SAP erfordert Strategien für eine stärkere Einbeziehung in die Wertschöpfungskette in diesem Reisanbausektor. Die Weltbank (2009a, 2009b) betonte die Notwendigkeit, viele verschiedene Quellen für landwirtschaftliche Innovationen und Akteure entlang der Wertschöpfungskette zu integrieren, darunter Forscher, Landwirte, zivilgesellschaftliche Organisationen[9] und den Privatsektor.

5.4 Auswirkungen der demografischen Faktoren

Die Zukunft des Reisanbaus hängt von den jüngeren Landwirten ab, und ihre Bereitschaft bestimmt die Richtung des Übergangs. Es gibt keinen eindeutigen Hinweis auf einen altersbedingten Einfluss auf die Beziehung zwischen dem SAP der Landwirte und ihrer Bereitschaft zur Umstellung auf OF. Die Studie zeigt jedoch, dass einige junge Landwirte zwar bereit sind, auf Chemikalien zu verzichten, sich aber gegen die Umstellung auf ökologischen Anbau sträuben. Dieses Ergebnis deutet darauf hin, dass einige Junglandwirte aufgrund des Drucks durch die Verknappung chemischer Düngemittel und des mangelnden Vertrauens in die ökologische Landwirtschaft wahrscheinlich auf andere Sektoren ausweichen. Sie fühlen sich wahrscheinlich durch die anhaltende politische Instabilität und die Wirtschaftskrise stärker unter Druck gesetzt. Außerdem sind sie wahrscheinlich besorgt über mögliche zukünftige Herausforderungen für den Lebensunterhalt der

[9] CSOs - Zivilgesellschaftliche Organisationen

Familie. Eine solche unvorhergesehene Entwöhnung kann zu verschiedenen sozioökonomischen Problemen in diesem Sektor führen.

Unabhängig von ihren SAP-Stärken neigen die Landwirtinnen in dieser Region eher zum biologischen Anbau als die Landwirte. In der Vergangenheit, bis in die späten neunziger Jahre, leisteten die Frauen einen wesentlichen Beitrag zum Reisanbau. Sie waren eine treibende Kraft im Reisanbau, als das Umpflanzen als die beste Aussaatmethode dominierte. Allmählich wurde die Direktsaat dominierend und zog die Frauen drastisch vom Reisanbau ab. Die Forschungsinstitute und Behörden sollten die Saatgutsorten, die sich in der Vergangenheit bei der Umpflanzung bewährt haben, wieder einführen und ein Gleichgewicht zwischen den Aussaatmethoden Umpflanzen und Direktsaat herstellen. Auf diese Weise können mehr Frauen für den Reisanbau gewonnen werden, was wiederum Beschäftigungsmöglichkeiten im Haushalt schafft. Die Arbeit im Haushalt ist weniger anfällig für andere soziokulturelle Probleme. In einer Studie über die Einführung nachhaltiger landwirtschaftlicher Praktiken bei Landwirten in Kentucky stellte Mishra (2017) fest, dass Frauen in ähnlicher Weise bereit sind, ökologische Verfahren einzuführen als Männer.

Das Bildungsniveau der Landwirte ist ein Faktor, der ihre Bereitschaft zur Einführung des ökologischen Landbaus in umgekehrter Weise bestimmt. Landwirte, die das O/L-Niveau des nationalen Bildungssystems nicht erreicht haben, zeigen eine größere Bereitschaft zum ökologischen Landbau als Landwirte mit höherer Bildung. Saltiel et al. (1994) und Clay et al. (1998) fanden heraus, dass das Bildungsniveau für die Anpassung an den ökologischen Landbau unbedeutend ist und sogar negativ mit der Einführung von SA korreliert (Gould et al., 1989;

Okoye, 1998). Der Forscher schlägt eine eingehende Untersuchung dieser Merkmale von ausgebildeten Landwirten vor.

Wie vorhergesagt, zeigen die Landwirte, die modernere Methoden anwenden, weniger Interesse an der Umstellung auf den ökologischen Landbau als die anderen Landwirte, ebenso wie die Landwirte, die eher zu chemischen Betriebsmitteln tendieren. Es ist erwähnenswert, dass Landwirte, die über ein hohes Finanzkapital verfügen, eher zu modernen Methoden neigen und mehr Chemikalien als primäre landwirtschaftliche Betriebsmittel einsetzen. Dieses Ergebnis steht im Zusammenhang mit dem schwachen Einfluss von Finanz- und Sachkapital auf die Einführung des ökologischen Landbaus. Die Landwirte, die durchgängig 2,5-Hektar-Reis anbauen, sind die ursprünglichen "Mahaweli-Reisbauern" und sind eher als andere bereit, auf ökologischen Anbau umzustellen. Daraus lässt sich schließen, dass diese Landwirte eine besondere Zuneigung zu ihren Anbauflächen haben und über ein größeres Naturkapital verfügen als andere.

5.5 Wahrgenommene Effektivität der staatlichen Unterstützung

Die Landwirte nehmen die staatliche Unterstützung als mäßig wirksam wahr. Die staatliche Unterstützung hat noch keinen Einfluss auf die Anpassung an den ökologischen Landbau, und die Wahrnehmung könnte immer noch mit der Unterstützung durch chemische Düngemittel zusammenhängen, die sie in den vergangenen Jahrzehnten erhalten haben. Die von der Regierung eingeführten Förderprogramme und Versprechungen zu ökologisch orientierten Praktiken konnten die Landwirte bisher nicht dazu motivieren, auf eine ökologisch orientierte Landwirtschaft umzustellen. Die vorherrschende Beziehung zwischen dem SAP der Landwirte und ihrer Wahrnehmung der staatlichen Unterstützung kann als gegenseitige Abhängigkeit betrachtet werden. Die Ergebnisse zeigen, dass die

Landwirte mit einem guten SAP die von der Regierung gegebenen Anreize als Chance wahrnehmen und nutzen. Diese Nutzung von Anreizen wird ihren SAP weiter stärken. Die Entwicklung einer wechselseitigen Beziehung hin zu einer stärker ökologisch ausgerichteten Landwirtschaft kann jedoch nicht über Nacht erfolgen. Der Forscher erinnert sich an den entscheidenden Wandel im Reisanbau des Landes in den späten 1950er und frühen 1960er Jahren. Diese Ära ist weithin bekannt als die Grüne Revolution und der Beginn der Einführung von Chemikalien in den Anbau (Herath, 1981). Die Umstellung geschah nicht über Nacht. Die Landwirte nahmen die Chemikalien nach anfänglichem Widerstand schrittweise an. Auch die jetzige Umstellung wird Zeit brauchen, ähnlich wie in den 1960er Jahren. Dabei wird es sich jedoch nicht um eine bloße Umstellung von der chemischen auf die biologische Landwirtschaft handeln, sondern um eine nachhaltige Kombination aus biologischem und chemischem Anbau.

Wie Herath (1981) und Weerahewa (2021) betonten, ist die Selbstversorgung mit Reis das grundlegende Prinzip der srilankischen Regierungspolitik gewesen und wird es auch weiterhin sein. Entscheidend für den Erfolg ist jedoch, dass der Umfang und die Ausrichtung der Unterstützung für den Reissektor während dieses Übergangs erheblich angepasst werden. Die Produktivität und der Wettbewerbsvorteil der ökologischen Reiserzeugung im Rahmen der Prinzipien der nachhaltigen Landwirtschaft müssen noch weiter erforscht und entwickelt werden. Die Unterstützung durch die Regierung sollte über die sofortige Barzahlung an die Landwirte hinausgehen. Sofortige Geldzuschüsse für Reisbauern würden diese dazu zwingen, in ihrer Komfortzone des Chemikalieneinsatzes zu bleiben. Die Situation ist eine Gelegenheit, die Produktivität und Rentabilität des chemiegestützten Reisanbaus zu bewerten. Die Betriebsmittelkosten sind den

Landwirten nicht hinreichend bekannt und werden von ihnen nicht wahrgenommen, da die staatlichen Zuschüsse die Betriebsmittel stark subventionieren.

5.6 Das Potenzial der Landwirte für eine nachhaltige Landwirtschaft und die Anpassung an den ökologischen Landbau

Der SAP der Landwirte ist eine einflussreiche Determinante für ihre Bereitschaft, den ökologischen Landbau stärker zu fördern. Der in dieser Studie ermittelte Wert für die Bereitschaft zur Umstellung auf den ökologischen Landbau liegt bei 57 %, wenn 100 % die perfekte Bedingung ist. Die aus der Analyse resultierenden Statistiken zeigen, dass es Raum für Entwicklung gibt. Die Umstellungsrate dieser SAP-Stärken auf den ökologischen Landbau liegt bei etwa 60 %, was die Schwere der aktuellen Probleme der Landwirte bei der Umstellung auf den ökologischen Landbau widerspiegelt. Aus diesen Forschungsergebnissen geht eindeutig hervor, dass eine geringe wirtschaftliche Bereitschaft die Fähigkeit der Landwirte einschränkt, den CF freizugeben und die ökologische Landwirtschaft einzuführen. Es ist nicht nur das schwache Finanzkapital der Landwirte, das dieses Hindernis verursacht, sondern die Produktivität und Rentabilität des Ergebnisses ist das Problem. Der Forscher stimmt mit Wang et .al (2021) überein, die der Meinung sind, dass die Produktivität durch den Einsatz umweltfreundlicher Technologien gesteigert werden kann, was sich auch auf die Rentabilität des Betriebs auswirkt. Es ist jedoch eine Herausforderung, den besten Weg für den lokalen Kontext zu finden. Ashley (1999) rät dazu, die langfristige Produktivität der natürlichen Ressourcen zu erhalten, ohne die Lebensgrundlagen zu untergraben oder die Möglichkeiten der Existenzsicherung zu gefährden. Der Forscher ist ebenfalls der Meinung, dass der oben genannte Vorschlag der beste Weg ist.

5.6.1 Kenntnisse und Praktiken des Bodenfruchtbarkeitsmanagements

Von den fünf Kapitalgütern trägt das Naturkapital der Landwirte am stärksten zu ihrer Bereitschaft bei, mehr ökologische Landwirtschaft zu betreiben. Die Bodenfruchtbarkeit der landwirtschaftlichen Parzelle und die Reichhaltigkeit der Bodenstruktur, die weiter verbessert werden kann, sind die wichtigsten Faktoren, die die Motive der Landwirte für eine Umstellung auf den ökologischen Landbau beeinflussen. Die Bedeutung der Bewirtschaftung der Bodenfruchtbarkeit wurde in verschiedenen früheren Studien erörtert. Nederlof und Dangbégnon (2007) betonten die Notwendigkeit eines integrierten Bodenfruchtbarkeitsmanagements für eine nachhaltigere Landwirtschaft. Sie schlagen eine Verbesserung durch organischen Dünger, Düngemittel und Deckfrüchte vor. Kankwatsa et al. (2019) stellten in ihrer Untersuchung fest, dass die Laboranalysen der Bodenmischproben zeigten, dass die physikalischen und chemischen Eigenschaften des Bodens auf der Grundlage der früheren Anbaumuster, der Bodenbewirtschaftungspraktiken und der Bodenmerkmale charakterisiert wurden. In dieser Studie wurden jedoch keine Belege für Laboruntersuchungen von Bodenproben in dieser Region vor Ort gefunden.

Der Forscher weist darauf hin, dass Bodenuntersuchungen eine grundlegende Voraussetzung für die Umstellung des Anbaus auf den ökologischen Landbau sind. Das Fehlen eines solchen Schritts als Voraussetzung im ursprünglichen Aktionsplan für die Umstellung der Landwirtschaft auf den ökologischen Landbau ist ein schwerwiegendes Versäumnis seitens der politischen Entscheidungsträger. Die Durchführung wissenschaftlicher Labortests auf den Reisanbauflächen und die Kategorisierung der Felder nach ihrer Eignung für den ökologischen Landbau werden dazu beitragen, diese Pläne zu überarbeiten. Die Forscherin verknüpft diesen Vorschlag mit den Meinungen der Landwirte über einen möglichen Weg zu mehr Ökologie. Die Landwirte sind einhellig der Meinung, dass eine Umstellung auf 100 % ökologische Landwirtschaft auf einmal unmöglich ist. Dennoch bestreiten sie nicht die Möglichkeit, chemische Düngemittel in einem schrittweisen Ausstiegskonzept auf ein Minimum zu reduzieren. Die Landwirte schlagen verschiedene Strategien vor, um den Einsatz chemischer Düngemittel schrittweise durch organische Düngemittel zu ersetzen, beginnend mit 10 %, 25 %, 50 % usw., um dann allmählich auf Null zu gehen. Der Forscher ist der Ansicht, dass diese Vorschläge durch gründliche wissenschaftliche Untersuchungen und die Bereitstellung genauerer technischer Vorschriften für die Landwirte unterstützt werden sollten. Dann können die Landwirte entscheiden, welche Verhältnisse für ihre Parzellen geeignet und praktikabel sind, und vermeiden, dass sie die Stärken der Bodenstruktur ihrer Parzellen über- oder unterbewerten. Wijesinghe (2021) schlägt außerdem standortbezogene Bodenuntersuchungen und die Bereitstellung von Düngemitteln zu einem subventionierten Preis auf der Grundlage der Bodenbedingungen vor. Ein solches gut durchdachtes Programm wird auch das Problem des übermäßigen Einsatzes von chemischen Düngemitteln angehen, das im Einführungskapitel dieser Arbeit erörtert wurde. Diese Anforderung eröffnet ein spezialisiertes Segment für Bodentests und Beratungsdienste in der Wertschöpfungskette des Reisanbaus.

5.6.2 Kenntnisse und Praktiken der Feldvorbereitung und des Wassermanagements

Die IPMA-Indikatoren für Naturkapital zeigen, dass es den Landwirten an Wissen und Praktiken im Zusammenhang mit dem Bodenfruchtbarkeitsmanagement mangelt. Darüber hinaus zeigen die Forschungsergebnisse Unzulänglichkeiten und Unregelmäßigkeiten bei der Wasserinfrastruktur und dem

Bewässerungsmanagement. Die Untersuchung hat gezeigt, dass der Druck der Massenproduktion, die unkontrollierte Wasserabgabe aus den Tanks und kurzfristige Gewinnmotive durch den intensiven Einsatz von Chemikalien die Landwirte gezwungen haben, die oben genannten nachhaltigen Praktiken aufzugeben. In den letzten Jahren haben die Landwirte den Erhalt ihrer Parzellen und die Bewirtschaftung der Bodenfruchtbarkeit endgültig vernachlässigt. Den Umfrageergebnissen zufolge ist die Bodenfruchtbarkeit der meisten Reisanbauflächen in dieser Region gering, was vor allem auf die Vernachlässigung einer ordnungsgemäßen Bodenbewirtschaftung, Bodenbearbeitung und Bewässerung zurückzuführen sein könnte.

Die bestehenden Wassermanagementpraktiken haben die Bereitschaft der Landwirte zur Umstellung auf den ökologischen Landbau nicht verbessert. Etwa 40 % der Landwirte sind mit den Wasserwerken unzufrieden, was die Ineffizienz der geplanten Wasserabgabe für die Landwirtschaft im Rahmen dieser Bewässerungssysteme verdeutlicht. Einige Landwirte sind mit dem derzeitigen Wasserabgabesystem zufrieden. Sie tragen jedoch nicht speziell zur Einführung ökologischer Verfahren bei. Die Landwirte verlassen sich bei der Unkrautbekämpfung ausschließlich auf Chemikalien.

In der Vergangenheit haben die einheimischen Reisbauern in diesem Land einen systematischen Ansatz verfolgt und wissenschaftliche Techniken für die Bodenbearbeitung und das Bodenfruchtbarkeitsmanagement eingesetzt. Bedauerlicherweise verschwinden diese tiefgreifenden Anbaumethoden in dieser Region allmählich. Der Forscher stellt große Ähnlichkeiten zwischen den traditionellen Reisanbaupraktiken in Sri Lanka und den zeitgenössischen Empfehlungen fest, die in neueren Forschungsstudien zur nachhaltigen

Landwirtschaft dargelegt werden. Daher lohnt es sich, den folgenden Abschnitt dieses Kapitels der Erinnerung an die Praktiken zu widmen, die von den erfahrenen Reisbauern in diesem Land angewandt werden.

Vor der Anpflanzung ermittelten sie sorgfältig den optimalen Zeitpunkt für die Bodenvorbereitung, indem sie die regionalen Niederschlagsmuster berücksichtigten und dem Mondkalender folgten, um günstige Zeitpunkte auszuwählen. (Nekath, Karna, Hora und Yoga). In der Regel begannen die Landwirte ihre Vorbereitungsarbeiten mit dem Einsetzen der Monsunregen, die üblicherweise im September (Ak rain[10] "wessa") nach der langen Trockenzeit einsetzten. Zunächst schnitten die Landwirte die Sträucher ab und rodeten das Feld, wobei sie die Abfälle im Reisfeld zurückließen. Diese Abfälle zersetzen sich nach und nach und reichern den Boden mit Nährstoffen an. Das erste Pflügen erfolgte während des Ak-Regens, gefolgt von einer zweiwöchigen Wartezeit vor dem zweiten Pflügen durch die Landwirte. Dieser Abstand sollte den Unkrautsamen genügend Zeit geben, im Reisfeld zu keimen. Die Bauern bestanden auf der Einhaltung einer zweiwöchigen Wartezeit während der abnehmenden Hälfte des Mondkalenders und begannen dann mit der Vorbereitung des Feldes ab dem nächsten Neumondtag. Beim zweiten Pflügen erwarteten die Bauern, dass sie alle Unkräuter beseitigen würden, die aufkeimten, und warteten dann eine Woche auf das letzte Pflügen, bei dem das Feld für eine effektive Bewässerung eingeebnet wird (Poru heeya[11]). Zwischen dem zweiten und dritten Pflügen bringen die Landwirte Rinderdünger, recyceltes Stroh und Gründünger wie Albizia, Karanda-Blätter, Wathupaluwel, Walsuriya, Gansuria usw. auf das Reisfeld aus. Die Landwirte

---

[10] Ak Regen (AK wessa) ist ein leichter Regen Ende September bis Anfang Oktober
[11] Drittes Mal pflügen, um den Acker für eine bessere Bewässerung einzuebnen

waren mit den lokal verfügbaren Pflanzen vertraut, die zur Verbesserung der Bodenfruchtbarkeit auf den Reisfeldern eingesetzt werden können. Darüber hinaus waren sich die Landwirte der Bedeutung des Zwischenfruchtanbaus und der Zwischenfruchtanbautechniken sowie der Praxis des Aussetzens von Rindern auf dem Reisfeld bewusst. Die Zwischenfruchtanbaumethode wird angewandt, indem Pflanzen auf den Hügeln oder ausgewählten Standorten angebaut werden. Beim Zwischenfruchtanbau werden die Samen von Hülsenfrüchten, Leguminosen und großkörnigem Getreide eine Woche vor der Reisernte ausgestreut (Irangani et al., 2013; Kindheitserinnerungen und Erfahrungen der Autoren).

Seit der Grünen Revolution haben die Regierungen ihre Aufmerksamkeit von der umweltfreundlichen Landwirtschaft auf die sofortige Intensivierung der Produktionsmengen gelenkt. Die anhaltenden Düngemittelsubventionen, die wir heute erleben, sind eine Folge dieser Initiativen. Außerdem wurden die traditionellen umweltfreundlichen Reissorten durch chemikalienempfindliche Hochertragssorten ersetzt. Diese Ergebnisse sind umstritten. Die unidirektionalen Initiativen, die die lokalen Fähigkeiten außer Acht lassen, werden von Experten stark kritisiert (Weerahewa et al., 2010; Kikuchi und Aluwihare, 1990). Außerdem hat dieses Intensivierungsprogramm die Bewässerungsnetze beharrlich reformiert, was zu einer ungesunden Bewässerungsdemokratie geführt hat. Herath (1981) wies darauf hin, dass die Bewässerungsbürokratie die Menge und den Zeitpunkt der Wasserabgabe festlegt, ohne sich mit der Fähigkeit der Landwirte, das Wasser zu nutzen, abzustimmen.

Die Einhaltung der vorgeschriebenen Intervalle zwischen den Bodenbearbeitungen ist eine Lehre der alten Bauern, die zur Erhaltung einer nachhaltigen Bodenfruchtbarkeit auf den Feldern beiträgt. Die Praxis der Einebnung des Feldes für eine ordnungsgemäße Bewässerung ist ein wesentlicher Bestandteil der Bodenfruchtbarkeit und der Unkrautbekämpfung.

In dieser Region wird Reis in eingezäunten Feldern angebaut, die bis zu 7 bis 10 Tage vor der Ernte kontinuierlich geflutet werden müssen. Die kontinuierliche Überflutung trägt dazu bei, ausreichend Wasser zu erhalten und Unkraut zu kontrollieren (IRRI, 2019). Laut Aheeyar (2014) ist Mahaweli H das älteste System des Mahaweli-Entwicklungsprogramms, wo die Wasserknappheit im Vergleich zu den anderen Systemen in den Mahaweli-Entwicklungsgebieten akut ist. Daher ist das Wassermanagement von entscheidender Bedeutung für den erfolgreichen Anbau von Mahaweli H, insbesondere während der Trockenzeiten ("yala").

Das mangelnde Bewusstsein der Landwirte für den Erhalt ordnungsgemäßer Abdeckungen um die Felder hat die oben genannten Probleme noch verschlimmert und zu einer ineffizienten Bewässerung geführt. Das Vorhandensein fester Dämme (Niyara) um jedes landwirtschaftliche Grundstück ist unerlässlich, um Wasser zurückzuhalten und die Erosion von Bodennährstoffen zu verhindern. In letzter Zeit hat sich beim Reisanbau in dieser Region die Gewohnheit herausgebildet, die ordnungsgemäße Wiederherstellung der Wälle um die Parzellen während der Feldvorbereitung zu vernachlässigen. Außerdem haben die Landwirte die regelmäßige Einebnung der Felder (Poru Gama) vernachlässigt, die für eine gleichmäßige Überflutung der Reisanbaugebiete mit einer minimalen Wassermenge unerlässlich ist. Im traditionellen Reisanbau in diesem Land waren die Vorbereitung geeigneter Dämme ohne Wasserverluste und die Einebnung der Felder vor der Aussaat oder dem Umpflanzen obligatorische Schritte. Heute vernachlässigen die Landwirte oft die oben genannten grundlegenden Feldvorbereitungen und überspringen diese Schritte aus dem Grund, kurzfristige

Kosteneinsparungen bei der Arbeit zu erzielen. Eine unzureichende Kontrolle des Wassers kann zu Nährstoffverlusten, Bodenerosion, Wasserverschmutzung und dem unnötigen Auslaufen von chemischen Düngemitteln und anderen Chemikalien führen. Diese schädlichen Praktiken stehen der Umstellung auf einen ökologisch orientierten, nachhaltigen Reisanbau eindeutig entgegen. Unwissenheit trägt zur Wasserverschwendung bei, wobei die Parzellen am Anfang der Bewässerungskanäle aufgrund von Leckagen durch unsachgemäße Abdichtungen zu viel Wasser verbrauchen. Diese Leckagen tragen wiederum zu Wasserknappheit auf anderen Feldern flussabwärts der Kanäle bei.

Die Regierung von Sri Lanka führte in den späten 1980er Jahren die Politik des partizipativen Bewässerungsmanagements (PIM) ein, deren Erfolge sich auf einige wenige Aspekte beschränken, wie z. B. die Beteiligung der Landwirte an der Instandhaltung des Bewässerungssystems durch die Mobilisierung ihrer Arbeitskraft und die Kosteneinsparungen der Regierung. Die Wirksamkeit dieses Programms wird in dieser Untersuchung nicht deutlich, was auf die Notwendigkeit einer Wiederbelebung des Programms hinweist. Es ist dringend erforderlich, die notwendigen Maßnahmen zu ergreifen, um das Programm neu zu bewerten und neu auszurichten, um eine effektivere und angemessenere Bewässerung zu erreichen. Bei der Überarbeitung sollten verbindliche Praktiken für die Bodenvorbereitung festgelegt werden, um sicherzustellen, dass die Landwirte die Anforderungen für eine nachhaltige und optimale Nutzung der knappen Wasserressourcen erfüllen.

5.6.3 Integriertes Boden- und Bewässerungsmanagement

Auf der Grundlage der Ergebnisse und Diskussionen schlägt der Forscher vor, dass die Behörden Regulierungsmaßnahmen einführen sollten, die die grundlegenden Anforderungen an ein integriertes Bodenfruchtbarkeits- und

Bewässerungsmanagement berücksichtigen. Es besteht ein dringender Bedarf an einer umfassenden Überarbeitung der Bodenfruchtbarkeit, des Wassermanagements und der Bodenvorbereitungspraktiken, die auch Leitlinien für die Bewirtschaftung enthalten sollte. Unabhängig von den Eigentumsverhältnissen an den Anbauflächen sollten sich die Landwirte an die institutionellen Regeln und Vorschriften für die Nutzung öffentlicher Güter halten. Wasser, Wasserwerke, Gründüngung und Düngemittelsubventionen werden als öffentliche Güter betrachtet, und die Behörden sollten angemessene Vorschriften für ihre Nutzung erlassen. Zusätzlich zu den rechtlichen Rahmenbedingungen wird die Förderung einer gemeinsamen Vision des verantwortungsvollen Umgangs mit dem Naturkapital als eine wesentliche Voraussetzung für die Gegenwart angesehen. Eine dringende fachliche Überprüfung der Feldbewässerungskanäle (Wasserwerke), der Instandhaltung der sie umgebenden Dämme, der Anbauflächen sowie des Zeitpunkts und der Menge der Wasserabgabe wird dringend empfohlen. Änderungen in diesen Bereichen und die Einbeziehung wissenschaftlicher Empfehlungen sind vor der nächsten Überarbeitung des politischen und rechtlichen Rahmens für die Umstellung des Anbaus auf einen nachhaltigeren Weg mit ökologischen Praktiken von entscheidender Bedeutung (IRRI, 2019).

5.7 Integration von indigenem Wissen und modernen Techniken

Wie die Forschungsergebnisse zeigen, ist das Wissen der modernen Reisbauern über biologische Schädlinge und naturfreundliche Unkrautbekämpfung begrenzt. Einige wirksame bewährte Verfahren aus der Vergangenheit sind in Vergessenheit geraten oder werden nicht mehr beachtet. In der Vergangenheit waren sich die Landwirte der möglichen Schädlingsbefall in jedem Stadium des Lebenszyklus der Pflanzen bewusst. Wenn sie beispielsweise Schädlinge wie Keedawa (Nilaparvata lugens) bemerkten, sorgten die Landwirte für trockene Bedingungen auf dem Feld, in der Regel während der Reifezeit der Pflanze. Wenn sie dagegen Signale für einen Wurmbefall auf dem Feld erhalten, der in der Regel in den frühen Stadien der Pflanze auftritt, stellen sie mehr Wasser zur Verfügung, um die Würmer von den Pflanzen zu vertreiben. In der Vergangenheit gab es Techniken, die den Verzehr von Würmern durch Vögel förderten (Irangani, 2013). Die Entwicklung von Kenntnissen und Praktiken der integrierten Schädlingsbekämpfung, die eine Mischung aus modernen und traditionellen Ansätzen beinhalten, ist eine Möglichkeit, die Abhängigkeit von Chemikalien zu verringern und den Übergang zu einem umweltfreundlicheren Reisanbau zu vollziehen. Jüngste Forschungsstudien empfehlen nachdrücklich, indigenes Wissen in moderne Schädlings- und Unkrautbekämpfungspraktiken einzubeziehen und integrierte Schädlingsbekämpfungspläne zu fördern (Šūmane, 2018; Senanayake, 2006; Legg, 2001).

5.8 Intensivierung des Einsatzes von Gründüngungen

Das Bewusstsein für die Leguminosen-Gründüngung als praktikable Alternative zur Deckung des Stickstoffbedarfs ist in den landwirtschaftlichen Gemeinschaften dieser Reisanbauregion nur selten vorhanden. Nayak et al. (2012) untersuchten die langfristigen Auswirkungen verschiedener integrierter Nährstoffmanagementmaßnahmen auf die Bodenorganik in den indischen Ganges-Ebenen. Sie fanden heraus, dass die Landwirte ihren Stickstoffbedarf zu 100 % aus leguminösen Gründüngungen decken können. Außerdem decken die Landwirte in dieser Region die Hälfte ihres Düngerbedarfs durch Hofdünger, Ernterückstände oder Gründüngung. Roger et al. (1991) wiesen auf die Möglichkeiten hin, die biologische Stickstofffixierung als alternative oder zusätzliche Stickstoffquelle für den Reisanbau zu nutzen. Ihnen zufolge wurden stickstoffbindende Gründünger (Azoda und Leguminosen) in einigen Reisanbaugebieten in den Feuchtgebieten der Philippinen jahrzehntelang eingesetzt. Altieri et al. (1995) schlugen ebenfalls vor, großvolumige Gründüngungsbiomasse wie Lupine zu produzieren, um den Stickstoffgehalt des Bodens zu verbessern.

Obwohl die wissenschaftliche Machbarkeit eines weit verbreiteten Einsatzes von Gründüngung im Reisanbau in Sri Lanka nicht bekannt ist, sieht der Forscher eine verpasste Chance in der Forschung und Entwicklung im Bereich der Gründüngung in diesem tropischen Land. Die zur Familie der Hülsenfrüchtler gehörende Mimosa pudica (Nidi Kumba) ist beispielsweise eine in Sri Lanka weit verbreitete Pflanze. Die potenzielle Nutzung solcher Pflanzen als Stickstoffquelle wurde uns in der Vergangenheit im landwirtschaftlichen Schulunterricht vermittelt. Viele von uns haben jedoch nicht miterlebt, wie diese Pflanzen im Land praktisch als Stickstoffquelle genutzt werden. Der Forscher ist der Ansicht, dass die Entwicklung von relevantem Wissen über Gründüngung und heimische organische Substanzen für eine nachhaltigere Landwirtschaft, die durch die Integration des besten traditionellen Wissens mit modernen Praktiken, die den gegenwärtigen Bedingungen und Anforderungen entsprechen, erreicht wird, von größter Bedeutung ist.

Die Integration von indigenem und wissenschaftlichem Wissen kann somit die wirtschaftlichen und ökologischen Dimensionen einer nachhaltigen Landwirtschaft ausgleichen. Wang (2018) kam in seiner Studie zu dem Schluss, dass Chinas gegenwärtiges Agrarsystem Lehren aus traditionellen landwirtschaftlichen Praktiken ziehen kann. Lokale Landwirte lernen und entwickeln einheimisches Wissen auf der Grundlage ihrer langjährigen landwirtschaftlichen Erfahrungen.

Wissenschaftliche Erkenntnisse sind für die Verbesserung der landwirtschaftlichen Produktivität und des Einkommens der Landwirte unter wirtschaftlichen Gesichtspunkten von wesentlicher Bedeutung. Es besteht ein Bedarf an zusätzlicher wissenschaftlicher Forschung, um die wissenschaftlichen Grundlagen des indigenen Wissens zu untersuchen, vor allem im Hinblick auf ihre ökologischen Implikationen.

5.9 Ausweitung der Wertschöpfungskette Erweiterungen

Die Unterstützung der Landwirte während dieser Umstellung durch Grundbesitzer, Reisabnehmer (Sammler), Verkäufer von landwirtschaftlichen Betriebsmitteln, Forscher, Regierungsbeamte und wohlhabende Landwirte in diesen Gemeinden erwies sich als unwirksam. Auch der Einfluss staatlicher und privater Banken und Finanzinstitute auf die ökologische Anpassung ist nicht signifikant. Versicherungsgesellschaften sind nur in begrenztem Umfang vorhanden; die wenigen verfügbaren Optionen wirken sich jedoch positiv auf die Bereitschaft der Landwirte zur Umstellung in dieser Region aus. Die Landwirte sind in erster Linie auf die Unterstützung und den Rat ihrer Kollegen angewiesen; dieses Vertrauen ist jedoch derzeit nicht auf den ökologischen Landbau ausgerichtet, da viele Kollegen ebenfalls noch nicht auf ökologische Praktiken vorbereitet sind. Diese Lücken verdeutlichen die Schwäche bei der Integration der Wertschöpfungskette des Sektors und behindern die Entwicklung einer gemeinsamen Vision für eine nachhaltigere Landwirtschaft. Der Forscher schlägt jedoch vor, dass diese Lücken Chancen für den öffentlichen und privaten Sektor, akademische Einrichtungen und Einzelpersonen darstellen. Die Bauernorganisationen (FO) sind in dieser Anbauregion wichtige sozioökonomische Einrichtungen, in denen fast alle Reisbauern Mitglied sind. Die Regierung kann das Netzwerk der

Bauernorganisationen (FO) nutzen, um die Beratungsdienste zu verbessern und wirksam einzusetzen. Eine umfassendere Wertschöpfungskette wird die Produktivität und Rentabilität der Produktion steigern und den Landwirten die Möglichkeit geben, mit anderen Akteuren in einen gesunden Austausch zu treten. Darüber hinaus stellt die Wertschöpfungskette den effektivsten Ansatz und die effektivste Plattform für die Förderung einer nachhaltigen Landwirtschaft, die Verbreitung von Wissen, die Förderung bewährter Verfahren und die Förderung einer gemeinsamen Vision dar. (Senanayake, 2016; FAO, 2014; IFAD, 1999; Weltbank, 2007; Vereinte Nationen, 2013; IRRI, 2019; DFFID, 1999)

5.10 Verantwortung und die Rolle der Medien

Die Rolle der Medien bei der Unterstützung dieses Übergangs ist entscheidend. Die Untersuchung hat ergeben, dass Zeitungen einen negativen Einfluss auf die ökologische Umstellung haben. Diese Beobachtung könnte auf die Prioritäten der Zeitungen zurückzuführen sein, die attraktive Nachrichten zu diesem Thema gegenüber Artikeln bevorzugen, die den Landwirten bei der Umstellung helfen. Nach Ansicht des Forschers sollten die elektronischen Medien eine zentrale Rolle bei der Unterstützung der Umstellung spielen, indem sie Wissen aufbauen, verbreiten und für die Zukunft bewahren. Darüber hinaus ist ihre Verantwortlichkeit für das Wissen und seine Authentizität von entscheidender Bedeutung, um geeignete Inhalte in der Gemeinschaft zu vermitteln und ihr Fachwissen über nachhaltige Landwirtschaft zu nutzen. Die Ergebnisse dieser Studie deuten darauf hin, dass die Wirksamkeit elektronischer Medien bei der Vorbereitung der Landwirte auf eine stärker ökologisch ausgerichtete Landwirtschaft nicht signifikant ist. Dieses Ergebnis kann mehrere Gründe haben. Möglicherweise sind die Inhalte nicht relevant oder sie stehen im Widerspruch zur

Förderung des ökologischen Landbaus, so dass sie für die Landwirte weniger attraktiv sind. Außerdem erreichen die Inhalte möglicherweise nicht die richtige Zielgruppe zur richtigen Zeit. Ein weiterer Grund könnte darin liegen, dass die Landwirte das Wissen, das sie aus den Medien gewonnen haben, aufgrund anderer, oben genannter Faktoren nicht anwenden können. Es ist ein unerwartetes Ergebnis, dass Radios bei diesem Übergang keinen Einfluss haben, obwohl frühere Forscher sie für überzeugend hielten. Waseem (2020) stellte fest, dass Radio und andere Medien die Anpassung der nachhaltigen Landwirtschaft im Bananenanbau in Pakistan wirksam unterstützen. Blazquez et al. (2022) stellten in ihrer Studie über den Informationstransfer zur Verbesserung der Widerstandsfähigkeit von Landwirten gegen die Auswirkungen des Klimawandels in Peru fest, dass Radio und Fernsehen immer noch die kosteneffizientesten Mittel zur Verbreitung von Nachrichten und Wissen sind.

Der Forscher schlägt vor, dass Radio- und Fernsehsender stärker einbezogen werden sollten und als Beratungsdienst für diese Wertschöpfungskette fungieren. Eine solche Einbeziehung wird ihnen eine Plattform bieten, um den Übergang positiv zu unterstützen und sich an der gemeinsamen Vision zu orientieren. Nach Ansicht des Forschers geht der Beitrag der Medien zu dieser nationalen Priorität, die mit der Ernährungssicherheit des Landes verbunden ist, über die Verbreitung von Nachrichten und Mitteilungen hinaus. In der Vergangenheit sind die Gemeinschaftsradios, die einst mit einem Schwerpunkt auf der Landwirtschaft arbeiteten, aus dem Land verschwunden. Es ist an der Zeit, über ihre Wiedereinführung nachzudenken. Die Studie zeigt, dass Landwirte eine höhere Motivation für ökologische Praktiken zeigen, wenn sie soziale Anerkennung und Zustimmung erhalten. Darüber hinaus sind die gesteigerte Attraktivität für die

Verbraucher und der wirtschaftliche Wert ihrer ökologisch erzeugten Produkte ermutigende Faktoren, die sie zu einer stärkeren Anpassung an den ökologischen Landbau veranlassen. Grundsätzlich müssen die Medien eine echte Rolle dabei spielen, Landwirte und Verbraucher (Käufer) zum beiderseitigen Nutzen direkt zusammenzubringen. Darüber hinaus ist die Rolle der Medien bei der Bereitstellung genauer Informationen für das richtige Publikum zur richtigen Zeit in diesem Übergang beispiellos.

5.11 Umfang und Beschränkungen der Studie

Das Ökosystem des Reisanbaus funktioniert wie eine Wertschöpfungskette, die verschiedene Akteure umfasst, die in verschiedenen Phasen der Reiserzeugung tätig sind, von der Versorgung mit Inputs über die Erzeugung, Sammlung und Verarbeitung bis hin zum Groß- und Einzelhandel und den Endverbrauchern. Der Forscher vertritt die Auffassung, dass alle Akteure, die an jeder Facette der Wertschöpfungskette beteiligt sind, eine kollektive Verantwortung für die Umstellung des Anbaus auf eine nachhaltigere Entwicklung tragen. Während sich die vorgeschlagene Studie in erster Linie mit der Untersuchung der Merkmale des Erzeugersegments befasst, das für die Aufrechterhaltung der Wertschöpfungskette in dieser Übergangsphase unerlässlich ist, kann das Modell angepasst werden, um die Bereitschaft anderer Akteure zu bewerten. Dazu müssen einschlägige Variablen ausgewählt werden, die ihr Potenzial und ihre Verflechtung innerhalb ihrer jeweiligen Segmente und Prozesse im Ökosystem verdeutlichen.

Seit 1962 haben die aufeinanderfolgenden Regierungen Düngemittelsubventionen für Reis sowie für andere Nahrungsmittel- und Plantagenkulturen eingeführt. In den 1950er und 1960er Jahren beinhaltete die landwirtschaftliche Strategie zur Produktivitätssteigerung die Einführung moderner Sorten von Nahrungsmittel- und

Plantagenkulturen, was einen erhöhten Einsatz von chemischen Düngemitteln und Agrochemikalien erforderlich machte. Diese Untersuchung konzentriert sich speziell auf den Reisanbau, einen wichtigen Sektor, der Subventionen in Form von chemischen Düngemitteln oder gleichwertigen Geldzuwendungen erhält. Der Reisanbau ist in allen Bezirken der Insel verbreitet, wenn auch in unterschiedlichem Umfang, wobei Anuradhapura, Ampara, Polonnaruwa, Kurunegala, Batticaloa und Kilinochchi als bedeutende Reisanbaugebiete hervorstechen. Dennoch wurde für diese Studie das Mahaweli-System H im Distrikt Anuradhapura als Stichprobenpopulation ausgewählt, da es sehr vielfältig ist und in jeder Saison große Mengen produziert werden.

Die Resilienztheorie, die als theoretische Grundlage für diese Studie dient, umfasst ein breites Verständnis der Resilienz von Ökosystemen, einschließlich der inhärenten Potenziale des Ökosystems und der Vernetzung der Akteure innerhalb dieses Ökosystems. Die Theorie erläutert die Steuerungsvariablen, die das Ökosystem nach einem Ereignis entweder destabilisieren oder stabilisieren können, und der Grad der Verbundenheit eines Akteurs mit diesen Variablen bestimmt seine Resilienz innerhalb des Ökosystems.

In dieser Untersuchung konzentrieren sich die untersuchten Kontrollvariablen speziell auf den "Einsatz von chemischen Düngemitteln", den "Einsatz von organischen Düngemitteln" und die "Wirksamkeit staatlicher Maßnahmen" sowie die Verbindungen der Landwirte zu diesen Variablen. Es wird eingeräumt, dass es andere Kontrollvariablen geben kann, mit denen die Landwirte in unterschiedlichem Maße verbunden sind, und dass sich diese Variablen aufgrund eines Ereignisses ändern können, was die Widerstandsfähigkeit der Landwirte im Ökosystem beeinflusst. Beispiele für solche potenziellen Variablen könnten

"Einsatz moderner Maschinen" und "religiöse Überzeugungen" sein. Obwohl in dieser Studie nicht explizit untersucht, kann das vorgeschlagene Modell angepasst werden, um die Auswirkungen verschiedener Kontrollvariablen zu erforschen, wenn ihre Veränderungen zu einer Störung wie den in dieser Studie betrachteten Variablen führen.

5.12 Zusammenfassung und Schlussfolgerung

Ziel dieser Studie war es, das Potenzial der Landwirte für eine nachhaltige Landwirtschaft und ihre Bereitschaft zur Umstellung auf eine ökologische Landwirtschaft zu bewerten. Das Forschungsthema kommt zur rechten Zeit und steht im Einklang mit der laufenden Überarbeitung der von der Regierung im Jahr 2021 erlassenen falschen politischen Entscheidung, die zu einer massiven Störung des Reisanbaus im Land führte. Es wurde ein konzeptionelles Modell entwickelt, um die Widerstandsfähigkeit der Landwirte bei der Einführung ökologischerer Praktiken zu bewerten. Dabei wurden Elemente aus der Theorie der Widerstandsfähigkeit von Ökosystemen, dem Bewertungsrahmen für ländliche Lebensgrundlagen und Dimensionen der persönlichen Bereitschaft, sich zu engagieren oder eine Handlung zu erleben, kombiniert. Die Konstrukte und Indikatoren des Modells wurden aus einer umfassenden Literaturrecherche abgeleitet und basieren auf übergreifenden Prinzipien der nachhaltigen Landwirtschaft. Das Modell beinhaltet eine Kombination aus zusammengesetzten und kovarianten Variablen, wobei einige Vorhersagen aus der Resilienztheorie abgeleitet wurden. Das Modell hat sich als praktisch erwiesen, um die in dieser Studie untersuchten Realitäten aufzudecken.

Das Modell unterstreicht die Notwendigkeit eines quantitativ-deskriptiven Forschungsdesigns, um bestimmte Grundgegebenheiten im Zusammenhang mit dem Forschungsziel wissenschaftlich zu bewerten. Das Modell umfasst neun latente Konstrukte und acht Hypothesen, die die Forschungsziele dieser Studie definieren. Die latenten Konstrukte und Hypothesen des Modells erforderten Messindikatoren für Schätzungen, die durch eine umfassende Literaturrecherche abgeleitet wurden. Dieses Modell zweiter Ordnung umfasst zusammengesetzte und kovariante Konstrukte mit direkten, vermittelnden und moderierenden Beziehungen zwischen den Konstrukten und erfordert eine hochentwickelte Datenanalysetechnik wie PLS-SEM, die komplexe hierarchische Modelle handhaben kann.

Eine Reihe von 198 Variablen, die ursprünglich aus der Literatur abgeleitet wurden, wurden von einem Expertengremium einem Pretest unterzogen, bevor sie im Rahmen einer Piloterhebung vor Ort getestet wurden. Die Piloterhebung führte zu einer Reduzierung des Fragebogens auf 119 Fragen (Indikatoren) für die endgültige Studie. Reisbauern, die nach dem Zufallsprinzip aus 8 Reisanbaugebieten im Mahaweli System H des Distrikts Anuradhapura ausgewählt wurden, beantworteten diesen Fragebogen. Die erforderliche Stichprobengröße für die Grundgesamtheit dieser Studie betrug 380, und nach der anfänglichen Datenbereinigung der 400 Stichproben aus den oben genannten Regionen wurden 386 Stichproben für die Datenanalyse verwendet.

Nachdem sichergestellt wurde, dass die Messmodelle den Anforderungen der PLS-SEM entsprechen, wurden die Indikatoren zur Bewertung des Strukturmodells herangezogen. Die zweite Ordnung und der hierarchische Charakter des Modells erforderten eine zweistufige Analyse, wie sie in den PLS-SEM-Techniken beschrieben wird. Diese Techniken sind in dem Softwarepaket SmartPLS4 verfügbar. Die erfolgreiche Durchführung der strukturellen Modellanalyse ermöglichte die Prüfung von Hypothesen, wobei Pfadkoeffizienten sowie direkte und indirekte Effekte zur Prüfung expliziter und vermittelnder Hypothesen verwendet wurden. Die in PLS-SEM-Techniken verfügbare Multigruppenanalyse wurde eingesetzt, um die moderierenden Einflüsse demografischer Faktoren auf die Modellbeziehungen zu testen. Neben der Hypothesenprüfung wurden auch die Durchschnittswerte der latenten Konstrukte und ihre Auswirkungen auf die Vorgängerkonstrukte mit Hilfe der in der PLS-SEM-Literatur beschriebenen IPMA-Techniken bewertet. Die IPMA ergab einige nützliche Erkenntnisse für die Diskussion dieser Studie. Die Häufigkeitsverteilungen der Bereitschaftsfaktoren von zwei Konstrukten zur Bereitschaft der Landwirte, auf Chemikalien zu verzichten und biologischen Anbau zu betreiben, waren hilfreich, um einige nützliche Schlussfolgerungen für die Diskussion zu ziehen. Die zusätzlichen Antworten der Landwirte, die über die strukturierten Erhebungsfragen hinausgingen, wurden notiert und für eine qualitative Synthese in der Diskussion verwendet.

Das Potenzial der Landwirte in dieser Reisanbauregion für eine nachhaltige Landwirtschaft ist mäßig ausgeprägt (57 %), und dieses Potenzial hat einen positiven Einfluss auf die Bereitschaft der Landwirte, sich stärker auf den ökologischen Landbau zu konzentrieren. Obwohl einige Landwirte die staatliche Unterstützung als wirksam empfinden, führt diese Unterstützung noch nicht zu einer weit verbreiteten Anpassung an den ökologischen Landbau. In dieser Region sind 20 % der Landwirte bereit, direkt auf den ökologischen Landbau umzustellen, und weitere 20 % sind bereit, auf chemische Methoden zu verzichten. Von der letztgenannten Gruppe sind jedoch nur 45 % bereit, ökologische Verfahren anzuwenden. Die Bereitschaft der Landwirte, auf chemische Mittel zu verzichten, hat einen positiven Vermittlungseffekt (0,20) auf die Beziehung zwischen dem Potenzial der Landwirte für nachhaltige Landwirtschaft und ihrer Bereitschaft zum ökologischen Landbau. Die moderierenden Effekte der Bildung der Landwirte, des Geschlechts, der Größe der Aussaatfläche, der Anbaumethoden und der in der Landwirtschaft verwendeten Agro-Inputs spielen eine Rolle bei der Beeinflussung der Beziehung zwischen dem Potenzial der Landwirte für eine nachhaltige Landwirtschaft und ihrer Bereitschaft zur Anpassung an den ökologischen Landbau.

Obwohl Human- und Sozialkapital im Vergleich zu anderen Kapitalwerten stärker sind, sind ihre Auswirkungen auf die Bereitschaft der Landwirte, ökologische Verfahren einzuführen, relativ gering. Der wichtigste Kapitalwert, der die Bereitschaft der Landwirte zu mehr ökologischem Landbau beeinflusst, ist ihr Naturkapital. Das Finanzkapital ist mäßig stark, aber sein Einfluss auf die Anpassung der Landwirte an den ökologischen Landbau ist relativ gering. Andererseits ist das Sachkapital schwach, und sein Einfluss auf die ökologische Umstellung ist derzeit vernachlässigbar.

Zu den kritischen Bereichen, die auf der Grundlage der Ergebnisse dieser Untersuchung in Verbindung mit dem aktuellen Stand dieser Bereiche in der Literatur erörtert werden, gehören die Verbesserung der Bodenfruchtbarkeit und des Bewässerungsmanagements, die Integration dieser Bereiche in ein Regelwerk, die Entwicklung von soliden Kenntnissen für eine bessere Unkraut- und Schädlingsbekämpfung durch die Kombination von einheimischem Wissen mit modernen Techniken, die Intensivierung der Gründüngungsproduktion und deren ordnungsgemäße Verwendung auf landwirtschaftlichen Feldern, die Ausweitung der Wertschöpfungskette mit einer stärkeren Einbeziehung und die Betonung der Verantwortung und Rolle der Medien bei der Unterstützung dieses Übergangs.

Diese Studie untersuchte die Eigenschaften und Besitztümer der Landwirte sowie andere wirtschaftliche, ökologische und soziokulturelle Aspekte im Zusammenhang mit den Höfen, dem Lebensunterhalt und den Institutionen. Der Forscher erkennt jedoch an, dass die Bereitschaft der Ökosysteme für eine nachhaltige Umstellung der Landwirtschaft auch mit wissenschaftlicheren biophysikalischen Merkmalen zusammenhängt, die thematische und vertiefte wissenschaftliche Untersuchungen erfordern. So sind zum Beispiel die aus den in dieser Studie beobachteten sozioökonomischen Verhaltensweisen abgeleiteten Vorschläge, wie das Bodenfruchtbarkeitsmanagement, für weitere vertiefte wissenschaftliche Untersuchungen offen.

Die Landwirte haben die Anpassung der ökologischen Verfahren nicht abgelehnt, um den Reisanbau auf einen nachhaltigeren Weg zu bringen. Institutionen, die Gesellschaft und die Medien müssen sie unterstützen, indem sie ihre Risikobereitschaft nutzen, auf ihre Bedürfnisse eingehen und sie effektiv in die Wertschöpfungskette einbinden. Fundierte politische Entscheidungen, eine gemeinsame Vision für die gesamte Wertschöpfungskette und die gesellschaftliche Anerkennung ihrer Bemühungen würden die Landwirte dazu veranlassen, in die Nutzungsphase dieses Übergangs einzutreten und mehr ökologische Optionen zu erkunden. Die Bereitstellung vertrauenswürdiger politischer Leitlinien, eines Rechtsrahmens und eines sozialen Sicherheitsnetzes wird es ihnen ermöglichen, einen besseren Weg in die Zukunft einzuschlagen, mit höherer Produktivität, Rentabilität und einem sozial- und umweltverträglicheren Reisanbau, bei dem ein angemessener Mix aus Chemikalien und organischen Stoffen eingesetzt wird.

6 Referenzen

Ackerman, K., Conard, M., Culligan, P., Plunz, R., Sutto, M. P., & Whittinghill, L. (2014).

Nachhaltige Lebensmittelsysteme für die Städte der Zukunft: Das Potenzial der städtischen Landwirtschaft. *Economic and Social Review*, *45*(2), 189-206.

Addinsall, C., Weiler, B., Scherrer, P., & Glencross, K. (2017). Agrarökologischer Tourismus:

Verknüpfung von Naturschutz, Ernährungssicherheit und Tourismus zur Verbesserung der Lebensbedingungen von Kleinbauern in South Pentecost, Vanuatu. *Zeitschrift für nachhaltigen Tourismus*, *25*(8), 1100-1116.

Adger, W. N. (2000). Soziale und ökologische Resilienz: Sind sie miteinander verbunden? *Fortschritte in der Human*

Geographie, 24(3), 347-364. doi:10.1191/030913200701540465

Alkire.

Adler, P. S., & Kwon, S. W. (2002). Soziales Kapital: Prospects for a new concept. *Akademie der*

management review, *27*(1), 17-40.

Aheeyar, M. M. M., Shantha, W. H. A., & Senevirathne, L. P. (2007). *Bewertung von Bulk Water*

Zuteilungsprogramm im Mahaweli-H-Gebiet. Colombo: Hector Kobbekaduwa Agrarian Research and Training Institute.

Ajzen, I., & Fishbein, M. (1980). Das *Verständnis von Einstellungen und die Vorhersage von Sozialverhalten.*

Englewood Cliffs, NJ: Prentice-Hall.

Ajzen, I. (1991). Die Theorie des geplanten Verhaltens. *Organisatorisches Verhalten und menschliche Entscheidungen*

Prozesse, *50*(2), 179-211.

Altieri, M. (1995). Die *Aufwertung des* indigenen Wissens *in der andinen Landwirtschaft - ILEIA*

Newsletter, *12*(1), 1-5 https://www.researchgate.net/profile/Miguel-Altieri/publication/239822488_Indigenous_Knowledge_Re-Valued_in_Andean_Agriculture/links/556dd5ac08aec2268308bc52/Indigenous-Knowledge-Re-Valued-in-Andean-

Agriculture.pdf?_tp=eyJjb250ZXh0Ijp7ImZpcnN0UGFnZSI6InB1Ymxp Y2F0aW9uIiwicGFnZSI6InB1YmxpY2F0aW9uIn19.

Andersson, Mats und Svante Axelsson, (1988). "Bondernas ar- bets--och livsvillkor". ("Arbeits- und Lebensbedingungen der Landwirte"). Exameusarbete hr. ~, Department of Exten- sion Education, Swedish University of Agricultural Sci- ences, Uppsala.

Ashley, C., & Carney, D. (1999). *Nachhaltige Existenzgrundlagen: Lehren aus frühen Erfahrungen*

Nr. 1Vol. 7Nachhaltige Lebensgrundlagen: Lessons from early experience, Ministerium für internationale Entwicklung 0 85003 419 1.

Arellanes, P., & Lee, D. R. (2003). Die Determinanten der Einführung einer nachhaltigen Landwirtschaft

Technologien: Evidence from the hillsides of Honduras. *Proceedings of the 25th International Conference of Agricultural Economists Durban, South Africa,* (August), 693-699.

Ary, D., Jacobs, L. C., Razavieh, A., & Sorensen, C. (2006). Einführung in die Forschung im Bildungswesen,

Belmont, CA: Wadsworth Thomson Learning.

Azman, A., D'Silva, J. L., Samah, B. A., Man, N., & Shaffril, H. A. M. (2013). Beziehung

zwischen Einstellung, Wissen und Unterstützung in Bezug auf die Akzeptanz der nachhaltigen Landwirtschaft bei Vertragslandwirten in Malaysia. *Asian Social Science*, *9*(2), 99-105.

Babbie, E., & Mouton, J. (2001). Die Praxis der Sozialforschung: Südafrikanische Ausgabe. *Kap*

Stadt: Oxford University Press Southern Africa.

Balafoutis, A. T., Evert, F. K. V., & Fountas, S. (2020). Intelligente Landwirtschaft - Technologietrends: wirtschaftliche

und Umweltauswirkungen, Auswirkungen auf die Arbeit und die Bereitschaft zur Übernahme. *Agronomy*, *10*(5), 743.

Becker, J.-M., Klein, K., & Wetzels, M. (2012). Formative hierarchische latente Variablenmodelle in

PLS-SEM: Empfehlungen und Leitlinien. *Long Range Planning*, 45, 359-394.

Barclay, D., Higgins, C., & Thompson, R. (1995). *Der Ansatz der partiellen kleinsten Quadrate (PLS) für Gelegenheitsmodellierung: Einführung und Nutzung von Personalcomputern zur Veranschaulichung.*

Batterbury, S., & Forsyth, T. (1999). Sich wehren: menschliche Anpassungen in marginalen Umgebungen. *Umwelt: Wissenschaft und Politik für nachhaltige Entwicklung, 41*(6), 6-9.

Baudron, F., Andersson, J. A., Corbeels, M., & Giller, K. E. (2012). Failing to yield? Ploughs, Erhaltungslandwirtschaft und das Problem der landwirtschaftlichen Intensivierung: Ein Beispiel aus dem Zambezi-Tal, Simbabwe. *Zeitschrift für Entwicklungsstudien*, *48*(3), 393-412.

Bell, J., & Waters, S. (2018). *Ebook: doing your research project: a guide for first-time Forscher*. McGraw-hill education (UK).

Bentler, P. M. (1988). Kausale Modellierung durch Strukturgleichungssysteme. In J. R. Nesselroade & R. B. Cattell (Eds.), *Handbuch der multivariaten experimentellen Psychologie* (2. Aufl., S. 317-335). New York: Plenum.

Berkes, F., Colding, J., & Folke, C. (2003). *NAVIGIEREN DURCH SOZIAL-ÖKOLOGISCHE SYSTEMS* (2003rd ed.). Cambridge University Press. ISBN 0 521 81592 4.

Bisangwa, E. (2013). Der Einfluss der Einführung konservierender Landwirtschaft auf die Nachfrage nach Betriebsmitteln und Maiserzeugung in Butha Buthe, Lesotho.

Bisht, I. S. (2013). Erhaltung der biologischen Vielfalt, nachhaltige Landwirtschaft und Klimawandel: Ein komplexes Wechselverhältnis. In *Environmental Science and Engineering* (S. 119-142). Springer Science and Business Media Deutschland GmbH. https://doi.org/10.1007/978-3-642-36143-2_8.

Blanche , M. T., Blanche, M. J. T., Durrheim, K., & Painter, D. (Eds.). (2006). *Forschung in*

Praxis: Angewandte Methoden für die Sozialwissenschaften. Juta and Company Ltd.

Bollen, K. A. (2011). Evaluierung von Effekt-, Komposit- und Kausalindikatoren in Strukturgleichungen

Modelle. *Mis Quarterly*, 359-372.

Bollen, K. A., & Bauldry, S. (2011). Die *drei Ks in Messmodellen*: Causal indicators, zusammengesetzte Indikatoren und Kovariaten. Psychologische Methoden, 16, 265-284.

Boardman, J., Bateman, S., & Seymour, S. (2017). Den Einfluss von Landwirten verstehen

Motivationen für Veränderungen des Bodenerosionsrisikos an Standorten mit früherer starker Erosion im South Downs National Park, UK. *Land Use Policy*, *60*, 298-312.

Borotis, S., & Poulymenakou, A. (2004). Komponenten der E-Learning-Bereitschaft: Zu berücksichtigende Schlüsselfragen

vor der Einführung von E-Learning-Maßnahmen. In *E-Learn: E-Learn 2004--World Conference on E-Learning in Corporate, Government, Healthcare, and Higher Education) World Conference on E-Learning in Corporate, Government, Healthcare, and Higher Education* Washington, D.C., USA, (S. 1622-1629).

Bourdieu, P. (1986). Die Formen des Kapitals. *In Handbook of theory and research for the sociology*

der Bildung, ed. J. Richardson, 241- 258. New York: Greenwood Press.

Bowers, J. (1995). Nachhaltigkeit, Landwirtschaft und Agrarpolitik. *Umwelt und Planung*

A, *27*(8), 1231-1243. https://doi.org/10.1068/a271231.

Enzyklopädie der psychologischen Beurteilung (Bd. 1, S. 399-402). Thousand Oaks, CA:

Bowman, M. S., & Zilberman, D. (2013). Wirtschaftliche Faktoren wirken sich auf die diversifizierte Landwirtschaft aus

Systeme. *Ökologie und Gesellschaft*, *18*(1). https://doi.org/10.5751/ES-05574-180133.

Brodt, S., Feenstra, G., Kozloff, R., Klonsky, K., & Tourte, L. (2006, März). Landwirt-

Gemeinschaftsbeziehungen und die Zukunft der ökologischen Landwirtschaft in Kalifornien. *Landwirtschaft und menschliche Werte*. https://doi.org/10.1007/s10460-004-5870-y.

Bryman, A. (2016). *Social research methods*. Oxford University Press.

Bryman, A. 2004. *Methoden der Sozialforschung. 2nd ed.* Oxford: Oxford University Press.

Byrne, B. M. (2003). Bestätigende Faktorenanalyse. In R. Fernández-Ballesteros (Ed.),

Enzyklopädie der psychologischen Beurteilung (Bd. 1, S. 399-402). Thousand Oaks, CA: Sage.

Byrne, B. M. (2001a). *Strukturgleichungsmodellierung mit AMOS*: Grundlegende Konzepte,

Anwendungen und Programmierung. Mahwah, NJ: Erlbaum.

Byrne, M. M. (2001b*). Die Verbindung von Philosophie, Methodologie und Methoden in der qualitativen Forschung.*

AORN Journal 73(1):207-209.

Burgess, R. G. (1984). In the Field: *An Introduction to Field Research*. London, UK: Unwin Hyman. Corbin, J., & Strauss, A. (2008). Grundlagen der qualitativen Forschung:

Techniken und Verfahren zur Entwicklung der Grounded Theory (3. Aufl.).

Butler A, Le Grice P, Reed M (2006): Abgrenzung des Wissenstransfers in der Ausbildung. *Educ Train.*

2006; 48(8/9): 627-641.

Carlisle, L. (2016). Faktoren, die die Einführung von Bodengesundheitspraktiken durch Landwirte in den Vereinigten Staaten beeinflussen:

Ein narrativer Überblick. *Agrarökologie und nachhaltige Lebensmittelsysteme*, *40*(6), 583-613.

Carolan, M. S. (2005). Hindernisse für die Einführung einer nachhaltigen Landwirtschaft auf gepachtetem Land: Eine

Untersuchung der konkurrierenden sozialen Felder. *Ländliche Soziologie*, *70*(3), 387-413.

Carpenter, S., Walker, B., Anderies, J. M., & Abel, N. (2001). Von der Metapher zur Messung:

Resilienz von was für was? *Ökosysteme*, *4*(8), 765-781.

Coleman, J. S. (1988). Soziales Kapital bei der Schaffung von Humankapital. *Amerikanische Zeitschrift der Soziologie*, *94*, S95-S120.

Carney, D. (1998). Wandel der öffentlichen und privaten Rolle bei landwirtschaftlichen Dienstleistungen Bereitstellung. *Wandel der öffentlichen und privaten Rolle bei der Erbringung landwirtschaftlicher Dienstleistungen.*

Zentralbank. (2020a). *Jahresberichte.* Zentralbank von Sri Lanka. https://www.cbsl.gov.lk/en/publications/economic-and-financial-reports/annual-reports

Zentralbank. (2020b). *Wirtschafts- und Sozialstatistiken von Sri Lanka.* Zentralbank von Sri Lanka. https://www.cbsl.gov.lk/sites/default/files/cbslweb_documents/statistics/otherpub/ess_2020_e1.pdf.

Chambers, R., & Conway, G. (1992). *Nachhaltige ländliche Lebensgrundlagen: praktische Konzepte für das Jahr 21 st Jahrhundert.* Institut für Entwicklungsstudien (UK).

Chandrasiri, N. A. K. R. D., Jayasinghe-Mudalige, U. K., Dharmakeerthi, R. S., Dandeniya, W. S., Samarasinghe, D. V. S. S., & Lk, U. A. (2019). Adoption of Eco-Friendly Technologies to Reduce Chemical Fertilizer Usage in Paddy Farming in Sri Lanka: An Expert Perception Analysis. *Journal of Technology and Value Addition*, *1*(1).

Chapin III, F. S., Kofinas, G. P., & Folke, C. (Eds.). (2009). *Grundsätze der Ökosystem-Stewardship: Resilienzbasiertes Management natürlicher Ressourcen in einer Welt im Wandel.* Springer Science & Business Media.

Chin, W. W. (1998). Der Ansatz der partiellen kleinsten Quadrate bei der Modellierung von Strukturgleichungen. *Modern Methoden für die Unternehmensforschung*, *295*(2), 295-336.

Chin, W. W., Marcolin, B. L., & Newsted, P. R. (2003). Eine latente Variable mit partiellen Kleinstquadraten

Modellierungsansatz zur Messung von Interaktionseffekten: Ergebnisse einer Monte-Carlo-Simulationsstudie und einer Studie zu Emotionen und Akzeptanz von elektronischer Post. *Information Systems Research, 14(2), 189-217.*

Chivenge, P. P., Murwira, H. K., Giller, K. E., Mapfumo, P., & Six, J. (2007). Langfristige Auswirkungen von reduzierter Bodenbearbeitung und Rückstandsmanagement auf die Stabilisierung des Bodenkohlenstoffs: Implikationen für die konservierende Landwirtschaft auf kontrastreichen Böden. *Soil and Tillage Research*, *94*(2), 328-337.

Chloupkova, J., Svendsen, G. L. H., & Svendsen, G. T. (2003). Aufbau und Zerstörung sozialer Kapital: Der Fall der Genossenschaftsbewegungen in Dänemark und Polen. *Landwirtschaft und menschliche Werte*, *20*(3), 241-252.

Clay, D., Reardon, T., & Kangasniemi, J. (1998). Nachhaltige Intensivierung in den Hochlandtropen: Investitionen ruandischer Landwirte in Bodenerhaltung und Bodenfruchtbarkeit. *Wirtschaftliche Entwicklung und kultureller Wandel*, *46*(2), 351-377.

Cleveland DA (2001) Ist Pflanzenzüchtungswissenschaft objektive Wahrheit oder soziale Konstruktion? Der Fall der Ertragsstabilität *Landwirtschaft und menschliche Werte* 18: 251-270.

Clune, T. (2019). *Konzeptualisierung der nachhaltigen Entwicklung des Agribusiness in* Australien (Nr. 2186-2019-1370).

Cohen, L., L. Manion und K. Morrison. (2007). *Forschungsmethoden im Bildungswesen. 6th ed.* London: Routledge Falmer.

Coleman, J. S. (1994). *Grundlagen der Gesellschaftstheorie*. Harvard University Press.

Coleman, J. S. (1988). Soziales Kapital bei der Schaffung von Humankapital. *Amerikanische Zeitschrift für Soziologie*, *94*, S95-S120.

Cooper, D. R. und P. S. Schindler. 2003. *Methoden der Wirtschaftsforschung*. 8. Auflage. New York: McGraw-Hügel.

Compagnone, C., & Hellec, F. (2015). Professionelle Dialognetzwerke von Landwirten und die Dynamik der
Veränderung: Der Fall von ICP und der Einführung von Direktsaat in Burgund (F rance). *Ländliche Soziologie*, *80*(2), 248-273.
Conway, G., & Barbier, E. B. (1990). Nach der grünen Revolution: Nachhaltige Landwirtschaft für
Entwicklung Earthscan Publications.
Cornwall, A., Guijt, I., & Welbourn, A. (1994). Anerkennungsprozesse: Methodische Herausforderungen für die landwirtschaftliche Forschung und Beratung. *Beyond farmer first: Das Wissen der Landbevölkerung, Agrarforschung und Beratungspraxis*, *20*.
Creswell, J. W., & Clark, V. L. P. (2017). *Entwurf und Durchführung von Forschung mit gemischten Methoden.*
Sage Veröffentlichungen.
Creswell, J. (2003). Forschungsdesign: Qualitative, quantitative und gemischte Methoden
approaches (2nd ed.). *Thousand Oaks, CA: SAGE Publications.*
Croasmun, J. T., & Ostrom, L. (2011). Die Verwendung von Likert-Typ-Skalen in den Sozialwissenschaften. *Zeitschrift der Erwachsenenbildung*, *40*(1), 19-22.
Curran, P. J., West, S. G., & Finch, J. F. (1996). Die Robustheit von Teststatistiken gegenüber Nonnormalität
und Spezifikationsfehler in der konfirmatorischen Faktorenanalyse. *Psychologische Methoden*, *1*(1), 16.
Curry, N., & Kirwan, J. (2014). Die Rolle des impliziten Wissens bei der Entwicklung von Netzwerken für nachhaltige
Landwirtschaft. *Sociologia Ruralis*, *54*(3), 341-361.
Cusworth, G., & Dodsworth, J. (2021). Das Konzept des "guten Landwirts" zur Erforschung landwirtschaftlicher
Einstellungen zur Bereitstellung von öffentlichen Gütern. Eine Fallstudie über Teilnehmer an einem englischen Agrarumweltprogramm. *Landwirtschaft und menschliche Werte*, *38*(4), 929-941.
Damianos, D., & Giannakopoulos, N. (2002). Die Beteiligung der Landwirte an Agrarumweltmaßnahmen
Programme in Griechenland. *British Food Journal.*

Damianos, D., & Giannakopoulos, N. (2002). Die Beteiligung der Landwirte an Agrarumweltmaßnahmen
Programme in Griechenland. *British Food Journal.*

Darnhofer, I., Moller, H., & Fairweather, J. (2010). Landwirtschaftliche Resilienz für eine nachhaltige Lebensmittelproduktion:
ein konzeptioneller Rahmen. *Int. J. Agric. Sustain*, *8*, 186-198.

Demont, M., & Rutsaert, P. (2017). Umstrukturierung des vietnamesischen Reissektors: auf dem Weg zu mehr
Nachhaltigkeit. *Nachhaltigkeit*, *9*(2), 325.

Defrancesco, E., Gatto, P., Runge, F., & Trestini, S. (2008). Faktoren, die die Landwirte beeinflussen
Beteiligung an Agrarumweltmaßnahmen: Eine norditalienische Perspektive. *Zeitschrift für Agrarökonomie*, *59*(1), 114-131.

Denzin, N. K. (2017). Der Forschungsakt: Eine theoretische Einführung in soziologische Methoden.
Routledge.

Denzin, N. K., & Lincoln, Y. S. (Eds.). (2011). *The Sage handbook of qualitative research.* sage.

Ministerium für Landwirtschaft. (2019). *AgStat.* Abteilung Sozioökonomie und Planungszentrum
of Agriculture Peradeniya.
https://www.doa.gov.lk/SEPC/images/PDF/AgStat.pdf.

Abteilung für Volkszählung und Statistik. (2021) . *Schätzung der Volkswirtschaftlichen Gesamtrechnung von Sri Lanka 4th*
Quartal und Jahr 2020. Finanzministerium Sri Lanka.
http://www.statistics.gov.lk/NationalAccounts/StaticalInformation/Reports/press_note_2020q4_en.

Ministerium für Volkszählung und Statistik von Sri Lanka (1962). *Volkszählung der Landwirtschaft.* Abteilung für
Volkszählung und Statistik. http:/./repo.statistics.gov.lk/handle/1/331.

Diamantopoulos, A., & Winklhofer, H. M. (2001). Indexkonstruktion mit formativen Indikatoren:
Eine Alternative zur Skalenentwicklung. *Zeitschrift für Marketingforschung*, *38*(2), 269-277.

Dissanayake, A. K. A., Udari, U. R., Perera, M. D. D., & Wickramasinghe, W. A. R. (2019).

Möglichkeiten zur Minimierung des Pestizideinsatzes im srilankischen Reisanbau: Ein Schwerpunkt auf dem Risikomanagement.

Dervin, B. (1991). Komparative Theorie neu konzeptualisiert: Von Entitäten und Zuständen zu Prozessen und

Dynamik. *Kommunikationstheorie*, *1*(1), 59-69.

Dervin, B. (1998). Theorie und Praxis des Sense-Making: Ein Überblick über die Interessen der Nutzer an Wissen

Suche und Nutzung. *Zeitschrift für Wissensmanagement*.

de Vries, J. R., Aarts, N., Lokhorst, A. M., Beunen, R., & Munnink, J. O. (2015). Vertrauen

Dynamik in der umstrittenen Landnutzung: Eine Längsschnittstudie zu Vertrauen und Misstrauen in gruppenübergreifenden Konflikten im Baviaanskloof, Südafrika. *Forest Policy and Economics*, *50*, 302-310.

Dharmawan, A. H., Mardiyaningsih, D. I., Rahmadian, F., Yulian, B. E., Komarudin, H.,

Pacheco, P., ... & Amalia, R. (2021). Die agrarischen, strukturellen und kulturellen Beschränkungen der Bereitschaft von Kleinbauern zur Umsetzung von Nachhaltigkeitsstandards: der Fall des indonesischen nachhaltigen Palmöls in Ost-Kalimantan. *Nachhaltigkeit*, *13*(5), 2611.

D'souza, G., Cyphers, D., & Phipps, T. (1993). Faktoren, die die Einführung nachhaltiger

landwirtschaftliche Praktiken. *Agricultural and Resource Economics Review*, *22*(2), 159-165.

Duffy, M. E. (1987). Methodische Triangulation: ein Mittel zur Zusammenführung quantitativer und

qualitative Forschungsmethoden. *Bild: The Journal of Nursing Scholarship*, *19*(3), 130-133.

Durrheim, K., & Painter, D. (2006). Erfassen quantitativer Daten: Stichproben und Messungen. In M.

Terre Blanche, K. Durrheim & D. Painter (Eds.).

Easterby-Smith, M., Jaspersen, L. J., Thorpe, R., & Valizade, D. (2021). *Management und Wirtschaft*

Forschung. Salbei.

FAO. (2020). SDG-Indikator 2.4.1. Anteil der landwirtschaftlichen Fläche unter produktiver und nachhaltiger
Landwirtschaft. Anmerkung zur Methodik. Zehnte Überarbeitung - Juli 2020. Rom. Verfügbar unter:http://www.fao.org/3/ca7154en/ca7154en.pdf.

FAO (2014). Schlüsselprinzipien für Nachhaltigkeit in Ernährung und Landwirtschaft . PLoS ONEBuilding
Eine gemeinsame Vision für nachhaltige Ernährung und Landwirtschaft: Principles And Approaches, 9 (Food & Agriculture Organization) E-ISBN 978-92-5-108472-4 https://www.fao.org/3/i3940e/i3940e.pdf).

Firestone, W. A. (1987). Meaning in method: Die Rhetorik der quantitativen und qualitativen
Forschung. *Bildungsforscher*, *16*(7), 16-21.

Fishbein, M., & Ajzen, I. (1975). Glaube, Einstellung, Absicht und Verhalten: *Eine Einführung in die Theorie*
und Forschung. Reading, MA: Addison-Wesley.

Fornell, C. G., Johnson, M. D., Anderson, E. W., Cha, J., & Bryant, B. E. (1996).
Der amerikanische Kundenzufriedenheitsindex: Art, Zweck und Ergebnisse. *Zeitschrift für Marketing, 60,* 7-18.

Fornell, C., & Bookstein, F. L. (1982). Zwei Strukturgleichungsmodelle: LISREL und PLS angewandt
zur Exit-Voice-Theorie der Verbraucher. *Zeitschrift für Marketingforschung*, *19*(4), 440-452.

Gachango, F. G., Andersen, L. M., & Pedersen, S. M. (2015). Die Einführung freiwilliger Wasser- und
Technologien zur Verringerung der Verschmutzung und Wahrnehmung der Wasserqualität durch dänische Landwirte. *Landwirtschaftliche Wasserwirtschaft*, *158*, 235-244.

Galappattige, A. (2020) *USDA Foreign Agriculture Services. (2020). Getreide und Futtermittel*
Jährlich.
https://apps.fas.usda.gov/newgainapi/api/Report/DownloadReportByFileName?fileName=Grain%20and%20Feed%20Annual_New%20Delhi_Sri%20Lanka_03-27-2020.

Gebska, M., Grontkowska, A., Swiderek, W., & Golebiewska, B. (2020). Bewusstsein der Landwirte und
Umsetzung nachhaltiger landwirtschaftlicher Praktiken in verschiedenen Arten von landwirtschaftlichen Betrieben in Polen. *Nachhaltigkeit*, *12*(19), 8022.

Geisser, S. (1974). Ein prädiktiver Ansatz für das Modell der zufälligen Effekte. *Biometrika,* 61, 101-107

Giller, K. E., Andersson, J. A., Corbeels, M., Kirkegaard, J., Mortensen, D., Erenstein, O., &
Vanlauwe, B. (2015). Beyond conservation agriculture. *Frontiers in Plant Science*, *6*, 870.

Gómez-Limón, J. A., Vera-Toscano, E., & Garrido-Fernández, F. E. (2014). Landwirte
Beitrag zum landwirtschaftlichen Sozialkapital: Evidence from S outhern S pain. *Ländliche Soziologie*, *79*(3), 380-410.

Gotschi, E., Njuki, J., & Delve, R. (2013). Geschlechtergerechtigkeit und Sozialkapital bei Kleinbauern
Gruppen in Zentralmosambik. In *Participatory Research and Gender Analysis* (S. 206-213). Routledge.

Gould, B. W., Saupe, W. E., & Klemme, R. M. (1989). Konservierende Bodenbearbeitung: die Rolle von Betrieb und
Betreibereigenschaften und die Wahrnehmung von Bodenerosion. *Bodenökonomie*, *65*(2), 167-182.

Granovetter, M. S. (1973). The strength of weak ties. *Amerikanische Zeitschrift für Soziologie*, *78*(6), 1360-
1380.

Gunderson, L. H. (2000). Ökologische Resilienz - Theorie und Anwendung. *Annual review of*
Ökologie und Systematik, *31*(1), 425-439.

Gravetter, F. J. und L-A. B. Forzano. (2009). Forschungsmethoden für die Verhaltenswissenschaften.
3. Aufl. Belmont: Wadsworth Cengage Learning.

Greene, J. C. (2008). Ist die Sozialforschung mit gemischten Methoden eine eigenständige Methodologie? *Zeitschrift für gemischte*
Methodenforschung, *2*(1), 7-22.

Greene, J. C. (2006). Auf dem Weg zu einer Methodologie gemischter Methoden der Sozialforschung. *Forschung in der*

Schulen, *13*(1), 93-98.

Greene, J. C., Kreider, H., & Mayer, E. (2005). Die Kombination von qualitativen und quantitativen Methoden in

soziale Untersuchung. *Forschungsmethoden in den Sozialwissenschaften*, *1*, 275-282.

Greene, J. C., & Caracelli, V. J. (2003). MIXED METHODS PRAXIS. *Handbuch der gemischten*

methoden in der sozial- und verhaltensforschung, 91.

Greene, J. C., Caracelli, V. J., & Graham, W. F. (1989). Auf dem Weg zu einem konzeptionellen Rahmen für gemischte

Methoden zur Evaluierung. *Bildungsevaluation und Politikanalyse*, *11*(3), 255-274.

Guto, S. N., Pypers, P., Vanlauwe, B., De Ridder, N., & Giller*, K. E. (2012). Sozio-ökologische

Nischen für minimale Bodenbearbeitung und Rückhaltung von Ernterückständen in kontinuierlichen Maisanbausystemen in kleinbäuerlichen Betrieben in Zentralkenia. *Agronomy Journal*, *104*(1), 188-198.

Haar, J. F., Schwarz, W. C., Babin, B. J., & Anderson, R. E. (2009). Multivariate Datenanalyse

(7. Auflage ed.). Chollerstrasse: Prentice Hall.

Hair, J. F., Celsi, M., Money, A. H., Samouel, P., & Page, M. J. (2016). Essenzen von Methoden der Wirtschaftsforschung (3. Aufl.). Armonk, NY: Sharpe.

Hair Jr., J. F., Matthews, L. M., Matthews, R. L., & Sarstedt, M. (2017). PLS-SEM oder CB-SEM:

aktualisierte Leitlinien für die zu verwendende Methode. *International Journal of Multivariate Data Analysis*, *1*(2), 107-123.

Hair, J. F., R. P. Bush und D. J. Ortinau. (2003). Marketingforschung in einem sich wandelnden

Informationsumgebung. 2. Aufl. Boston: McGraw-Hill Irwin.

Haar, J. F., Ringle, C. M., & Sarstedt, M. (2011). PLS-SEM: Tatsächlich eine Wunderwaffe. *Zeitschrift*

of Marketing Theory and Practice, 19, 139-151.

Hair, J.F., Sarstedt, M., Ringle, C.M. und Mena, J.A. (2012) "An assessment of the use of
partial least squares structural equation modeling in marketing research', *Journal of the Academy of Marketing Science*, Vol. 40, No. 3, pp.414-433.

Hair, J.F., W.C. Black, B.J. Babin, R.E. Anderson und R.L. Tatham, (2006). Multivariate Daten
Analyse. 6. Aufl., Upper Saddle.

Hall, J., & Pretty, J. (2008). Damals und heute: Die sich verändernden Beziehungen und Verflechtungen der Landwirte in Norfolk
mit staatlichen Stellen während der Umgestaltung der Landbewirtschaftung. *Journal of Farm Management, 13*(6), 393-418.

Han, E. S., & goleman, daniel; boyatzis, Richard; Mckee, A. (2019). Sozioökonomische
Statistik 2018. *Mahaweli Authority of Sri Lanka, 53*(9), 157.

Hani, U. (2011). Umgang mit indigenem traditionellem Wissen in der Landwirtschaft. Artikel.

Hedges, B. (2004). Probenahme. In: Seale, C. (ed.) Social research methods: a reader. London.

Healey, M. & Healey, R.L. (2010). Wie man eine Literatursuche durchführt. In N. Clifford, S.
French & G. Valentine (Eds.). *Schlüsselmethoden in der Geographie.* Los Angeles: Sage. Routledge. S. 63-72.

Henseler, J., Dijkstra, T. K., Sarstedt, M., Ringle, C. M., Diamantopoulos, A., Straub, D. W., ...
Calantone, R. J. (2014). Allgemeiner Glaube und Realität über PLS: Kommentare zu Rönkkö und
Evermann (2013). *Methoden der Organisationsforschung, 17*(2), 182-209.

Henseler, J., & Fassott, G. (2010). Testen moderierender Effekte in PLS-Pfadmodellen: Eine Veranschaulichung
der verfügbaren Verfahren. In *Handbook of partial least squares* (S. 713-735). Springer, Berlin, Heidelberg.

Herath, H. G. (1981). Die Grüne Revolution im Reisanbau: die Rolle des Risikofaktors unter besonderer Berücksichtigung
mit Bezug auf Sri Lanka. *Asian Survey*, 664-675.

Hilgers, M., & Mangez, E. (2014). Einführung in die Theorie der sozialen Felder von Pierre Bourdieu.
In *Bourdieus Theorie der sozialen Felder* (S. 1-36). Routledge.

Hobbs, P. R., Sayre, K., & Gupta, R. (2008). Die Rolle der konservierenden Landwirtschaft in der nachhaltigen
Landwirtschaft. *Philosophical Transactions of the Royal Society B: Biological Sciences*, *363*(1491), 543-555.

Höck, C., Ringle, C. M., & Sarstedt, M. (2010). Management von Mehrzweck-Stadien: Bedeutung und Leistungsmessung von Dienstleistungsschnittstellen. *International Journal of Services Technology and Management, 14*, 188-207.

Holling, C. S., & Gunderson, L. H. (2002). Resilienz und adaptive Zyklen. *In: Panarchy:*
Verstehen von Veränderungen in menschlichen und natürlichen Systemen, 25-62.

Holling, C.S. (1996). "Surprise for Science, Resilience for Ecosystems, and Incentives for
Menschen". *Ökologische Anwendungen* 6 (3):733-735.

Holling, C. S. (1973). Resilienz und Stabilität ökologischer Systeme. Annual review of ecology
und Systematik, 4(1), 1-23.

Hopkins, J., & Heady, E. C. (1962). *Landwirtschaftliche Aufzeichnungen und Buchführung* (Nr. 631.15 H774f Ej. 1).
IOWA State University.

Hosseini, S. J. F., Zand, A., & Arfaee, M. (2011). Bestimmende Faktoren, die die Einführung von
indigenes Wissen in der landwirtschaftlichen Wasserbewirtschaftung in Trockengebieten des Iran. *African Journal of Agricultural Research*, *6*(15), 3631-3635.

Ifejika Speranza, C., Wiesmann, U., & Rist, S. (2014). Ein Indikatorrahmen für die Bewertung von
Widerstandsfähigkeit des Lebensunterhalts im Kontext der sozial-ökologischen Dynamik. *Global Environmental Change*, *28*(1), 109-119.

Irangani, M. K. L., & Shiratake, Y. (2013). Einheimische Techniken für den Reisanbau in Sri
Lanka: Eine Analyse aus agrarhistorischer Sicht.

Israel, G. D. (1992). Bestimmung des Stichprobenumfangs, PEOD6. *US Department of Agriculture,
Cooperative Extension Service, Universität von Florida, Institut für Lebensmittel- und Agrarwissenschaften.*

IRRI. (2019, January 18). *Sri Lanka und IRRI unterzeichnen Rahmenvereinbarung zur Förderung des nationalen Reissektors.*
Internationales Reisforschungsinstitut. Abgerufen am 12. Oktober 2022, von http://www.slemb.ph/sri-lanka-irri-sign-framework-boost-national-rice-sector-published-international-rice-research-institute-18-january-2019/.

Janes, J. 1999. Über Forschung: Konstruktion von Umfragen. Library Hi Tech 17(3):321-325.

Jarvis, C. B., MacKenzie, S. B., & Podsakoff, P. M. (2003). Eine kritische Überprüfung von Konstruktindikatoren
und Fehlspezifizierung von Messmodellen in der Marketing- und Verbraucherforschung. *Zeitschrift für Verbraucherforschung, 30*(2), 199-218.

Jayatissa, R. L. N., Dissanayake, A. K. A., & Perera, M. D. D. (2019). *Die Bedeutung der indigenen
Wissen für Ernährungssicherheit: In Relation zum Paddy-Anbau* (Nr. 229). Forschungsbericht.

Jayasinghe, J. A. U. P., & Munaweera, T. P. (2017). Wahrnehmung und Nachfrage der Landwirte nach Pestiziden
im Reisanbau von Sri Lanka.

Jayasinghe, U. (2017). Einkommensdiversifizierung von Haushalten, die Paddy anbauen, in Anuradhapura
Bezirk.
http://www.harti.gov.lk/images/download/reasearch_report/2018/209.pdf.

Joreskog, K. G. (1982). Die ML- und PLS-Techniken für die Modellierung mit latenten Variablen: Historische
und vergleichende Aspekte. *Systeme unter indirekter Beobachtung, Teil I*, 263-270.

Joshi, R., & Narayan, A. (2019). Modell zur Leistungsmessung in der landwirtschaftlichen Beratung

Dienstleistungen für den nachhaltigen Lebensunterhalt der Landwirte: Erkenntnisse aus Indien. *Theoretical Economics Letters*, *9*(05), 1259.

Kallas, Z., Serra, T., & Gil, J. M. (2010). Die Ziele der Landwirte als Determinanten des ökologischen Landbaus

Annahme: Der Fall der katalanischen Weinbergsproduktion. *Agricultural Economics*, *41*(5), 409-423.

Kankwatsa, P., Muzira, R., Mutenyo, H., & Lamo, J. (2019). Improved Upland Rice: Bewertung der Anpassungsfähigkeit, der agronomischen Eigenschaften und der Akzeptanz durch die Landwirte unter den semiariden Bedingungen im Südwesten Ugandas. *OALib, 06*(12), 1-5)

Kaufmann, P., Stagl, S., & Franks, D. W. (2009). Simulation der Diffusion des ökologischen Landbaus

Praktiken in zwei neuen EU-Mitgliedstaaten. *Ecological Economics*, *68*(10), 2580-2593 .

Kendaragama, K. M. A. (2006). Umweltbedingungen im Pflanzenbau in Sri Lanka mit besonderem Schwerpunkt auf

Nährstoffverbrauch der Pflanzen. *J. Soil Sci. Soc. Sri Lanka*, *18*, 1-18.

Kerdsriserm, C., Suwanmaneepong, S., & Mankeb, P. (2016). Faktoren, die die Akzeptanz von ökologischem

Reisanbau im Netzwerk für nachhaltige Landwirtschaft, Provinz Chachoengsao, Thailand. *Int. J. Agric. Technol*, *12*, 1227-1237.

Kikuchi, M. & Aluwihare, P. B. (1990). Fertilizer response function of rice in Sri Lanka:

Schätzung und einige Anwendungen. *Internationales Institut für Bewässerungsmanagement*. Sri Lanka.

Kim, J., Rasouli, S., & Timmermans, H. (2014). "Hybrid Choice Models: Principles and Recent

Progress Incorporating Social Influence and Nonlinear Utility Functions". *Procedia Environmental Sciences, Vol 22 (2014), pp.20-34.*

Kiptot, E., Franzel, S., & Degrande, A. (2014). Gender, Agroforstwirtschaft und Ernährungssicherheit in

Afrika. *Current Opinion in Environmental Sustainability*, *6*, 104-109.

Knowler, D., & Bradshaw, B. (2007). Die Übernahme der konservierenden Landwirtschaft durch die Landwirte: Ein Überblick und

Synthese der jüngsten Forschung. *Lebensmittelpolitik, 32*(1), 25-48.

Knowd, I. (2006). Tourismus als Mechanismus für das Überleben von Bauernhöfen. *Zeitschrift für nachhaltigen Tourismus*,

14(1), 24-42. https://doi.org/10.1080/09669580608668589.

Knox, K. (2004). Das Dilemma des Forschers - Philosophischer und methodologischer Pluralismus

Nottingham Business School. *Nottingham Trent University, UK.*

Kothari, C. R. (2004). *Forschungsmethodik: Methoden und Techniken.* New Age International.

Koutsou, S., Partalidou, M., & Ragkos, A. (2014). Soziales Kapital von Junglandwirten in Griechenland: Vertrauen

Ebenen und kollektive Aktionen. *Zeitschrift für Ländliche Studien, 34*, 204-211.

Krejcie, R. V., & Morgan, D. W. (1970). Bestimmung der Stichprobengröße für die Forschung

Aktivitäten. *Pädagogische und psychologische Messungen, 30*(3), 607-610.

Krishnankutty, J., Blakeney, M., Raju, R. K., & Siddique, K. H. (2021). Nachhaltigkeit der traditionellen

Reisanbau in Kerala, Indien - eine sozioökonomische Analyse. *Nachhaltigkeit, 13*(2), 980.

Kristensen, K., Martensen, A., & Grønholdt, L. (2000). Kundenzufriedenheitsmessung bei

Post Dänemark: Ergebnisse der Anwendung der Methodik des Europäischen Kundenzufriedenheitsindex. *Total Quality Management, 11*, 1007-1015.

Kuhfuss, L., Préget, R., Thoyer, S., & Hanley, N. (2016). Landwirte zur Eintragung von Flächen in die Agrar- und Ernährungswirtschaft bewegen.

Umweltregelungen: die Rolle eines kollektiven Bonus. *European Review of Agricultural Economics, 43*(4), 609-636.

Lanka, R., 2022. Nachhaltige Landwirtschaft in Sri Lanka: Sind organische Düngemittel eine Lösung?

Renaissance Sri Lanka. [online] Renasl.org. Verfügbar unter: <https://www.renasl.org/4391/sustainable-agriculture-in-sri-lanka-are-organic-fertilisers-a-solution/> [Zugriff am 24. September 2022].

La Porta, R., Lopez-de-Silanes, F., Shleifer, A., & Vishny, R. W. (1996). Vertrauen in großen Organisationen.

Läpple, D., & Van Rensburg, T. (2011). Adoption des ökologischen Landbaus: Gibt es Unterschiede zwischen früher und später Übernahme? *Ökologische Ökonomie*, *70*(7), 1406-1414.

Lee, L., Petter, S., Fayard, D., & Robinson, S. (2011). Über die Verwendung von partiellen kleinsten Quadraten Modellierung in der Rechnungslegungsforschung. *International Journal of Accounting Information Systems*, *12*(4), 305-328.

Leedy, P. D., & Ormrod, J. P. (20015). Quantitative Research . Upper Saddle River, NJPractical Research PLANNING AND DESIGN 11 (Pearson Education Limited) 154-22913:978-1-29-209587-5 https://pce-fet.com/common/library/books/51/2590_%5BPaul_D._Leedy,_Jeanne_Ellis_Ormrod%5D_Practical_Res(b-ok.org).pdf.

Leedy, P. D., & Ormrod, J. E. (2001). Praktische Forschung: Planung und Forschung. Upper Saddle.

Somekh, B., & Lewin, C. (Eds.). (2005). *Forschungsmethoden in den Sozialwissenschaften*. Sage.

Legg, W., & Viatte, G. (2001). Bewirtschaftungssysteme für eine nachhaltige Landwirtschaft. *OECD Observer*, (226-227), 21-24.

Lichtfouse, E., Navarrete, M., Debaeke, P., Souchère, V., Alberola, C., & Ménassieu, J. (2009). Agronomie für nachhaltige Landwirtschaft: ein Überblick. *Nachhaltige Landwirtschaft*, 1-7.

Lobb, A. E., Mazzocchi, M., Traill, W. B., (2007). Modellierung von Risikowahrnehmung und Vertrauen in Lebensmittel Sicherheitsinformationen im Rahmen der Theorie des geplanten Verhaltens. *Lebensmittel- und Qualitätspräferenz, Band 18 Nr. 2, S. 384-395*

Loehlin, J. C., & Beaujean, A. A. (2001). Modelle für latente Variablen. *PSYKOLOGIA*, *36*(3), 189-189.

Lohr, L., & Salomonsson, L. (2000). Umstellungssubventionen für den ökologischen Landbau: Ergebnisse aus Schweden und Lehren für die Vereinigten Staaten. *Agrarökonomie*, *22*(2), 133-146.

Lohmöller, J. B. (1989). *Latente Variable Pfadmodellierung mit partiellen kleinsten Quadraten*. Heidelberg, Deutschland: Physica.

Long, J. S. (1983). Bestätigende Faktorenanalyse: Ein Vorwort zu LISREL. Sage publications.

Luhmann, N. (1979). Vertrauen und Macht (John A. Wiley and Sons, Chichester).

Luo, Z., Wang, E., & Sun, O. J. (2010). Kann Direktsaat die Kohlenstoffspeicherung in der Landwirtschaft fördern? Böden? Eine Meta-Analyse von gepaarten Experimenten. *Landwirtschaft, Ökosysteme und Umwelt*, *139*(1-2), 224-231.

Mahawansa, (1912), Übersetzt von Geiger, W. Colombo: *Ceylon Government Information Abteilung*.

Marcoulides, G. A., & Chin, W. W. (2013). Du schreibst, aber andere lesen: Gemeinsame methodologische Missverständnisse bei PLS und verwandten Methoden. In *New perspectives in partial least squares and related methods* (S. 31-64). Springer, New York, NY.

Marongwe, L. S., Kwazira, K., Jenrich, M., Thierfelder, C., Kassam, A., & Friedrich, T. (2011). Ein afrikanischer Erfolg: der Fall der konservierenden Landwirtschaft in Simbabwe. *Internationale Zeitschrift für landwirtschaftliche Nachhaltigkeit*, *9*(1), 153-161.

Marsden, T., Banks, J., & Bristow, G. (2002). Das soziale Management der ländlichen Natur: Verständnis der agrarbasierten ländlichen Entwicklung. *Umwelt und Planung A*, *34*(5), 809-825.

Mayer, R. C., Davis, J. H., & Schoorman, F. D. (1995). Ein integratives Modell der organisatorischen Vertrauen. *Academy of Management Review*, *20*(3), 709-734.

Ma, Y., L.D. Chen, X.F. Zhao, H.F. Zheng, und Y.H. Lu, 2009. "Was motiviert Landwirte zu
Partizipation an nachhaltiger Landwirtschaft? Evidence and Policy Implications". International Journal of Sustainable Development and World Ecology 16 (6):374-380.

McAllister, D. J. (1995). Affekt- und kognitionsbasiertes Vertrauen als Grundlage für zwischenmenschliche
Zusammenarbeit in Organisationen. *Academy of Management Journal*, *38*(1), 24-59.

McBurney, D. H. und T. L. White. 2004. *Forschungsmethoden.* 6. Auflage. Belmont: Thomson
Wadsworth.

McSorley, R., & Porazinska, D. L. (2001). Elemente einer nachhaltigen
Landwirtschaft. *Nematropica*, *31*(1), 1-9.

Meade, A. W., & Craig, S. B. (2012). Identifizierung unvorsichtiger Antworten in Umfragen
Daten. *Psychologische Methoden*, *17*(3), 437-455. https://doi.org/10.1037/a0028085

Melles, G., & Perera, E. D. (2020). Resilienzdenken und Strategien zur Rückgewinnung nachhaltiger ländlicher
Lebensgrundlagen: Cascade Tank-Village System (CTVS) in Sri Lanka. *Herausforderungen*, *11*(2), 27.

Memon, M. Y. (1989). *Erforderliche und vorhandene wirtschaftliche Kompetenzen von Landwirten in*
Bezirk Hyuderabad, Sind, Pakistan. Abgerufen von http://lib.dr.iastate.edu/rtd

Mert-Cakal, T., & Miele, M. (2020). Machbare Utopien" für sozialen Wandel durch Inklusion
und Befähigung? Gemeinschaftlich unterstützte Landwirtschaft (CSA) in Wales als soziale Innovation. *Landwirtschaft und menschliche Werte*, *37*(4), 1241-1260.

Mishra, B. (2017). Übernahme nachhaltiger landwirtschaftlicher Praktiken durch Landwirte in Kentucky und
Ihre Wahrnehmung der Nachhaltigkeit in der Landwirtschaft.

Moore, R. 2008. Das Kapital. *In Pierre Bourdieu: Key concepts, ed.* M. Grenfell, 101-118. Stocksfield:

Acumen Publishing.

Moser, C. und G. Kalton. (2004). Fragebogen. In: Seale, C. (Hrsg.) Social research methods: a

Leser. London: Routledge. S. 73-87 .

Mulimbi, W., Nalley, L., Dixon, B., Snell, H., & Huang, Q. (2019). Faktoren, die die Annahme beeinflussen

der konservierenden Landwirtschaft in der Demokratischen Republik Kongo. *Journal of Agricultural and Applied Economics*, *51*(4), 622-645.

Munyua, H. M. (2011). *Landwirtschaftliche Wissens- und Informationssysteme (AKISs) bei kleinen*

-Bauern im Kirinyaga-Distrikt, Kenia (Dissertation).

Mupangwa, W., Twomlow, S., & Walker, S. (2012). Reduzierte Bodenbearbeitung, Mulchen und Fruchtwechsel

Auswirkungen auf die Erträge von Mais (Zea mays L.), Cowpea (Vigna unguiculata (Walp) L.) und Sorghum (Sorghum bicolor L.(Moench)) unter semiariden Bedingungen. *Feldfruchtforschung*, *132*, 139-148.

Mutyasira, V.; Hoag, D.; Pendell, D. (2018) The adoption of sustainable agricultural practices by

Kleinbauern im äthiopischen Hochland: Ein integrativer Ansatz. *Cogent Food Agric. 2018, 4, 1552439.*

Myers, M. D. 1997. Qualitative Forschung in Informationssystemen. MIS Quarterly 21(2):241-242.

Ndamani, F., & Watanabe, T. (2015). Wahrnehmungen der Landwirte über Anpassungspraktiken an das Klima

Wandel und Hindernisse für die Anpassung: Eine Studie auf Mikroebene in Ghana. *Wasser*, *7*(9), 4593-4604.

Nkomoki, W., Bavorová, M., & Banout, J. (2018). Übernahme nachhaltiger landwirtschaftlicher Praktiken

und Bedrohungen der Ernährungssicherheit: Auswirkungen des Landbesitzes in Sambia. *Land Use Policy*, *78*, 532-538.

Myeni, L., Moeletsi, M., Thavhana, M., Randela, M., & Mokoena, L. (2019). Barrieren, die die nachhaltige landwirtschaftliche Produktivität von Kleinbauern im östlichen Free State in Südafrika. *Nachhaltigkeit, 11*(11), 3003.

Nagenthirarajah, S. und Thiruchelvam, S., (2008), 'Knowledge of Farmers about Pest Managementpraktiken in Pambaimadu, Bezirk Vavuniya: An Ordered Probit Model Approach", *Sabaragamuwa University Journal, 8(1), S. 79-89.*

Nayak, A. K., Gangwar, B., Shukla, A. K., Mazumdar, S. P., Kumar, A., Raja, R., ... Mohan, U.
(2012). Langfristige Auswirkungen verschiedener integrierter Nährstoffmanagementmaßnahmen auf den organischen Kohlenstoff im Boden und seine Fraktionen sowie die Nachhaltigkeit des Reis-Weizen-Systems in den indischen Ganges-Ebenen. *Field Crops Research, 127*, 129-139.

Nagothu, U. S. (2016). *Klimawandel und landwirtschaftliche Entwicklung*. Taylor & Francis.

Nederlof, E. S., & Dangbégnon, C. (2007). Lektionen für die bauernorientierte Forschung: Erfahrungen
aus einem westafrikanischen Projekt zur Bewirtschaftung der Bodenfruchtbarkeit. *Landwirtschaft und menschliche Werte, 24*(3), 369-38.

Neuman, W. L. (2006). Methoden der Sozialforschung: Qualitative und quantitative Ansätze. 6. Auflage.
Boston: Pearson.

Nitsch, U. (1984). Die kulturelle Konfrontation zwischen Landwirten und landwirtschaftlicher
Beratung dienst. *Studien in: Kommunikation*, (10), 41-51.

Nishantha, B. M. N., Semasinghe, W. M., & Kularathne, M. G. (2015). Auswirkungen der externen Kosten
und Vorteile des Paddy-Anbaus in Sri Lanka.

Nkuruziza, G., Kasekende, F., Otengei, S. O., Mujabi, S., & Ntayi, J. M. (2016). Eine Untersuchung
der wichtigsten Prädiktoren für die Leistung von Agrarprojekten in Afrika südlich der Sahara: Ein Fall von Uganda. *Internationale Zeitschrift für Sozialökonomie.*

Oelofse, M., & Cabell, J. F. (2012). Ein Indikatorrahmen für die Bewertung von Agrarökosystemen

Resilienz. *Ökologie und Gesellschaft.*

Omobolanle, O. L. (2007). Die sozioökonomischen Bedingungen der Landwirte: der Fall der landwirtschaftlichen
Nachhaltigkeit von Technologien im Südwesten Nigerias. *World Journal of Agricultural Sciences*, *3*(5), 678-684.

Opoku, P. D., Bannor, R. K., & Oppong-Kyeremeh, H. (2020). Untersuchung der Bereitschaft zur
Produktion von Bio-Gemüse in den Regionen Bono und Ahafo in Ghana. *International Journal of Social Economics*, *47*(5), 619-641.

Okeyo, J. M., Norton, J., Koala, S., Waswa, B., Kihara, J., & Bationo, A. (2016). Auswirkungen von reduzierten
Bodenbearbeitung und Ernterückstandsmanagement auf Bodeneigenschaften und Ernteerträge in einem Langzeitversuch in Westkenia. *Soil Research*, *54*(6), 719-729.

Okoye, C. U. (1998). Vergleichende Analyse der Faktoren für die Übernahme von traditionellen und
empfohlene Verfahren zur Bekämpfung der Bodenerosion in Nigeria. *Soil and Tillage Research*, *45*(3-4), 251-263.Patton, M. Q. 2002. Qualitative Forschungs- und Bewertungsmethoden. 3rd ed. Thousand Oaks: Sage Publications.

Palm, C., Blanco-Canqui, H., DeClerck, F., Gatere, L., & Grace, P. (2014). Bestandserhaltung
Landwirtschaft und Ökosystemleistungen: Ein Überblick. *Landwirtschaft, Ökosysteme und Umwelt*, *187*, 87-105.

Pampel, F., & van Es, J. C. (1977). Umweltqualität und Fragen der Adoptionsforschung. *Ländlich
Soziologie*, *42*(1), 57.

Patton, Michael Quinn. Qualitative Forschung und Evaluierungsmethoden. Sage, 2002.

Peil, M., & Peil, M. (1995). *Sozialwissenschaftliche Forschungsmethoden: Ein Handbuch für Afrika.* Ostafrikanisch
Pädagogische Verlage.

Petticrew, M. (2001). Systematische Übersichten von der Astronomie bis zur Zoologie: Mythen und
Missverständnisse. *Bmj*, *322*(7278), 98-101.

Petway, J. R., Lin, Y. P., & Wunderlich, R. F. (2019). Die Analyse von Meinungen zu nachhaltigen
Landwirtschaft: Zur Verbesserung der Kenntnisse der Landwirte über ökologische Praktiken in Taiwan-Yuanli Township. *Nachhaltigkeit, 11*(14), 3843.

Pickering, C., & Byrne, J. (2014). Die Vorteile der Veröffentlichung systematischer quantitativer Literatur
Bewertungen für Doktoranden und andere Nachwuchswissenschaftler. *Higher Education Research and Development, 33*(3), 534-548.

Porritt, Jonathon. (2011). Das Fünf-Kapitale-Modell - ein Rahmen für Nachhaltigkeit Warum tun wir
brauchen wir einen Rahmen für die Nachhaltigkeit? 6. Abrufbar unter https://www.forumforthefuture.org/Handlers/Download.ashx?IDMF=8cdb0889-fa4a-4038-9e04-b6aefefe65a9.

Pretty, J. N., Morison, J. I., & Hine, R. E. (2003). Verringerung der Ernährungsarmut durch Erhöhung
Nachhaltigkeit der Landwirtschaft in Entwicklungsländern. *Landwirtschaft, Ökosysteme und Umwelt, 95*(1), 217-234.

Pretty, J., & Ward, H. (2001). Soziales Kapital und die Umwelt. *World Development, 29*(2),
209-227.

Memon Putnam, R., R. Leonardi, und R.Y. Nanetti. (1993). Making democracy work. Princeton:
Princeton University Press .

Radcliffe, C. (2017). The Sustainable Agriculture Learning Framework: Eine Erweiterung
Ansatz für einheimische Landwirte. *Rural Extension & Innovation Systems Journal, 13*(2), 41-51.

Rahm, M. R., & Huffman, W. E. (1984). Die Einführung der reduzierten Bodenbearbeitung: die Rolle der menschlichen
Kapital und andere Variablen. *American Journal of Agricultural Economics, 66*(4), 405-413.

Rao, A. B. (2004). Quantitative Techniken in der Wirtschaft. Jaico.

Razali, N. M., & Wah, Y. B. (2011). Power comparisons of shapiro-wilk, kolmogorov-smirnov, lilliefors und anderson-darling tests. *Zeitschrift für statistische Modellierung und Analytik, 2*(1), 21-33.

Redman, C. L. (2005). Resilienztheorie in der Archäologie. *American Anthropologist, 107*(1),
70-77.

Reimer, A., Thompson, A., Prokopy, L. S., Arbuckle, J. G., Genskow, K., Jackson-Smith, D., ...
& Nowak, P. (2014). Menschen, Orte, Verhalten und Kontext: Eine Forschungsagenda zur Erweiterung unseres Verständnisses dessen, was Landwirte zu einem konservierenden Verhalten motiviert. *Journal of Soil and Water Conservation, 69*(2), 57A-61A.

Reinartz, W., Haenlein, M., & Henseler, J. (2009). Ein empirischer Vergleich der Effektivität von
kovarianzbasierte und varianzbasierte SEM. *Interna- tional Journal of Research in Marketing*, 26, 332-344.

Resilienz-Allianz, (2010). *Bewertung der Resilienz in sozial-ökologischen Systemen: Workbook for Practitioners (Revised Version 2.0). http://www.resalliance.org/srv/ file.php/261 (Zugriff am 30.04.12.*

Regmi, A., & Gehlhar, M. J. (2005). Neue Wege auf den globalen Lebensmittelmärkten.

Rehman, F., Muhammad, S., Ashraf, I., & Hassan, S. (2011). Faktoren, die sich auf die Effektivität
von Printmedien bei der Verbreitung von landwirtschaftlichen Informationen. *Sarhad Journal of Agriculture, 27*(271), 119-124.

Reynolds, N., Diamantopoulos, A., & Schlegelmilch, B. (1993). Pre-Testing im Fragebogen
Gestaltung: Ein Überblick über die Literatur und Vorschläge für weitere Forschung. *Gesellschaft für Marktforschung. Zeitschrift, 35*(2), 1-11.

Rezvanfar, A., Samiee, A., & Faham, E. (2009). Analyse der Faktoren, die die Annahme von
nachhaltige Bodenerhaltungspraktiken bei Weizenbauern. *World Applied Sciences Journal, 6*(5), 644-651.

Rigdon, E. E. (2012). Rethinking partial least squares path modeling: Zum Lob der einfachen

Methoden. *Langfristige Planung*, *45*(5-6), 341-358.

Rigdon, E. E., Becker, J. M., Rai, A., Ringle, C. M., Diamantopoulos, A., Karahanna, E., ... & Dijkstra, T. K. (2014). Conflating antecedents and formative indicators: A comment on Aguirre-Urreta and Marakas. *Information Systems Research*, *25*(4), 780-784.

Ringle, C. M., Wende, S., & Becker, J. M. (2015). SmartPLS 3. Bönningstedt: SmartPLS.

Rodrigo, C. und Abeysekera, L., (2015). Warum die Düngemittelsubvention abgeschafft werden sollte: Schlüssel Faktoren, die die Düngemittelnachfrage im Reisanbau in Sri Lanka tatsächlich bestimmen. *Sri Lanka J Econ Res,* 3, S. 71-98.

Rodríguez-Entrena, M., & Arriaza, M. (2013). Übernahme der konservierenden Landwirtschaft in Oliven Hainen: Evidenzen aus Südspanien. *Land Use Policy*, *34*, 294-300 .

Rogers, E. M. (2003). Die Verbreitung von Innovationen. Free Press. *New York*, *551*.

Roger, P.A., Zimmerman, W.J. und Lumpkin, T. (1991) Microbiological management of Feuchtgebiet-Reisfelder. In: Metting, B. (ed.), *Soil Microbial Technologies*. Marcel Dekker, New York (im Druck).

Rossiter, J. R. (2002). Das C-OAR-SE-Verfahren zur Skalenentwicklung im Marketing. *International Journal of Research in Marketing*, *19*(4), 305-335.

Rust, N. A., Jarvis, R. M., Reed, M. S., & Cooper, J. (2021). Framing von nachhaltiger Landwirtschaft Praktiken durch die Landwirtschaftspresse und ihre Auswirkungen auf die Akzeptanz. *Landwirtschaft und menschliche Werte*, *38*(3), 753-765.

Saltiel, J., Bauder, J. W., & Palakovich, S. (1994). Übernahme nachhaltiger landwirtschaftlicher Praktiken: Diffusion, Betriebsstruktur und Rentabilität 1. *Ländliche Soziologie*, *59*(2), 333-349.

Salvia, R., & Quaranta, G. (2015). Der adaptive Zyklus als Instrument zur Auswahl widerstandsfähiger Muster der ländlichen Entwicklung. *Nachhaltigkeit*, *7*(8), 11114-11138.

Sapsford, R. und V. Jupp (Hrsg.). (2006). Datenerhebung und -analyse. 2nd ed. London:
Sage Veröffentlichungen.

Sarstedt, M., Ringle, C. M., Henseler, J., & Hair, J. F. (2014). Über die Emanzipation von PLS-SEM:
Ein Kommentar zu Rigdon (2012). *Langfristige Planung*, *47*(3), 154-160.

Scherer, L. A., Verburg, P. H., & Schulp, C. J. (2018). Chancen für eine nachhaltige Intensivierung in der europäischen Landwirtschaft. *Globale Umweltveränderungen*, *48*, 43-55.

Schneider, F., Fry, P., Ledermann, T., & Rist, S. (2009). Soziale Lernprozesse im Schweizer Boden
Schutz - das Projekt "vom Landwirt zum Landwirt". *Humanökologie*, *37*(4), 475-489.

Scoones, I. (1998). Nachhaltige ländliche Lebensgrundlagen: ein Analyserahmen.

Sekaran, U., & Bougie, R. (2016). *Forschungsmethoden für Unternehmen: A skill building approach.*
john wley & sons .

Serebrennikov, D., Thorne, F., Kallas, Z., & McCarthy, S. N. (2020). Faktoren einfluss auf die einführung nachhaltiger landwirtschaftlicher praktiken in europa: Eine systematische Überprüfung der empirischen Literatur. *Nachhaltigkeit (Schweiz)*. MDPI AG.

Sevinç, G., Aydoğdu, M. H., Cançelik, M., & Sevinç, M. R. (2019). Die Einstellung der Landwirte
zu einer öffentlichen Förderpolitik für nachhaltige Landwirtschaft in GAP-Sanliurfa, Türkei. *Nachhaltigkeit (Schweiz)*, *11*(23).

Senanayake, S.G.J.N., (2006), "Indigenes Wissen als Schlüssel zur nachhaltigen Entwicklung", *Zeitschrift für Agrarwissenschaften*, 1(2), S.87-94.

Senanayake, S. M. P., & Premaratne, S. P. (2016). Eine Analyse der Wertschöpfungsketten von Paddy/Reis in
Sri Lanka. *Asia-Pacific Journal of Rural Development*, *26*(1), 105-126.

Shapiro, S. S., & Wilk, M. B. (1965). Ein Varianzanalyse-Test auf Normalität (Vollständige Stichproben). *Biometrika*, *52*(3/4), 591-611.

Shadi-Talab, J. (1977). *Faktoren, die die Übernahme landwirtschaftlicher Technologie durch die Landwirte beeinflussen*
In weniger entwickelten Ländern: IRAN. Iowa State University.

Sibley, D. N. (1966). *Übernahme von landwirtschaftlichen Technologien durch die Indianer Guatemalas*. Iowa

Staatliche Universität.

Sheppard, M. (2004). *Bewertung und Nutzung der Sozialforschung im Bereich der Humandienstleistungen: Eine*

Einführung für Fachkräfte der Sozialarbeit und des Gesundheitswesens. Jessica Kingsley Publishers.

Silvasti, T. (2003). Das kulturelle Modell des "guten Bauern" und die Umweltfrage in Finnland. *Landwirtschaft und menschliche Werte*, *20*(2), 143-150.

Shortle, J. S., & Miranowski, J. A. (1986). Auswirkungen der Risikowahrnehmung und anderer Merkmale von

Landwirte und landwirtschaftliche Betriebe bei der Einführung konservierender Bodenbearbeitungsmethoden. *Angewandt*

Slack, N. (1994). Die Wichtigkeits-Leistungs-Matrix als Bestimmungsfaktor für die Priorität von Verbesserungen.

Internationale Zeitschrift für Betriebs- und Produktionsmanagement, 44, 59-75.

Sobel, J. (2002). Können wir dem Sozialkapital vertrauen? *Zeitschrift für Wirtschaftsliteratur*, *40*(1), 139-154.

Sorenson, O., & Singh, J. (2007). Wissenschaft, soziale Netzwerke und Spillover. Industrie und

Innovation, 14 (2), 219-238. *Agrarforschung*, *1*(2), 85-90.

So, T., & Swatman, P. M. (2006). e-Learning-Bereitschaft von Lehrern in Hongkong. *Universität von*

Südaustralien.

Spaling, H., & Vander Kooy, K. (2019). Farming God's Way: Agronomie und Glaube

umstritten. *Landwirtschaft und menschliche Werte*, *36*(3), 411-426.

Sri Lanka und IRRI unterzeichnen Rahmenvereinbarung zur Förderung des nationalen Reissektors. Internationaler Reis

Forschungsinstitut. (2019, February 4). Abgerufen am 10. Oktober 2022, von https://www.irri.org/news-and-events/news/sri-lanka-and-irri-sign-framework-boost-national-rice-sector.

Stack, J. (2004). Nutzung sekundärer Datenquellen. Das grüne Buch: Ein Leitfaden für effektive Hochschulabsolventen

Forschung in der afrikanischen Landwirtschaft, Umwelt und ländlichen Entwicklung. Kampala, The African Crop Science Society, 115-128.

Stern, M. J., & Coleman, K. J. (2015). Die Multidimensionalität von Vertrauen: Applications in

kollaboratives Management natürlicher Ressourcen. *Gesellschaft und natürliche Ressourcen*, *28*(2), 117-132.

Stevens, J. (1996). *Angewandte multivariate Statistik für die Sozialwissenschaften*. Mahwah, NJ: Lawrence

Erlbaum Publishers.

Stein, M. (1974). Cross-validatory choice and assessment of statistical predictions. *Journal of the*

Royal Statistical Society, 36, 111-147.

Stonehouse, D. P. (1995). Rentabilität von Boden- und Wasserschutz in Kanada: A Rezension. *Journal of Soil and Water Conservation*, *50*(2), 215-219.

Šūmane, S., Kunda, I., Knickel, K., Strauss, A., Tisenkopfs, T., des Ios Rios, I., ... & Ashkenazy,

A. (2018). Lokales und bäuerliches Wissen zählt! Wie die Integration von informellem und formellem Wissen eine nachhaltige und widerstandsfähige Landwirtschaft fördert. *Journal of Rural Studies*, *59*, 232-241.

Sundaramurthy, C. (2008). Aufrechterhaltung von Vertrauen in Familienunternehmen. *Familienunternehmen*

review, *21*(1), 89-102.

Sutherland, L. A., Mills, J., Ingram, J., Burton, R. J., Dwyer, J., & Blackstock, K. (2013).

Die Quelle im Blick: Kommerzialisierung und Vertrauen in Agrarumweltinformationen und Beratungsdienste in England. *Zeitschrift für Umweltmanagement*, *118*, 96-105.

Synodinos, N. E. (2003). Die "Kunst" der Fragebogenkonstruktion: einige wichtige Überlegungen

für Produktionsstudien. *Integrierte Fertigungssysteme.*

Szreter, S. (2002). Der Zustand des Sozialkapitals: Rückbesinnung auf Macht, Politik und Geschichte. *Theorie und Gesellschaft, 31*(5), 573-621.

Tacoli, C. (1998). Bridging the divide: rural-urban interactions and livelihood strategies (S. 1-20).

London: Iied.

Taylor, B. M., & Van Grieken, M. (2015). Lokale Institutionen und die Beteiligung von Landwirten an agrarpolitischen

Umweltprogramme. *Zeitschrift für Ländliche Studien, 37*, 10-19.

Teddlie, C., & Tashakkori, A. (2009). *Grundlagen der Forschung mit gemischten Methoden:*

Integration von quantitativen und qualitativen Ansätzen in den Sozial- und Verhaltenswissenschaften. Sage.

Tenenhaus, M., Esposito Vinzi, V., Chatelin, Y. M., & Lauro, C. (2005). PLS-Pfadmodellierung.

Computergestützte Statistik und Datenanalyse, 48, 159-205.

Terre Blanche, M., Durrheim, K., & Painter, D. (2006). Forschung in der Praxis. Kap Stadt. *University of Cape Town Press Thomas, E., und Magilvy, JK (2011). Qualitative Rigorosität oder Forschungsvalidität in der qualitativen Forschung. Journal For Specialists In Pediatric Nursing, 16*, 151-155.

The World Bank 2009a, *Sri Lanka Agriculture Commercialization: Verbesserung des Einkommens der Landwirte*

in the Poorest Regions, Poverty Reduction and Economic Management Sector Unit, The World Bank, Washington DC.

Die Weltbank 2009b, *Sri Lanka: Prioritäten für Landwirtschaft und ländliche Entwicklung*, The World

Bankgruppe, abgerufen am 20. Oktober 2009.

Die Weltbank (2007) *Weltentwicklungsbericht 2008: Landwirtschaft für Entwicklung* (World

Bank, Washington, DC).

Thiruchelvam, S. (2005). Effizienz der Reiserzeugung und Fragen im Zusammenhang mit den Produktionskosten in

die Bezirke Anuradhapura und Polonnaruwa. *Journal of the National Science Foundation of Sri Lanka, 33*(4).

Thorbecke, E., & Svejnar, J. (1987). *Wirtschaftspolitik und landwirtschaftliche Leistung in Sri Lanka:*

1960-1984. OECD.

Traoré, N., Landry, R., & Amara, N. (1998). Übernahme von Erhaltungsmaßnahmen in den Betrieben: die Rolle
von Merkmalen der landwirtschaftlichen Betriebe und Landwirte, Wahrnehmungen und Gesundheitsgefahren. *Landökonomie*, 114-127.

Tsai, W., & Ghoshal, S. (1998). Sozialkapital und Wertschöpfung: Die Rolle der innerbetrieblichen
Netzwerke. *Academy of Management Journal*, *41*(4), 464-476.

Tubiello, F. N., Wanner, N., Asprooth, L., Mueller, M., Ignaciuk, A., Khan, A. A., & Rosero
Moncayo, J. (2021). *Messung der Fortschritte auf dem Weg zu einer nachhaltigen Landwirtschaft*. Food & Agriculture Org.

Twomlow, S., Hove, L., Mupangwa, W., Masikati, P., & Mashingaidze, N. (2008). Präzision
konservierende Landwirtschaft für gefährdete Landwirte in Gebieten mit geringem Potenzial.

Uddin, M. N., Bokelmann, W., & Entsminger, J. S. (2014). Faktoren, die die Anpassung der Landwirte beeinflussen
Strategien gegen die Umweltzerstörung und die Auswirkungen des Klimawandels: Eine Studie auf Betriebsebene in Bangladesch. *Klima*, *2*(4), 223-241.

Abteilung für wirtschaftliche und soziale Angelegenheiten der Vereinten Nationen Nachhaltige Entwicklung.
(2021). *Ernährung und Landwirtschaft: Nachhaltigkeit für das 21. Jahrhundert*. https://sdgs.un.org/topics/food-security-and-nutrition-and-sustainable-agriculture.

Vereinte Nationen. 2013. Kapitel 10: Wiederherstellung und Erhaltung der für die Ernährung wichtigen natürlichen Ressourcen
Sicherheit. Millennium Project Task Force on Hunger. S. 171-183.

UN-Generalversammlung. (2012). *Von der Generalversammlung am 27. Juli angenommene Resolution*
2012.
https://www.un.org/ga/search/view_doc.asp?symbol=A/RES/66/288&Lang=E.

UNODC. (2015). *Post-2015 Entwicklungsagenda*. Vereinte Nationen.

https://www.unodc.org/unodc/en/about-unodc/post-2015-development-agenda.html

Van der Leeuw, S. E. (2009). Krise" für einen Archäologen? Die Archäologie der Umwelt
Wandel: Socionatural Legacies of Degradation and Resilience, 40 .

Von Loeper, W., Musango, J., Brent, A., & Drimie, S. (2016). Analyse der Herausforderungen für
Kleinbauern und konservierende Landwirtschaft in Südafrika: Ein systemdynamischer Ansatz. South African Journal of Economic and Management Sciences, 19(5), 747-773.

Wang, H., Wang, X., Sarkar, A., & Zhang, F. (2021). Wie Kapitalausstattung und ökologische
Kognition die Einführung umweltfreundlicher Technologien beeinflussen: Ein Fall von Apfelbauern in der Provinz Shandong, China. *International Journal of Environmental Research and Public Health, 18*(14).

Wang, J., (2018). Integration von indigenem und wissenschaftlichem Wissen für die Entwicklung von
Nachhaltige Landwirtschaft: Studien in der Provinz Shaanxi. *Asian Journal of Agriculture and Development, 15*(2), 41-58.

Wanasinghe, Y. A. D. S. (1987). Eine Studie über Dienstleistungszentren und die sich entwickelnden Verflechtungsmuster
im Mahaweli-Entwicklungsgebiet. *GeoJournal, 14*(2), 237-251.

Waseem, R., Mwalupaso, G. E., Waseem, F., Khan, H., Panhwar, G. M., & Shi, Y. (2020).
Einführung nachhaltiger landwirtschaftlicher Praktiken im Bananenanbau: eine Studie in der Region Sindh in Pakistan. *International Journal of Environmental Research and Public Health, 17*(10), 3714.

Watawala, R. C., Liyanage, J. A., & Mallawatantri, A. (2010). Bewertung der Risiken für die Wasserkörper
durch Rückstände von Agrarfungiziden in Gebieten mit intensiver Landwirtschaft im Landesinneren von Sri Lanka unter Verwendung eines Indikatormodells. In *Proceedings of the National Conference on Water, Food Security and Climate Change in Sri Lanka* (S. 69-76).

Watawala, R. C., Aravinna, P., Liyanage, J. A., & Mallawatantri, A. P. (2003). Potenzielle Bedrohungen für

Grundwasser in Kalpitiya durch den Einsatz von hochlöslichen Pestiziden in der Landwirtschaft. In *Proc. Sri Lanka Assoc. AdV. Sci* (Vol. 59, S. 251).

Warriner, G. K., & Moul, T. M. (1992). Einflüsse von Verwandtschaft und persönlichen Kommunikationsnetzwerken über die Einführung von Technologien zur Erhaltung der Landwirtschaft. *Zeitschrift für ländliche Studien*, *8*(3), 279-291.

Weerahewa, J. (2021). *Reform der Düngemittelimportpolitik für eine nachhaltige Intensivierung des Landwirtschaftliche Systeme in Sri Lanka: Liegt ein Politikversagen vor?*

Weerahewa, J., Kodithuwakku, S. S., & Ariyawardana, A. (2010). *Das Düngemittel-Subventionsprogramm in Sri Lanka. Lebensmittelpolitik für Entwicklungsländer: Fallstudien* (S. 27-39). ecommons.cornell.edu.

Weerahewa, J. (2006). *Liberalisierung des Reismarktes und Wohlfahrt der Haushalte in Sri Lanka: eine allgemeine Gleichgewichtsanalyse* (Nr. 1617-2016-134617).

Wetzels, M., Odekerken-Schroder, G., & van Oppen, C. (2009). Verwendung der PLS-Pfadmodellierung für Bewertung von hierarchischen Konstruktmodellen: Leitlinien und empirische Veranschaulichung. *MIS Quarterly*, 33, 177-195.

Wilson, T. D. (2002). Informationswissenschaft und Forschungsmethoden. *Kniznicna a Informacna Veda*, *19*, 63-71.

Wijesinghe, A. (2021). Chemische Düngemittelimporte und die Umwelt: Evidenzbasierte Ansatz für eine grüne Wirtschaft unter Berücksichtigung des Tradeoffs. *Sri Lanka Journal of Economic Research*, *9*(1), 117-130.

Wijesooriya, N., Champika, J., Kuruppu, V. (2020). Der sozioökonomische Status, Kanal Auswahl und Wahrnehmung der Verbindungen der Paddy-Bauern zu den öffentlichen und privaten Vermarktungskanälen in Sri Lanka. *Hector Kobbekaduwa Agrarian Research and Training Institute.*

Wilson, G. (2010). Multifunktionale "Qualität" und die Widerstandsfähigkeit ländlicher Gemeinschaften. *Transactions of the*

Institute of British Geographers, *35*(3), 364-381.

Zahra, F. T. (2018). *Educating Farmers To Be Environmentally Sustainable: Knowledge,*
Skills And Farmer Productivity In Rural Bangladesh (Dissertation, University of Pennsylvania).

Zemo, K. H., & Termansen, M. (2018). Die Bereitschaft der Landwirte zur Teilnahme an kollektiven Biogasanlagen
Investitionen: Eine Studie mit diskretem Auswahlexperiment. *Ressourcen- und Energiewirtschaft*, *52*, 87-101.

Zucker, L. G. (1986). Die Produktion von Vertrauen: Staatliche Quellen der Wirtschaftsstruktur, 1840-
1920. *Forschung im Bereich Organisationsverhalten*.

Zingore, S., Murwira, H. K., Delve, R. J., & Giller, K. E. (2007). Einfluss des Nährstoffmanagements
Strategien zur Variabilität der Bodenfruchtbarkeit, der Ernteerträge und der Nährstoffbilanzen auf kleinbäuerlichen Betrieben in Simbabwe. *Landwirtschaft, Ökosysteme und Umwelt*, *119*(1-2), 112-126.

Zoveda, F., Garcia, S., Pandey, S., Thomas, G., Soto, D., Bianchi, G., ... & Kollert, W. (2014).

Entwicklung einer gemeinsamen Vision für nachhaltige Lebensmittel und Landwirtschaft.

7 Anhang 01 Tabellen und Abbildungen der quantitativen Synthese der Literaturübersicht

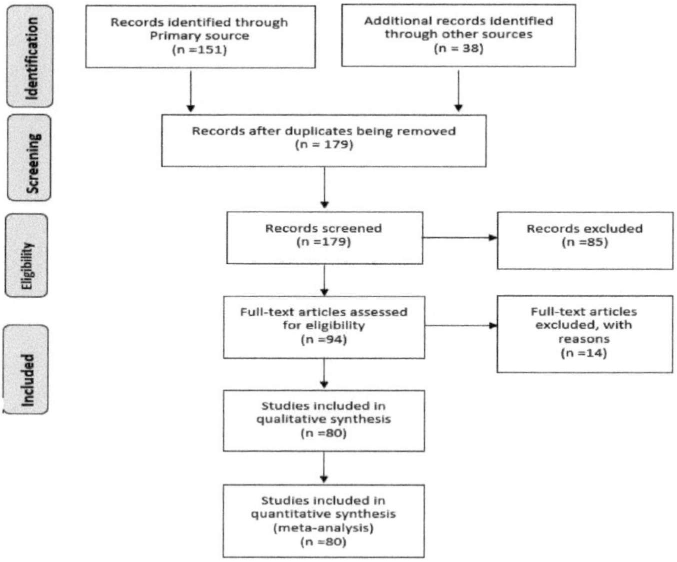

Abbildung 7-1 Artikelauswahl

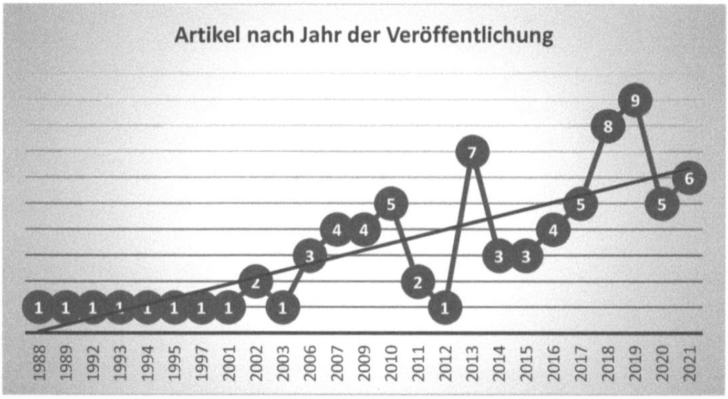

Abbildung 7-2 Wachstum des Forschungsinteresses über die Jahre

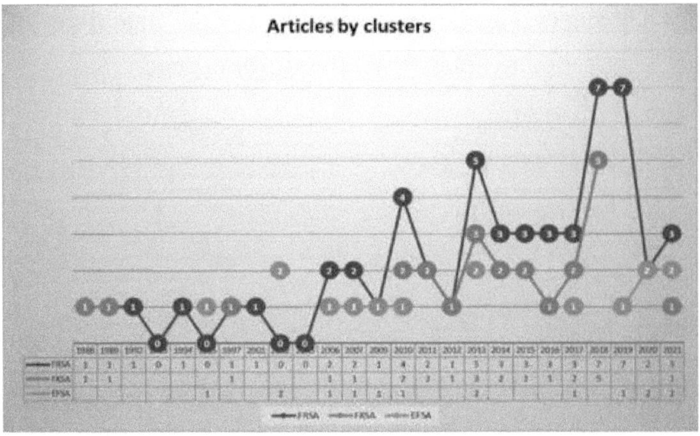

Abbildung 7-3 Forschungsinteresse nach Clustern der Überprüfung

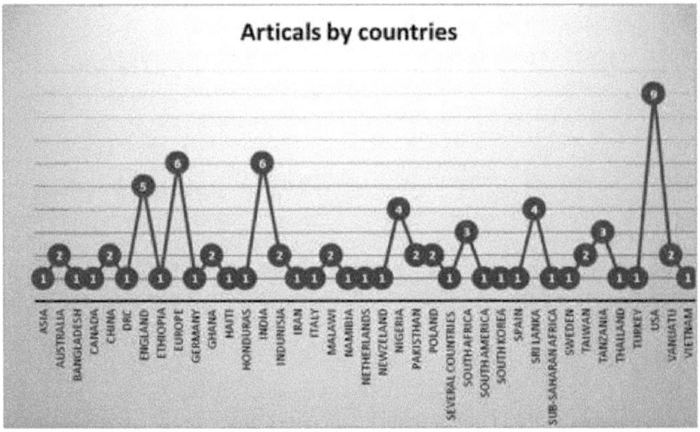

Abbildung 7-4 Forschungsinteresse nach Land

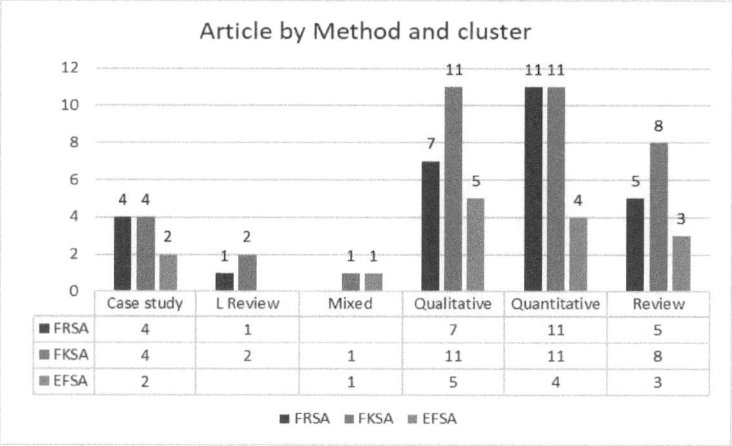

Abbildung 7-5 Forschungsinteresse nach dem Cluster der Überprüfung

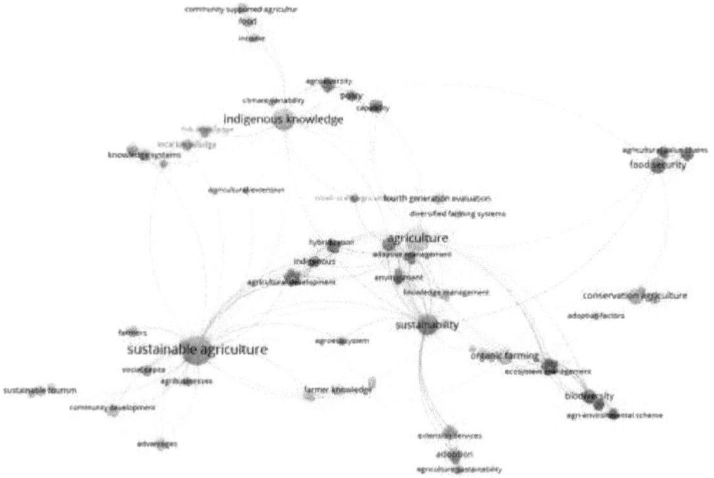

Abbildung 7-6 Intensität und Nexus der Hauptvorkommen von Schlüsselwörtern

Tabelle 7-1 Zeitschriften und Verlage der ausgewählten Artikel

Zeitschrift Name	***ABDC -Rang***	***Nein***	***Auswirkungsfaktor***	***Herausgeber***
Globale Umweltveränderungen	A*	2	10.427	Elsevier
Ökologie	A	1	4.7	Wiley-Blackwell Publishing
Lokale Umwelt		1	4.55	Elsevier
Landwirtschaftliche Systeme		1	4.49	Elsevier
Umweltmanagement			4.175	Springer International Publishing
Ökologie und Gesellschaft		2	4.14	Blackwell Publishing Asien Pty Ltd
Amerikanische Zeitschrift für experimentelle Landwirtschaft		1	4.12	Publons
Internationale Zeitschrift für Sozialökonomie	B	2	3.986	Emerald Group Publishing
Zeitschrift für nachhaltigen Tourismus	A*	4	3.986	Taylor & Francis Online
Landnutzungspolitik	A	1	3.85	Elsevier
Lebensmittelpolitik	B	1	3.788	Smaragd-Verlag
Bodenverschlechterung und Entwicklung		1	3.775	Wiley Online-Bibliothek
Umwelt und Planung A	A*	2	3.033	Sage Veröffentlichungen
Wirtschafts- und Sozialbericht	B	1	2.661	Wirtschafts- und Sozialstudien GmbH
Landwirtschaft und menschliche Werte	B	12	2.222	Springer International Publishing
Australische Zeitschrift für Agrar- und Ressourcenökonomie	A	1	1.49	Wiley-Blackwell Publishing
Europäische Zeitschrift für politische Ökonomie	A	1	1.248	Elsevier
Zeitschrift für Agrar- und Ressourcenökonomie	B	1	0.61	Cambridge Kern

Tabelle 7-2 Details zu ausgewählten Autoren

Autor	***Zitate***	***Zugehörigkeit***	***Interesse an Forschung***
Duncan Knowler	1771	Simon Fraser Universität, Kanada	Ökologische, umweltbezogene Ökonomie der natürlichen Ressourcen
Darnhofer Ika	376	Universität für Bodenkultur, Wien	Resilienz, ökologischer Landbau, ländliche Soziologie, ländliche Entwicklung, Entscheidungsfindung der Landwirte
Gerard D'Souza	318	Hochschule für Landwirtschaft und Humanwissenschaften, Prairie View	Agrarökonomie
Johan Ahnströms	308	Schwedische Universität für Agrarwissenschaften	Landwirte und Naturschutz
Hoffmann, Volker	283	Computational Science, Fernerkundung, Maschinelles Lernen	Departement für Management, Technologie und Ökonomie der ETH Zürich
Marsden, Terry	260	Universität Cardiff	Umweltpolitik und -planung
Bowman, Maria S.	232	USDA Wirtschaftsforschungsdienst	Wirtschaft der natürlichen Ressourcen
Šūmane, Sandra	230	Zentrum für Baltische Studien	Geoinformatik (GIS), Sozialtheorie, Qualitative Sozialforschung, Stadt-/Landsoziologie

Autor	***Zitate***	***Zugehörigkeit***	***Interesse an Forschung***

Tabelle 7-3 Die am häufigsten zitierten Artikel nach einem Cluster von Rezensionen

Cluster	***Zitat-Tag***	***Land***	***Anzahl der Zitate***
Bereitschaft der Landwirte für eine nachhaltige Landwirtschaft (FRSA)	**Ahnstroem2009**	Europa	308
	Dsouza1993	USA	318
	Knowler2007	Kanada	1771
	Ackermann2014	USA	199
	Bowman2013	USA	232
	Darnhofer2010	Neuseeland	376
	Ndamani2015	Ghana	100
Wissen der Landwirte über nachhaltige Landwirtschaft (FKSA)	**Changa2010**	Tansania	112
	Senanayake2006	Sri Lanka	118
	Sumane2018	Europa	230
Exogene Faktoren für eine nachhaltige Landwirtschaft (EFSA)	**Choo2009**	Südkorea	153
	Hoffmann2007	Namibia	283
	Knowd2006	Australien	131
	Marsden2002	Europa	260

8 Anhang 02 Kommentare der Experten zum ersten Forschungsfragebogen

Tabelle 8-1 Kommentare der Expertenbewertung

Kommentare der Rezensenten
Rezensent 01
Im Allgemeinen hat der Fragebogen den Forschungsbereich umfassend erfasst. Die Bindung der Landwirte an ihre Anbauflächen scheint ein entscheidender Faktor bei der Anpassung an die nachhaltige Landwirtschaft zu sein. Die folgenden Fragen werden für die Bewertung der relevanten Konstrukte empfohlen: 1. Haben Sie kürzlich eine Bodenuntersuchung in Ihrem Betrieb durchgeführt? 2. Behalten Sie Ernterückstände auf der landwirtschaftlichen Fläche? 3. Halten Sie sich an einen Fruchtfolgeplan? Die Tierhaltung spielt sowohl in der SA als auch in der ökologischen Landwirtschaft in Indien eine wichtige Rolle. Daher schlägt der Gutachter vor, das Ausmaß der Tierhaltung in der ländlichen Landwirtschaft Sri Lankas zu untersuchen. Darüber hinaus wird empfohlen, die schädlichsten Schädlinge und Tiere, die den Reisanbau beeinträchtigen, einschließlich der Häufigkeit und des Ausmaßes der von ihnen verursachten Schäden, zu bewerten, da diese Faktoren in solchen Studien eine wesentliche Rolle spielen.
Rezensent 02
Der Gutachter schlägt vor, die Ausbildung der Landwirte anhand der spezifischen Ausbildungsjahre zu bewerten, anstatt sie in Intervalle einzuteilen. Außerdem wird empfohlen, eine zusätzliche Frage aufzunehmen, um Informationen über die spezifische landwirtschaftliche Ausbildung der Landwirte zu sammeln, was sich möglicherweise auf die Hypothesenprüfung auswirken könnte. Darüber hinaus schlägt der Gutachter die Aufnahme zusätzlicher Fragen vor, um die "Gesundheit und das Wohlbefinden" der Landwirte zu erfassen. Es wird empfohlen, identifizierte Doppelfragen in

mehrere Fragen aufzuteilen, um die Klarheit zu erhöhen. Um Unklarheiten zu beseitigen, sollten bestimmte hervorgehobene Fragen entsprechend umformuliert werden.

Rezensent 03

Die Aufnahme einer geschlechtsspezifischen Frage für die Landwirte würde einen wichtigen Beitrag zur Mehrgruppenanalyse leisten. Um die Genauigkeit zu erhöhen, wird empfohlen, Dummy-Variablen auf nominale Variablen zu beschränken und die Fragen so zu formulieren, dass die Erfahrungen der Landwirte in denselben Jahren und nicht in verschiedenen Zeiträumen erfasst werden. Es wird empfohlen, zu untersuchen, ob die Landwirte Vollzeit- oder Nebenerwerbslandwirtschaft betreiben, sowie ihre anderen Berufe, Einkommensquellen und zusätzlichen landwirtschaftlichen Tätigkeiten zu erforschen, da diese Faktoren direkte oder indirekte Auswirkungen auf ihr Potenzial für nachhaltige Landwirtschaft haben können.

Der Gutachter schlägt außerdem vor, eine Frage dazu aufzunehmen, wie die Landwirte Arbeitskräfte für die Landwirtschaft beschaffen (Familie, angestellt oder beides), da frühere Studien gezeigt haben, dass die Art der beschäftigten Arbeitskräfte die Einführung nachhaltiger landwirtschaftlicher Praktiken beeinflussen kann. Es wird vereinbart, die 0-5 Likert-Skala (SD, D, N, A, SA) für diese Fragen zu verwenden.

Rezensent 04

Der Gutachter erkennt die Qualität der Fragen an, was darauf hindeutet, dass der Forscher wahrscheinlich über Erfahrung in ländlichen Gebieten verfügt. Es gibt jedoch Bedenken hinsichtlich der Länge des Fragebogens, für den eine Bearbeitungszeit von 65 Minuten veranschlagt wird. Daher empfiehlt der Gutachter, den Fragebogen zu kürzen, um eine handlichere Befragungszeit von 30-40 Minuten zu erreichen. Es wird vorgeschlagen, weniger wichtige Fragen herauszufiltern und zu streichen oder bestimmte Fragen zusammenzufassen, z. B. solche, die sich auf Kuh- und Hühnermist beziehen.

Der Gutachter stellt fest, dass die positiv formulierten Likert-Fragen überwiegen, und empfiehlt die Einführung neutraler formulierter Fragen, um ein differenzierteres Verständnis der gemessenen Variablen zu ermöglichen.

Dieser Ansatz soll verhindern, dass die Befragten aus Faulheit oder dem Wunsch, sich selbst in einem positiven Licht darzustellen, automatisch die günstigste Option auswählen.

Bezüglich der Korrelation zwischen dem Alter des Landwirts und den Jahren, die er in der Landwirtschaft tätig ist, empfiehlt der Gutachter, bei der Analyse auf mögliche Kollinearitätsprobleme zu achten, auch wenn es sinnvoll ist, diese getrennt zu erfragen. Der Gutachter schlägt außerdem vor, Fragen mit möglichen Antworten zu vermeiden, die von vornherein in einem positiven Licht erscheinen, da die Landwirte dazu neigen könnten, die Frage zu bejahen, selbst wenn sie anderer Meinung sind.

9 Anhang 03 Ergebnisse der Datenanalyse der Piloterhebung

9.1 Ergebnisse der Hauptkomponentenanalyse (Messmodell)

Exabit 01- Bewertung der konvergenten Gültigkeit Humankapital

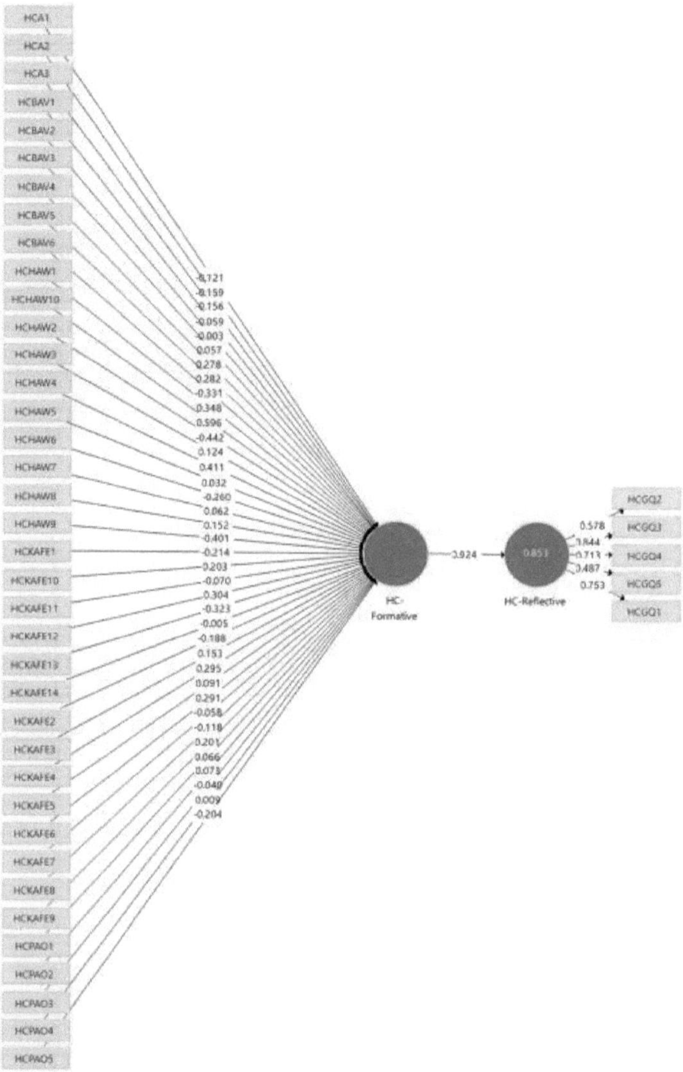

Tabelle 9-1 Redundanzanalyse Humankapital

Kollinearitätsstatistiken		**Äußere Gewichte**			**Äußere Belastung**		
Indikator	VIF	Std. Abweichung	T Statistik	P-Werte	Std. Abweichung	T Statistik	P-Werte
HCA1	2.316	2.22	0.054	0.957	0.127	0.922	0.357
HCA2	3.902	1.738	0.091	0.927	0.128	0.413	0.68
HCA3	3.144	1.621	0.096	0.923	0.122	1.544	0.123
HCBAV1	3.011	2.564	0.023	0.982	0.112	1.678	0.094
HCBAV2	2.039	2.269	0.001	0.999	0.129	0.071	0.943
HCBAV3	2.338	1.394	0.041	0.967	0.126	2.313	0.021
HCBAV4	7.576	3.843	0.072	0.942	0.122	2.749	0.006
HCBAV5	5.201	2.536	0.111	0.911	0.089	5.565	0
HCBAV6	4.704	2.43	0.136	0.892	0.13	2.513	0.012
HCGQ2	1.355	0.047	4.768	0	0.116	4.991	0
HCGQ3	1.889	0.028	13.515	0	0.028	30.593	0
HCGQ4	1.546	0.031	9.387	0	0.083	8.547	0
HCGQ5	1.145	0.061	3.805	0	0.146	3.343	0.001
HCHAW1	7.024	4.188	0.083	0.934	0.119	4.077	0
HCHAW10	6.871	2.879	0.207	0.836	0.115	3.595	0
HCHAW2	5.578	3.787	0.117	0.907	0.132	2.119	0.034
HCHAW3	4.245	2.153	0.058	0.954	0.137	2.099	0.036
HCHAW4	6.806	3.605	0.114	0.909	0.097	6.786	0
HCHAW5	4.296	1.785	0.018	0.986	0.123	3.355	0.001
HCHAW6	5.298	3.104	0.084	0.933	0.118	2.582	0.01
HCHAW7	2.101	2.006	0.031	0.975	0.127	2.267	0.024
HCHAW8	3.695	2.828	0.054	0.957	0.111	4.232	0
HCHAW9	5.906	2.48	0.162	0.872	0.138	2.585	0.01
HCKAFE1	11.956	3.802	0.056	0.955	0.121	2.644	0.008
HCKAFE10	4.945	3.016	0.067	0.946	0.093	6.789	0
HCKAFE11	6.713	2.901	0.024	0.981	0.092	5.866	0
HCKAFE12	5.548	2.452	0.124	0.901	0.086	6.785	0
HCKAFE13	11.873	4.326	0.075	0.941	0.074	8.482	0
HCKAFE14	6.849	3.237	0.002	0.999	0.121	4.007	0
HCKAFE2	6.545	4.157	0.045	0.964	0.121	2.601	0.009
HCKAFE3	12.714	4.694	0.033	0.974	0.122	3.226	0.001
HCKAFE4	5.445	2.294	0.129	0.898	0.134	1.927	0.054
HCKAFE5	3.77	2.548	0.036	0.972	0.108	4.559	0
HCKAFE6	4.641	2.232	0.13	0.896	0.1	6.542	0
HCKAFE7	5.091	2.604	0.022	0.982	0.105	4.475	0
HCKAFE8	4.393	2.882	0.041	0.967	0.134	3.79	0
HCKAFE9	9.668	4.181	0.048	0.962	0.077	9.036	0
HCPAO1	7.69	4.005	0.017	0.987	0.143	2.823	0.005
HCPAO2	6.215	3.323	0.022	0.983	0.131	3.235	0.001
HCPAO3	4.743	3.009	0.013	0.989	0.127	2.783	0.005
HCPAO4	9.484	3.22	0.003	0.998	0.117	1.955	0.051

HCPAO5	6.531	2.558	0.08	0.936	0.126	1.562	0.119
HCGQ1	1.519	0.032	9.468	0	0.067	11.245	0

Exabit 02- Bewertung Konvergente Gültigkeit Soziales Kapital

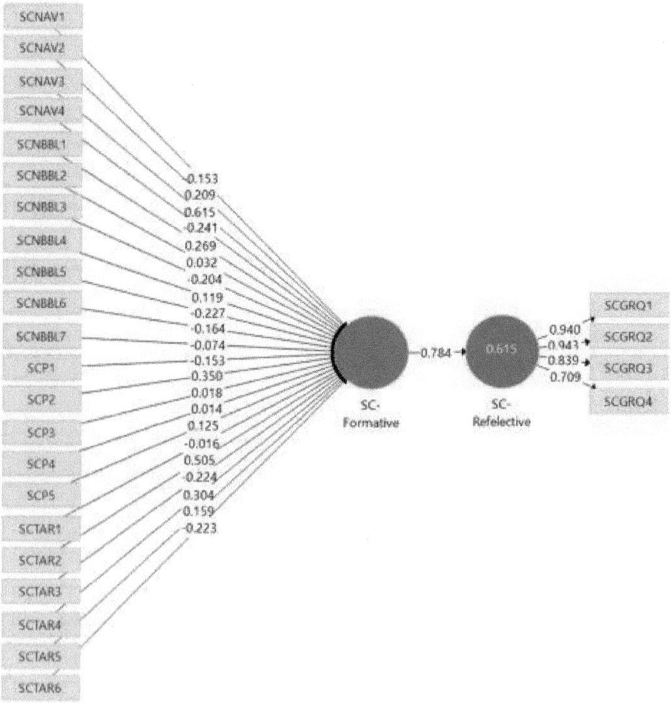

Tabelle 9-2 Redundanzanalyse Soziales Kapital

Kollinearitätsstatistiken		**Äußeres Gewicht**			**Äußere Belastung**		
Indikator	VIF	Std. Abweichung	T Statistik	P-Werte	Std. Abweichung	T Statistik	P-Werte
SCGRQ1	6.434	0.021	14.89	0	0.017	56.434	0
SCGRQ2	6.326	0.023	14.818	0	0.016	59.27	0
SCGRQ3	2.271	0.024	10.392	0	0.052	16.103	0
SCGRQ4	1.448	0.04	6.025	0	0.12	5.902	0
SCNAV1	2.004	0.219	0.699	0.485	0.155	2.67	0.008
SCNAV2	2.007	0.239	0.876	0.381	0.149	0.813	0.416
SCNAV3	2.671	0.233	2.644	0.008	0.124	5.14	0

Kollinearitätsstatistiken		Äußeres Gewicht			Äußere Belastung		
SCNAV4	2.262	0.213	1.129	0.259	0.138	1.564	0.118
SCNBBL1	2.553	0.294	0.915	0.36	0.124	3.775	0
SCNBBL2	3.078	0.246	0.131	0.895	0.125	0.547	0.585
SCNBBL3	4.003	0.338	0.605	0.545	0.143	0.012	0.99
SCNBBL4	3.971	0.336	0.354	0.723	0.126	0.107	0.915
SCNBBL5	2.686	0.254	0.895	0.371	0.128	0.252	0.801
SCNBBL6	4.732	0.29	0.566	0.571	0.143	2.441	0.015
SCNBBL7	7.757	0.327	0.226	0.821	0.123	4.342	0
SCP1	2.433	0.228	0.67	0.503	0.094	2.068	0.039
SCP2	2.401	0.241	1.451	0.147	0.116	4.768	0
SCP3	3.621	0.285	0.064	0.949	0.107	4.242	0
SCP4	3.55	0.258	0.055	0.956	0.121	4.679	0
SCP5	3.36	0.251	0.5	0.617	0.083	7.132	0
SCTAR1	1.747	0.228	0.069	0.945	0.147	1.198	0.231
SCTAR2	5.336	0.331	1.525	0.127	0.117	4.618	0
SCTAR3	4.077	0.321	0.698	0.485	0.14	0.187	0.852
SCTAR4	2.635	0.3	1.012	0.312	0.169	1.845	0.065
SCTAR5	3.071	0.235	0.674	0.5	0.103	4.808	0
SCTAR6	3.696	0.287	0.777	0.437	0.133	0.94	0.347

Exabit 03 Bewertung Konvergente Gültigkeit Finanzielles Kapital

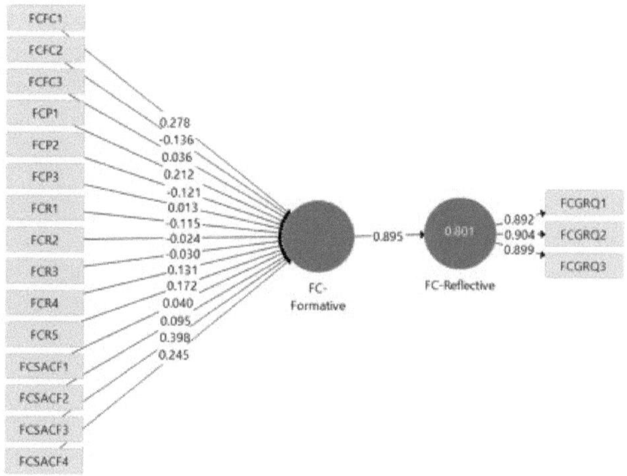

Tabelle 9-3 Redundanzanalyse Finanzielles Kapital

Kollinearitätsstatistiken		Äußeres Gewicht			Äußere Belastung		
Indikator	VIF	Std. Abweichung	T Statistik	P-Werte	Std. Abweichung	T Statistik	P-Werte
FCFC1	6.562	0.234	1.189	0.235	0.075	9.144	0
FCFC2	6.239	0.244	0.557	0.578	0.09	6.621	0
FCFC3	2.242	0.127	0.282	0.778	0.117	4.577	0
FCGRQ1	2.394	0.018	19.569	0	0.031	28.755	0
FCGRQ2	2.461	0.018	21.112	0	0.029	30.65	0
FCGRQ3	2.462	0.018	20.943	0	0.033	27.469	0
FCP1	2.207	0.145	1.466	0.143	0.077	9.118	0
FCP2	2.132	0.11	1.097	0.273	0.114	4.122	0
FCP3	2	0.126	0.106	0.916	0.135	3.046	0.002
FCR1	2.909	0.16	0.718	0.473	0.13	3.618	0
FCR2	1.583	0.096	0.248	0.804	0.131	0.051	0.959
FCR3	2.834	0.135	0.225	0.822	0.147	1.114	0.265
FCR4	2.752	0.136	0.963	0.335	0.111	4.921	0
FCR5	2.663	0.13	1.317	0.188	0.116	4.755	0
FCSACF1	2.273	0.112	0.357	0.721	0.099	6.477	0
FCSACF2	3.561	0.159	0.601	0.548	0.086	8.922	0
FCSACF3	3.541	0.177	2.245	0.025	0.053	17.066	0
FCSACF4	3.882	0.16	1.529	0.126	0.061	14.185	0

Exabit 04 Bewertung Konvergente Gültigkeit Physisches Kapital

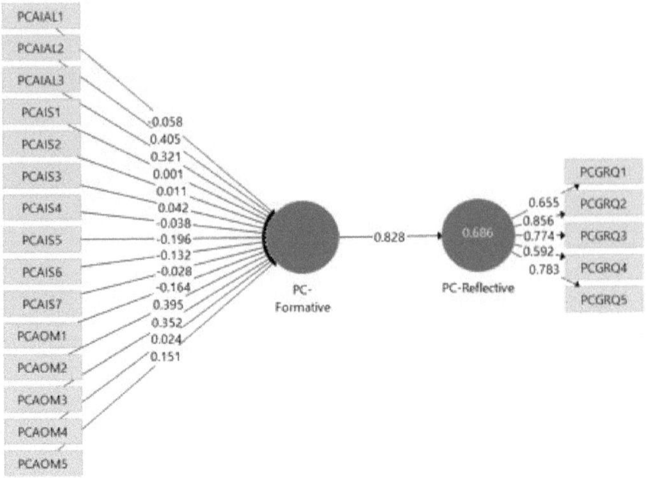

Tabelle 9-4 Redundanzanalyse Physisches Kapital

Kollinearitätsstatistiken		**Äußeres Gewicht**			**Äußere Belastung**		
Indikator	VIF	Std. Abweichung	T Statistik	P-Werte	Std. Abweichung	T Statistik	P-Werte
PCAIAL1	3.437	0.334	0.175	0.861	0.176	3.379	0.001
PCAIAL2	3.797	0.34	1.191	0.234	0.14	5.333	0
PCAIAL3	1.953	0.16	2.002	0.045	0.12	5.008	0
PCAIS1	2.556	0.166	0.006	0.995	0.167	0.083	0.934
PCAIS2	3.618	0.238	0.048	0.962	0.162	0.236	0.814
PCAIS3	8.064	0.354	0.12	0.905	0.147	0.134	0.893
PCAIS4	7.524	0.354	0.109	0.914	0.15	0.32	0.749
PCAIS5	4.176	0.372	0.528	0.598	0.157	0.211	0.833
PCAIS6	3.793	0.293	0.449	0.653	0.146	0.753	0.451
PCAIS7	2.761	0.192	0.145	0.885	0.148	0.547	0.584
PCAOM1	3.407	0.242	0.68	0.497	0.159	2.626	0.009
PCAOM2	4.455	0.287	1.375	0.169	0.115	4.904	0

PCAOM3	2.794	0.221	1.594	0.111	0.077	10.797	0
PCAOM4	3.191	0.193	0.122	0.903	0.091	7.149	0
PCAOM5	1.951	0.151	1.005	0.315	0.128	2.931	0.003
PCGRQ1	1.481	0.039	6.1	0	0.086	7.61	0
PCGRQ2	2.375	0.038	8.334	0	0.054	15.82	0
PCGRQ3	1.764	0.034	8.22	0	0.081	9.577	0
PCGRQ4	1.445	0.064	2.703	0.007	0.154	3.85	0
PCGRQ5	1.912	0.041	7.915	0	0.069	11.312	0

Exabit 05 Bewertung Konvergente Gültigkeit Naturkapital

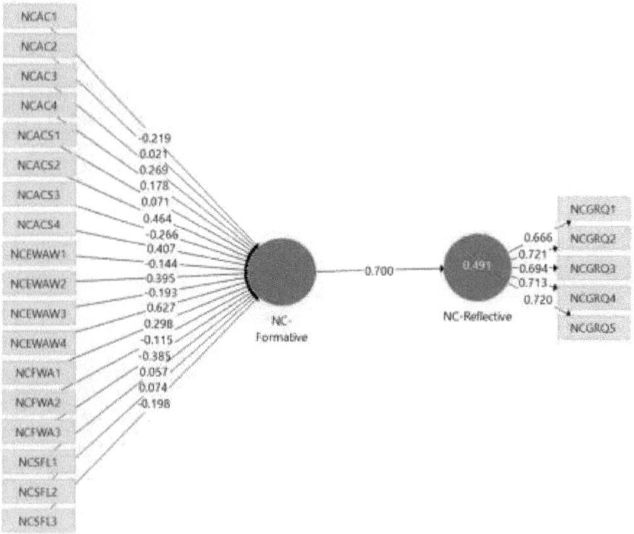

Tabelle 9-5 Redundanzanalyse Naturkapital

Kollinearitätsstatistiken		**Äußeres Gewicht**			**Äußere Belastung**		
Indikator	VIF	Std. Abweichung	T Statistik	P-Werte	Std. Abweichung	T Statistik	P-Werte
NCAC1	10.226	40.198	0.005	0.996	0.149	2.506	0.012
NCAC2	9.509	0.804	0.026	0.979	0.151	2.63	0.009
NCAC3	19.538	58.429	0.005	0.996	0.149	2.694	0.007
NCAC4	9.909	20.203	0.009	0.993	0.141	2.896	0.004

NCACS1	6.394	0.406	0.175	0.861	0.129	4.67	0
NCACS2	5.078	0.322	1.442	0.15	0.121	4.742	0
NCACS3	2.944	0.282	0.943	0.346	0.151	3.344	0.001
NCACS4	2.972	0.273	1.49	0.137	0.14	4.179	0
NCEWAW1	3.675	0.342	0.42	0.675	0.138	4.752	0
NCEWAW2	3.785	0.304	1.301	0.194	0.146	3.807	0
NCEWAW3	2.467	0.269	0.719	0.472	0.151	2.651	0.008
NCEWAW4	3.599	0.307	2.044	0.041	0.131	4.926	0
NCFWA1	2.182	0.248	1.204	0.229	0.187	0.905	0.365
NCFWA2	2.644	0.266	0.433	0.665	0.194	0.651	0.515
NCFWA3	2.811	0.313	1.228	0.22	0.182	0.853	0.394
NCGRQ1	1.318	0.084	3.747	0	0.138	4.831	0
NCGRQ2	1.5	0.066	5.495	0	0.102	7.065	0
NCGRQ3	1.637	0.079	2.721	0.007	0.142	4.871	0
NCGRQ4	2.719	0.066	3.904	0	0.115	6.172	0
NCGRQ5	2.76	0.071	3.814	0	0.12	6.025	0
NCSFL1	1.799	0.206	0.278	0.781	0.164	2.297	0.022
NCSFL2	2.397	0.284	0.259	0.795	0.193	2.111	0.035
NCSFL3	1.621	0.207	0.955	0.34	0.157	0.117	0.907

Exabit 06 Bewertung Konvergente Validität Wahrgenommene Wirksamkeit von Regierungsinterventionen

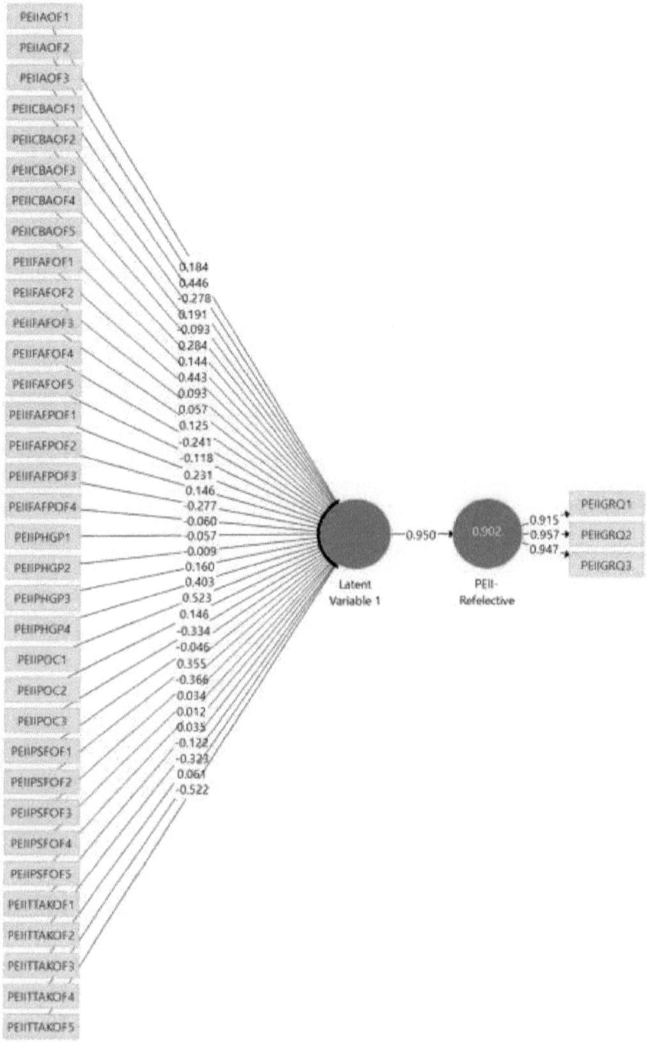

Tabelle 9-6 Redundanzanalyse Wahrgenommene Wirksamkeit staatlicher Interventionen

Kollinearitätsstatistiken		**Äußeres Gewicht**			**Äußere Belastung**		
Indikator	VIF	Std. Abweichung	T Statistik	P-Werte	Std. Abweichung	T Statistik	P-Werte
PEIIAOF1	3.118	0.574	0.321	0.748	0.091	6.051	0
PEIIAOF2	4.162	1.362	0.328	0.743	0.111	4.657	0
PEIIAOF3	5.203	1.383	0.201	0.841	0.103	3.415	0.001
PEIICBAOF1	5.056	0.937	0.204	0.838	0.086	7.002	0
PEIICBAOF2	8.162	1.8	0.051	0.959	0.101	4.829	0
PEIICBAOF3	35.021	3.048	0.093	0.926	0.093	5.654	0
PEIICBAOF4	26.373	2.877	0.05	0.96	0.094	5.457	0
PEIICBAOF5	14.034	1.792	0.247	0.805	0.101	3.55	0
PEIIFAFOF1	6.18	1.321	0.07	0.944	0.11	3.575	0
PEIIFAFOF2	4.078	1.283	0.044	0.965	0.106	3.253	0.001
PEIIFAFOF3	4.767	0.86	0.145	0.885	0.096	5.44	0
PEIIFAFOF4	20.896	2.331	0.104	0.918	0.098	4.35	0
PEIIFAFOF5	15.948	2.18	0.054	0.957	0.109	4.534	0
PEIIFAFPOF1	7.501	1.663	0.139	0.89	0.066	9.98	0
PEIIFAFPOF2	5.523	1.761	0.083	0.934	0.088	7.271	0
PEIIFAFPOF3	7.636	1.599	0.174	0.862	0.102	4.48	0
PEIIFAFPOF4	6.276	1.463	0.041	0.967	0.089	6.437	0
PEIIGRQ1	3.062	0.006	58.248	0	0.028	32.413	0
PEIIGRQ2	5.556	0.009	39.226	0	0.013	72.263	0
PEIIGRQ3	4.831	0.01	38.303	0	0.018	51.287	0
PEIIPHGP1	5.809	1.221	0.047	0.963	0.11	4.039	0
PEIIPHGP2	6.936	1.143	0.008	0.994	0.142	1.366	0.172
PEIIPHGP3	8.445	1.018	0.157	0.875	0.104	4.499	0
PEIIPHGP4	6.653	1.131	0.356	0.722	0.091	5.563	0
PEIIPOC1	3.346	0.987	0.53	0.596	0.089	7.625	0

Kollinearitätsstatistiken		Äußeres Gewicht			Äußere Belastung		
PEIIPOC2	3.257	0.65	0.225	0.822	0.109	3.855	0
PEIIPOC3	3.046	1.077	0.31	0.756	0.115	2.735	0.006
PEIIPSFOF1	5.102	1.001	0.046	0.964	0.134	0.026	0.979
PEIIPSFOF2	4.79	0.844	0.421	0.674	0.104	3.929	0
PEIIPSFOF3	5.292	1.207	0.304	0.761	0.113	3.022	0.003
PEIIPSFOF4	4.39	0.781	0.044	0.965	0.115	0.927	0.354
PEIIPSFOF5	7.051	1.213	0.01	0.992	0.119	1.82	0.069
PEIITTAKOF1	7.512	1.873	0.019	0.985	0.103	4.072	0
PEIITTAKOF2	11.886	2.175	0.056	0.955	0.108	2.814	0.005
PEIITTAKOF3	29.113	2.417	0.134	0.894	0.092	5.566	0
PEIITTAKOF4	21.372	2.216	0.028	0.978	0.094	5.359	0
PEIITTAKOF5	13.026	1.746	0.299	0.765	0.104	3.093	0.002

Tabelle 9-7 Redundanzanalyse der reflektierenden Variablen

Kollinearitätsstatistiken		Äußere Gewichte			Äußere Belastung		
Indikator	VIF	St. Abweichung	T Statistik	P-Werte	St. Abweichung	T Statistik	P-Werte
PCGRQ3	3.256	0.012	9.205	0	0.059	13.324	0
PEIIGRQ2	9.003	0.019	5.631	0	0.103	7.109	0
PCGRQ2	3.608	0.015	5.391	0	0.097	6.841	0
HCGQ3	2.694	0.016	5.357	0	0.104	6.072	0
HCGQ2	2.722	0.016	5.366	0	0.097	5.673	0
PEIIGRQ3	6.332	0.019	4.952	0	0.111	5.608	0
NCGRQ1	2.073	0.019	4.565	0	0.112	5.531	0
PEIIGRQ1	4.568	0.019	4.622	0	0.116	5.224	0
HCGQ4	2.714	0.016	4.685	0	0.11	4.991	0
SCGRQ3	3.837	0.02	3.666	0	0.125	4.924	0
FCGRQ1	4.529	0.016	4.158	0	0.118	4.714	0
FCGRQ3	4.328	0.018	4.675	0	0.126	4.644	0

Kollinearitätsstatistiken		Äußere Gewichte			Äußere Belastung		
SCGRQ2	9.149	0.025	2.722	0.007	0.136	4.557	0
SCGRQ4	3.17	0.018	3.068	0.002	0.122	4.371	0
PCGRQ5	2.531	0.021	3.559	0	0.133	4.139	0
HCGQ5	2.188	0.022	2.153	0.031	0.112	4.081	0
FCGRQ2	3.929	0.02	3.828	0	0.135	4.074	0
SCGRQ1	9.387	0.024	2.37	0.018	0.142	3.81	0
NCGRQ2	3.035	0.021	3.126	0.002	0.131	3.494	0
HCGQ1	2.017	0.024	3.142	0.002	0.133	3.352	0.001
PCGRQ1	2.566	0.019	2.822	0.005	0.13	3	0.003
NCGRQ5	3.979	0.021	2.742	0.006	0.139	2.502	0.012
PCGRQ4	2.569	0.025	1.69	0.091	0.164	1.934	0.053
NCGRQ3	2.7	0.025	1.481	0.139	0.165	1.66	0.097
NCGRQ4	3.778	0.023	1.393	0.164	0.156	1.448	0.148

Tabelle 9-8 Beibehaltene Indikatoren für kategoriale Variablen (Gruppierungsvariablen)

Pfad im Modell	**Gesamteffekte Original**		**Auswirkungen insgesamt Ursprüngliche Differenz**	**Gesamteffekte Permutation Mittelwertdifferenz**	**Permutation**
	CAT1-MJ	CAT1-Mis	CAT1(MJ - MIs)	CAT1(MJ - MIs)	p-Werte
Soziales Kapital -> Wahrgenommene Effektivität der GI	0.301	-0.026	0.327	0.015	0.03
Soziales Kapital -> Bereitschaft der Landwirte zur Freigabe von CF	0.249	-0.003	0.252	0.008	0.028
Soziales Kapital -> Landwirte SA-Potenziale	0.469	-0.037	0.506	0.015	0.01
	CAT4-MJ	CAT4-Mis	CAT4 (MJ - MIs)	CAT4 (MJ -MIs)	p-Werte
SA-Potenziale der Landwirte -> Bereitschaft der Landwirte zur Übernahme von OF	0.542	0.063	0.479	-0.001	0.05
Humankapital -> Bereitschaft der Landwirte zur Übernahme von OF	0.198	0.012	0.185	0.001	0.03
	CAT7-MJ	CAT7-MIS	CAT7(MJ - MIs)	CAT7 (MJ -MIs)	p-Werte
Wahrgenommene Wirksamkeit von GI -> Bereitschaft der Landwirte zur Einführung von OF	0.133	1.141	-1.008	-0.069	0.047
	CAT8-MJ	CAT8-Mis	CAT8 (MJ - MIs)	CAT8(MJ - MIs)	p-Werte

Soziales Kapital -> Bereitschaft der Landwirte zur Freigabe von CF	0.232	0.004	0.229	0.007	0.02

	CAT10 -MJ	CAT10 -Mis	CAT10(MJ -MIs)	CAT10(MJ -MIs)	p-Werte
Humankapital -> Bereitschaft der Landwirte zur Freigabe von CF	0.246	0.006	0.24	0.001	0.022
Physisches Kapital -> Bereitschaft der Landwirte zur Freigabe von CF	0.211	0.003	0.208	0.003	0.043
	CAT12 -MJ	CAT12 -Mis	CAT12 ((MJ -MIs)	CAT12(MJ -MIs)	p-Werte
Finanzielles Kapital -> Bereitschaft der Landwirte zur Freigabe von CF	0.161	0.001	0.16	0.003	0.05
Finanzielles Kapital -> Bereitschaft der Landwirte zur Übernahme von OF	0.186	0.002	0.184	0.005	0.017
Soziales Kapital -> Bereitschaft der Landwirte zur Übernahme von OF	0.264	0.036	0.228	0.005	0.033
	CAT14 -MJ	CAT14 -Mis	CAT14 (MJ -MIs)	CAT14 (MJ -MIs)	p-Werte
Naturkapital -> Landwirte SA-Potenziale	0.373	-0.076	0.449	-0.003	0.008
Naturkapital -> Bereitschaft der Landwirte zur Übernahme von OF	0.13	-0.032	0.162	-0.002	0.012
Naturkapital -> Wahrgenommene Wirksamkeit von GI	0.266	-0.06	0.325	-0.003	0.01
	CAT16 -MJ	CAT16 -Mis	CAT16 (MJ -MIs)	CAT16 (MJ -MIs)	Permutation p-Werte
SA-Potenziale der Landwirte -> Wahrgenommene Wirksamkeit der GI	0.503	0.816	-0.313	-0.022	0.035
Wahrgenommene Wirksamkeit von GI -> Bereitschaft der Landwirte zur Einführung von OF	0.237	1.206	-0.969	-0.077	0.048
	CAT23 -MJ	CAT23 -Mis	CAT23 (MJ -MIs)	CAT23 (MJ -MIs)	Permutation p-Werte
Finanzielles Kapital -> Landwirte SA Potentiale	0.398	-0.034	0.432	-0.016	0.05
Finanzielles Kapital -> Wahrgenommene Effektivität der GI	0.315	-0.029	0.344	-0.008	0.03

Exabit 07 Modell mit zurückbehaltenen Indikatoren für die strukturelle Modellanalyse

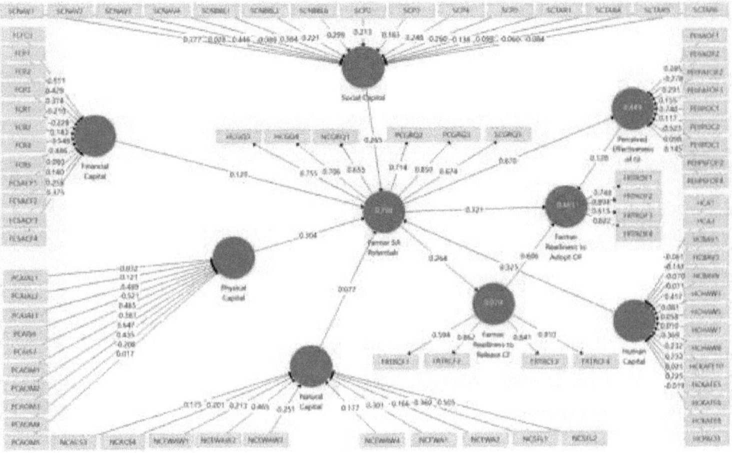

Tabelle 9-9 Redundanzanalyse des Modells

Kollinearitätsstatistiken		Äußere Gewichte			Äußere Belastung		
Indikator	VIF	St. Abweichung	T Statistik	P-Werte	St. Abweichung	T Statistik	P-Werte
FCFC3	1.832	0.232	0.931	0.352	0.192	1.723	0.085
FCGRQ1	4.529	0.016	4.158	0	0.118	4.714	0
FCGRQ2	3.929	0.02	3.828	0	0.135	4.074	0
FCGRQ3	4.328	0.018	4.675	0	0.126	4.644	0
FCP1	2.101	0.225	1.848	0.065	0.148	4.703	0
FCP2	2.11	0.214	1.546	0.122	0.134	5.232	0
FCP3	1.928	0.284	0.205	0.837	0.167	2.733	0.006
FCR1	2.283	0.254	0.029	0.977	0.171	2.584	0.01
FCR2	1.519	0.19	0.485	0.627	0.181	0.873	0.383
FCR4	2.195	0.24	1.612	0.107	0.188	2.149	0.032
FCR5	2.284	0.235	2.004	0.045	0.126	5.165	0
FCSACF1	2.228	0.268	0.679	0.497	0.155	4.041	0
FCSACF2	2.986	0.303	0.577	0.564	0.166	3.39	0.001
FCSACF3	3.511	0.324	1.165	0.244	0.152	4.779	0
FCSACF4	3.702	0.3	0.571	0.568	0.136	5.447	0

Kollinearitätsstatistiken		Äußere Gewichte			Äußere Belastung		
FRTRCF1	1.428	0.074	2.023	0.043	0.143	4.182	0
FRTRCF2	1.995	0.055	7.38	0	0.069	12.532	0
FRTRCF3	2.449	0.034	8.076	0	0.067	12.477	0
FRTRCF4	2.877	0.054	6.72	0	0.039	23.409	0
FRTROF1	1.306	0.072	5.37	0	0.081	9.277	0
FRTROF2	3.421	0.041	8.359	0	0.05	17.767	0
FRTROF3	1.449	0.069	2.96	0.003	0.131	4.698	0
FRTROF4	2.686	0.053	6.513	0	0.062	13.277	0
HCA1	1.302	0.129	0.341	0.733	0.141	0.58	0.562
HCA3	1.405	0.134	1.406	0.16	0.144	1.83	0.067
HCBAV1	1.55	0.141	0.981	0.326	0.14	2.381	0.017
HCBAV3	1.327	0.119	0.068	0.946	0.146	1.753	0.08
HCBAV6	1.297	0.172	2.548	0.011	0.122	5.66	0
HCGQ1	2.017	0.024	3.142	0.002	0.133	3.352	0.001
HCGQ2	2.722	0.016	5.366	0	0.097	5.673	0
HCGQ3	2.694	0.016	5.357	0	0.104	6.072	0
HCGQ4	2.714	0.016	4.685	0	0.11	4.991	0
HCGQ5	2.188	0.022	2.153	0.031	0.112	4.081	0
HCHAW3	1.429	0.128	0.558	0.577	0.165	1.187	0.235
HCHAW5	1.649	0.161	0.753	0.452	0.144	2.854	0.004
HCHAW7	1.288	0.132	0.011	0.991	0.131	2.534	0.011
HCHAW8	1.416	0.135	3.142	0.002	0.107	6.494	0
HCKAFE10	2.029	0.171	1.002	0.317	0.131	4.603	0
HCKAFE5	1.785	0.152	0.726	0.468	0.163	2.668	0.008
HCKAFE6	2.178	0.213	0.48	0.631	0.152	3.357	0.001
HCKAFE8	1.628	0.183	0.354	0.724	0.167	2.45	0.014
HCPAO3	1.328	0.146	0.503	0.615	0.16	1.755	0.079
NCACS3	1.991	0.194	0.606	0.545	0.144	3.753	0
NCACS4	2.416	0.217	1.411	0.158	0.129	5.33	0

Kollinearitätsstatistiken		**Äußere Gewichte**			**Äußere Belastung**		
NCEWAW1	2.405	0.219	1.187	0.235	0.156	3.95	0
NCEWAW2	2.734	0.214	1.35	0.177	0.16	3.927	0
NCEWAW3	1.742	0.199	0.016	0.987	0.169	2.185	0.029
NCEWAW4	2.166	0.31	0.977	0.329	0.183	3.231	0.001
NCFWA1	1.43	0.176	1.089	0.276	0.183	1.688	0.092
NCFWA2	1.58	0.199	0.205	0.837	0.157	1.886	0.059
NCGRQ1	2.073	0.019	4.565	0	0.112	5.531	0
NCGRQ2	3.035	0.021	3.126	0.002	0.131	3.494	0
NCGRQ3	2.7	0.025	1.481	0.139	0.165	1.66	0.097
NCGRQ4	3.778	0.023	1.393	0.164	0.156	1.448	0.148
NCGRQ5	3.979	0.021	2.742	0.006	0.139	2.502	0.012
NCSFL1	1.481	0.19	2.048	0.041	0.185	0.702	0.483
NCSFL2	1.813	0.178	1.83	0.067	0.152	3.73	0
PCAIAL1	3.248	0.234	0.515	0.606	0.169	2.848	0.004
PCAIAL2	3.537	0.251	0.985	0.325	0.158	3.83	0
PCAIAL3	1.812	0.155	2.891	0.004	0.107	7.16	0
PCAIS6	2.439	0.171	0.82	0.412	0.17	1.201	0.23
PCAIS7	2.624	0.213	1.555	0.12	0.196	2.066	0.039
PCAOM1	3.348	0.225	1.262	0.207	0.168	1.85	0.064
PCAOM2	4.183	0.273	1.491	0.136	0.151	2.974	0.003
PCAOM3	2.62	0.187	2.519	0.012	0.083	10.047	0
PCAOM4	2.916	0.189	0.25	0.802	0.114	5.629	0
PCAOM5	1.669	0.128	0.044	0.965	0.194	0.611	0.541
PCGRQ1	2.566	0.019	2.822	0.005	0.13	3	0.003
PCGRQ2	3.608	0.015	5.391	0	0.097	6.841	0
PCGRQ3	3.256	0.012	9.205	0	0.059	13.324	0
PCGRQ4	2.569	0.025	1.69	0.091	0.164	1.934	0.053
PCGRQ5	2.531	0.021	3.559	0	0.133	4.139	0
PEIIAOF1	1.54	0.17	1.695	0.09	0.146	4.091	0
PEIIAOF2	1.383	0.129	0.394	0.694	0.134	3.189	0.001

Kollinearitätsstatistiken		Äußere Gewichte			Äußere Belastung		
PEIIFAFOF2	1.885	0.163	1.266	0.206	0.155	3.374	0.001
PEIIFAFOF3	2.303	0.242	0.622	0.534	0.139	5.3	0
PEIIGRQ1	4.568	0.019	4.622	0	0.116	5.224	0
PEIIGRQ2	9.003	0.019	5.631	0	0.103	7.109	0
PEIIGRQ3	6.332	0.019	4.952	0	0.111	5.608	0
PEIIPOC1	2.164	0.228	3.115	0.002	0.112	7.5	0
PEIIPOC2	1.446	0.139	0.645	0.519	0.116	3.902	0
PEIIPOC3	1.53	0.146	2.55	0.011	0.176	0.958	0.338
PEIIPSFOF2	1.487	0.132	1.2	0.23	0.154	2.46	0.014
PEIIPSFOF4	1.169	0.143	0.125	0.9	0.179	0.511	0.609
SCGRQ1	9.387	0.024	2.37	0.018	0.142	3.81	0
SCGRQ2	9.149	0.025	2.722	0.007	0.136	4.557	0
SCGRQ3	3.837	0.02	3.666	0	0.125	4.924	0
SCGRQ4	3.17	0.018	3.068	0.002	0.122	4.371	0
SCNAV1	1.568	0.141	1.342	0.18	0.129	4.761	0
SCNAV2	1.79	0.15	0.751	0.453	0.146	1.999	0.046
SCNAV3	2.123	0.165	2.914	0.004	0.105	6.736	0
SCNAV4	1.868	0.152	0.559	0.576	0.13	3.808	0
SCNBBL1	2.067	0.176	1.962	0.05	0.125	5.216	0
SCNBBL2	1.662	0.141	1.783	0.075	0.136	2.621	0.009
SCNBBL6	1.588	0.148	1.951	0.051	0.179	0.704	0.482
SCP2	2.107	0.167	1.021	0.307	0.099	6.679	0
SCP3	2.538	0.175	1.036	0.3	0.138	2.708	0.007
SCP4	2.295	0.159	1.766	0.078	0.132	3.354	0.001
SCP5	2.779	0.19	1.08	0.28	0.106	4.88	0
SCTAR1	1.448	0.132	0.517	0.605	0.148	0.86	0.39
SCTAR4	1.468	0.151	0.396	0.692	0.154	2.764	0.006
SCTAR5	1.951	0.137	0.8	0.424	0.133	2.739	0.006
SCTAR6	1.704	0.149	0.401	0.688	0.165	2.21	0.027

9.2 Ergebnisse der strukturellen Modellanalyse

Prüfung des Kollinearitätsindex

Die Kollinearität zwischen den Konstrukten in diesem Modell wurde anhand der "Varianz-Inflations-Faktoren" (VIF-Werte) untersucht. In der Literatur wird empfohlen, dass der Toleranzwert (VIF) jedes Prädiktorenkonstrukts höher als 0,20 und niedriger als 5 sein sollte. Andernfalls wird in der Literatur empfohlen, Konstrukte zu eliminieren, Prädiktoren zu einem einzigen Konstrukt zusammenzufassen oder Konstrukte höherer Ordnung zu erstellen, um Kollinearitätsprobleme zu behandeln. Die Ergebnisse dieses Modells zeigen, dass die Indikatoren innerhalb des zufriedenstellenden Niveaus des VIF-Wertes liegen. In der folgenden Tabelle 9-10 sind die Ergebnisse der VIF-Tests für jedes Konstrukt dargestellt

Tabelle 9-10 Ergebnisse der VIF-Tests

Konstruieren Sie	Bereitschaft der Landwirte zur Übernahme von OF	Bereitschaft der Landwirte zur Freigabe von CF	Landwirte SA Potenziale	Wahrgenommene Effektivität der GI
Bereitschaft der Landwirte zur Freigabe von CF	1.141			
Landwirte SA Potenziale	1.82	1		1
Finanzielles Kapital			1.878	
Humankapital			1.759	
Natürliches Kapital			1.672	
Wahrgenommene Effektivität der GI	1.928			
Physisches Kapital			1.95	
Soziales Kapital			2.092	

Prüfung der Modellanpassungsmaße

Bei CB-SEM zeigt ein SRMR-Wert (standardisierter Root Mean Square Residual) eine gute Anpassung an; dieser Parameter gilt jedoch nicht für PLS-SEM-Modelle. Alternativ schlägt Lohmöller (1989) vor, den Parameter RMStheta (root mean square residual covariance) zu verwenden, um die Modellanpassung zu testen. Henseler et al. (2014) schlagen Simulationsergebnisse vor, die RMS_{theta} von 0,12 erzeugen, was eine gute Modellanpassung widerspiegelt, während RMS_{theta} -Werte unter 0,12 auf ein gut passendes Modell hinweisen und umgekehrt. Der RMS_{theta} Wert, der für dieses Modell generiert wurde, beträgt 0,137, was im Vergleich zu der geringen Anzahl von Stichproben recht gut ist. Der Parameter scheint für den Modellanpassungstest der Hauptstudie mit angemessenen Stichproben geeignet zu sein.

Prüfung der Signifikanz und Relevanz Pfadkoeffizienten

Der PLS-SEM-Algorithmus schätzt die Beziehungen des Strukturmodells, die die Hypothese darstellen. Mit der PLS-SEM-Bootstrapping-Methode wurden die Signifikanz der Pfadkoeffizienten und die entsprechenden t- und p-Werte bewertet. Hair et al. (2017) schlagen als akzeptable Bereiche für t-Werte für einen zweiseitigen Test 1,65 (Signifikanzniveau = 10 %), 1,96 (Signifikanzniveau = 5 %) und 2,57 (Signifikanzniveau = 1 %) und für p-Werte weniger als 0,10 (Signifikanzniveau = 10 %), 0,05 (Signifikanzniveau = 5 %) oder 0,01 (Signifikanzniveau = 1 %) vor. Bei Anwendungen wie dieser Studie gehen die Forscher gewöhnlich von einem Signifikanzniveau von 5 % aus. Das Ergebnis des Tests der Pfadkoeffizienten, der mit der Bootstrapping-Technik durchgeführt wurde, ist in Tabelle 9-11 und Abbildung 9-1 dargestellt

Tabelle 9-11 Signifikanz und Relevanz des Modells Pfadkoeffizienten

Pfadkoeffizient	Original Muster	Stichprobe Mittelwert	Std. Abweichung	T-Wert	P-Wert
Bereitschaft der Landwirte, CF freizugeben -> Bereitschaft der Landwirte, OF zu übernehmen	0.606	0.581	0.089	6.834	0
SA-Potenziale der Landwirte -> Bereitschaft der Landwirte zur Übernahme von OF	0.075	0.022	0.165	0.457	0.648
Landwirt SA-Potenziale -> Bereitschaft der Landwirte zur Freigabe von CF	0.264	0.267	0.146	1.809	0.07
SA-Potenziale der Landwirte -> Wahrgenommene Wirksamkeit der GI	0.67	0.695	0.079	8.445	0
Finanzielles Kapital -> Landwirte SA Potentiale	0.12	0.145	0.099	1.211	0.226
Humankapital -> Landwirte SA Potentiale	0.325	0.309	0.077	4.229	0
Naturkapital -> Landwirte SA-Potenziale	0.077	0.091	0.095	0.808	0.419
Wahrgenommene Wirksamkeit von GI -> Bereitschaft der Landwirte zur Einführung von OF	0.128	0.222	0.223	0.574	0.566
Physisches Kapital -> Landwirte SA-Potenziale	0.304	0.263	0.091	3.358	0.001
Soziales Kapital -> Landwirte SA-Potenziale	0.265	0.268	0.098	2.699	0.007

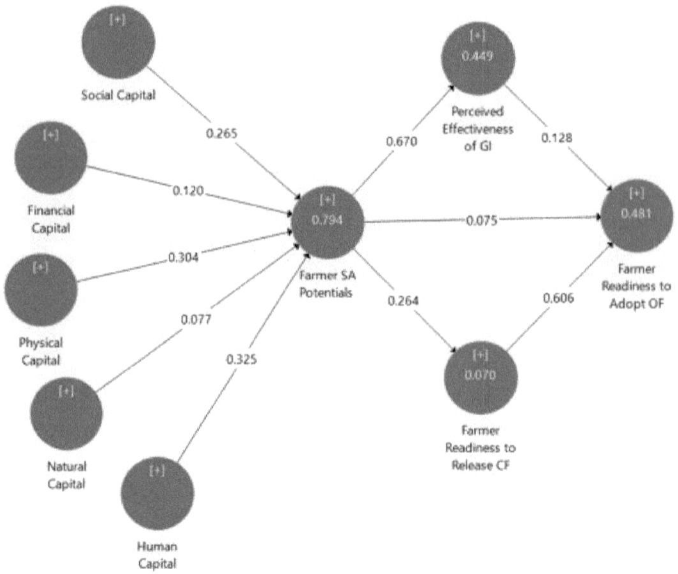

Abbildung 9-1 Modell-Pfadkoeffizienten und R^2 Werte

Test Bestimmungskoeffizient (R^2-Wert)

Der R^2-Koeffizient misst die Vorhersagekraft des Modells und wird als quadrierte Korrelation zwischen den tatsächlichen und den vorhergesagten Werten eines bestimmten endogenen Konstrukts berechnet. Der Koeffizient stellt die kombinierten Effekte der exogenen latenten Variablen auf die endogene latente Variable dar. Der Wert von R^2 reicht von 0 bis 1, wobei höhere Werte eine höhere Vorhersagegenauigkeit anzeigen. Die Interpretation des R^2 Wertes für dieses Modell kann für die Konstrukte unterschiedlich gehandhabt werden. Die allgemeine Betrachtung von R^2 Werten von 0,75, 0,50 oder 0,25 wird als erheblich, mäßig und schwach angesehen. Die unten in Tabelle 9-12 dargestellten Ergebnisse zeigen, dass die Ergebnisse trotz der Verwendung von begrenzten Stichproben (64 Stichproben) auf einem akzeptablen Niveau liegen

Tabelle 9-12 R^2 Werte der Konstrukte

Latentes Konstrukt	R-Quadrat	R-Quadrat Bereinigt
Wahrgenommene Effektivität der GI	0.449	0.441
Landwirte SA Potenziale	0.794	0.776

Bereitschaft der Landwirte zur Freigabe von CF	0.07	0.055
Bereitschaft der Landwirte zur Übernahme von OF	0.481	0.455

Effektgröße f^2

Die Veränderung des R^2-Wertes des endogenen Konstrukts nach dem Weglassen eines bestimmten exogenen Konstrukts zeigt, ob dieses exogene Konstrukt einen substanziellen Einfluss auf die endogenen Konstrukte hat. Der Wert der Effektgröße f^2 gibt den Beitrag des exogenen Konstrukts zum R^2 Wert einer endogenen latenten Variable an. Die f2-Werte von 0,02, 0,15 und 0,35 zeigen einen kleinen, mittleren oder signifikanten Effekt eines exogenen Konstrukts auf ein endogenes Konstrukt an. Tabelle 9-13 zeigt die Wirkungsgrößen; für dieses Modell trägt jedes Konstrukt zum jeweiligen R^2 mit unterschiedlichen Ergebnissen von groß bis klein bei.

Tabelle 9-13 Effektgrößen der Konstrukte

Konstruieren Sie	**Annehmen von OF**	**Freigabe CF**	**SA-Potenziale**	**Wirksamkeit der GI**
Bereitschaft der Landwirte zur Freigabe von CF	0.621			
Wahrgenommene Effektivität der GI	0.016			
Landwirte SA Potenziale	0.006	0.075		0.816
Finanzielles Kapital			0.037	
Humankapital			0.292	
Natürliches Kapital			0.017	
Physisches Kapital			0.23	
Soziales Kapital			0.162	

Prädiktive Relevanz

Die Blindfolding-Methode in PLS-SEM führt eine Kreuzvalidierung des Modells für Redundanzmaße für jedes endogene Konstrukt durch. Neben der Bewertung der Größe der R^2-Werte als Kriterium für die Vorhersagegenauigkeit sollten Forscher auch den Q^2-Wert von Stone-Geisser (Geisser, 1974; Stone, 1974) untersuchen. Dieses Maß gibt die Vorhersagekraft des Modells außerhalb der Stichprobe oder die Vorhersagerelevanz an. Der Q^2-Wert ergibt sich aus einem Blindfolding-Verfahren, das mit einem bestimmten Auslassungsabstand (Parameter D im

Algorithmus) gemessen wird. Bei Blindfolding-Verfahren wird jeder D^{th} Datenpunkt in den Indikatoren des endogenen Konstrukts ausgelassen und die Parameter mit den verbleibenden Datenpunkten geschätzt (Chin, 1998; Henseler et al., 2009; Tenenhaus et al., 2005). Die resultierenden Q^2-Werte größer als 0 zeigen an, dass die exogenen Konstrukte eine prädiktive Relevanz für das betrachtete endogene Konstrukt haben. In der folgenden Tabelle 9-14 sind die zufriedenstellenden Q^2 -Werte für dieses Modell dargestellt

Tabelle 9-14 Prädiktive Relevanz

Konstruktionen	SSO	SSE	Q^2 (=1-SSE/SSO)
Bereitschaft der Landwirte zur Übernahme von OF	256	194.807	0.239
Bereitschaft der Landwirte zur Freigabe von CF	256	245.906	0.039
Landwirte SA Potenziale	384	260.713	0.321
Finanzielles Kapital	768	768	
Humankapital	896	896	
Natürliches Kapital	640	640	
Wahrgenommene Effektivität der GI	576	534.413	0.072
Physisches Kapital	640	640	
Soziales Kapital	960	960	

Die Effektgröße q^2

Der Wert von q^2 ermöglicht die Bewertung des Beitrags eines exogenen Konstrukts zum Q-Wert einer endogenen latenten Variable[2] . Als relatives Maß für die prädiktive Relevanz zeigen q2-Werte von 0,02, 0,15 und 0,35 an, dass ein exogenes Konstrukt eine geringe, mittlere oder erhebliche prädiktive Relevanz für ein bestimmtes endogenes Konstrukt hat. Die Ergebnisse in Tabelle 9-14 zeigen, dass die prädiktive Relevanz der Konstrukte in diesem Modell von gering bis groß reicht, was in einem akzeptablen Bereich liegt.

Prüfung der direkten und indirekten Auswirkungen

Die direkten und indirekten Auswirkungen der Pfadkoeffizienten dieser Modelle sind eine Replik auf die in der Studie aufgestellten Hypothesen. Die in der folgenden Abbildung 9-2 und Tabelle 9-15/16 dargestellten Ergebnisse zeigen, dass das Modell und die PLS-SEM-Techniken geeignet sind, die im konzeptionellen Modell vorhergesagte Hypothese zu testen.

Tabelle 9-15 Direkte und indirekte Auswirkungen

Auswirkungen insgesamt	Koeffizient	Std. Abweichung	P-Werte
SA-Potenziale der Landwirte -> Bereitschaft der Landwirte zur Übernahme von OF	0.321	0.118	0.006
Landwirt SA-Potenziale -> Bereitschaft der Landwirte zur Freigabe von CF	0.264	0.145	0.069
SA-Potenziale der Landwirte -> Wahrgenommene Wirksamkeit der GI	0.67	0.09	0
Bereitschaft der Landwirte, CF freizugeben -> Bereitschaft der Landwirte, OF zu übernehmen	0.606	0.079	0
Wahrgenommene Wirksamkeit von GI -> Bereitschaft der Landwirte zur Einführung von OF	0.128	0.227	0.573
Spezifische indirekte Auswirkungen	**Koeffizient**	**Std. Abweichung**	**P-Werte**
Landwirte SA-Potenziale -> Landwirte Bereitschaft zur Freigabe von CF -> Landwirte Bereitschaft zur Übernahme von OF	0.16	0.092	0.081
SA-Potenziale der Landwirte -> Wahrgenommene Wirksamkeit von GI -> Bereitschaft der Landwirte zur Einführung von OF	0.086	0.161	0.593

Tabelle 9-16 Pfadkoeffizienten im Modell

Einzelne Auswirkungen insgesamt	**Originalprobe (O)**	**P-Werte**
Humankapital -> Bereitschaft der Landwirte zur Freigabe von CF	0.086	0.087
Soziales Kapital -> Bereitschaft der Landwirte zur Freigabe von CF	0.07	0.162
Finanzielles Kapital -> Bereitschaft der Landwirte zur Freigabe von CF	0.032	0.375
Physisches Kapital -> Bereitschaft der Landwirte zur Freigabe von CF	0.08	0.099
Naturkapital -> Bereitschaft der Landwirte zur Freigabe von CF	0.02	0.477
Humankapital -> Bereitschaft der Landwirte zur Übernahme von OF	0.105	0.019
Soziales Kapital -> Bereitschaft der Landwirte zur Übernahme von OF	0.085	0.088
Finanzielles Kapital -> Bereitschaft der Landwirte zur Übernahme von OF	0.038	0.297
Physisches Kapital -> Bereitschaft der Landwirte zur Übernahme von OF	0.098	0.026
Naturkapital -> Bereitschaft der Landwirte zur Übernahme von OF	0.025	0.484
Humankapital -> Wahrgenommene Effektivität der GI	0.218	0
Soziales Kapital -> Wahrgenommene Effektivität der GI	0.178	0.016
Finanzielles Kapital -> Wahrgenommene Effektivität der GI	0.08	0.252
Physisches Kapital -> Wahrgenommene Effektivität der GI	0.204	0.003

Naturkapital -> Wahrgenommene Wirksamkeit von GI	0.051	0.42

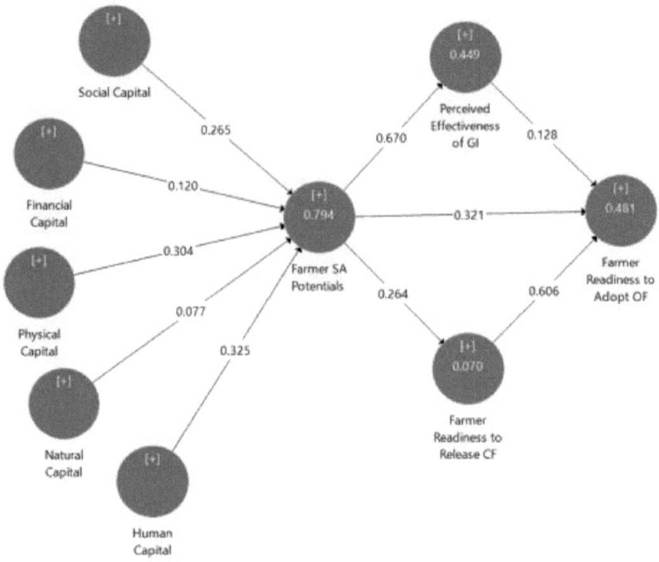

Abbildung 9-2 Gesamteffekte und Pfadkoeffizienten Hypothese

MIX
Papier aus verantwortungsvollen Quellen
Paper from responsible sources
FSC® C105338

Printed by Books on Demand GmbH, Norderstedt / Germany